服装高等教育"十二五"部委级规划教材（本科）

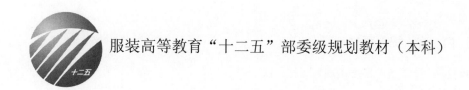

男装结构设计与产品开发

张繁荣　主编　刘锋　副主编

中国纺织出版社

内 容 提 要

本书是服装高等教育"十二五"部委级规划教材，以产品开发为主线，具体介绍了男装设计、产品开发及号型的相关基础知识，男装结构的基本理论，典型款男装的结构设计与产品开发实例，内容完整。品类涵盖男上装、衬衫、男裤、夹克、男西服、男马甲、外套、中式服装等，并推出了新的男装原型。案例具体内容包括规格设计、样衣的样板制作、排料、样衣生产制造单及制作工艺流程图。全书基础理论翔实、易学，经典案例讲解全面明晰。

本书可供高等院校服装专业学生，男装企业技术人员、设计人员、企划人员和服装培训学校学习使用。本书也可配套《女装结构设计与产品开发》参考使用。

图书在版编目（CIP）数据

男装结构设计与产品开发 / 张繁荣主编. —北京：中国纺织出版社，2014.1（2019.4 重印）

服装高等教育"十二五"部委级规划教材. 本科

ISBN 978-7-5180-0121-7

Ⅰ.①男…　Ⅱ.①张…　Ⅲ.①男服—结构设计—高等学校—教材　Ⅳ.①TS941.718

中国版本图书馆CIP数据核字（2013）第251431号

策划编辑：张晓芳　责任编辑：张思思　责任校对：梁　颖
责任设计：何　建　责任印制：储志伟

中国纺织出版社出版发行
地址：北京市朝阳区百子湾东里 A407 号楼　邮政编码：100124
销售电话：010—67004422　传真：010—87155801
http://www.c-textilep.com
E-mail:faxing@c-textilep.com
中国纺织出版社天猫旗舰店
官方微博 http://weibo.com/2119887771
北京玺诚印务有限公司印刷　各地新华书店经销
2014 年 1 月第 1 版　2019 年 4 月第 2 次印刷
开本：787×1092　1/16　印张：23.5
字数：381 千字　定价：48.00 元

出版者的话

《国家中长期教育改革和发展规划纲要》中提出"全面提高高等教育质量","提高人才培养质量"。教育部教高[2007]1号文件"关于实施高等学校本科教学质量与教学改革工程的意见"中,明确了"继续推进国家精品课程建设","积极推进网络教育资源开发和共享平台建设,建设面向全国高校的精品课程和立体化教材的数字化资源中心",对高等教育教材的质量和立体化模式都提出了更高、更具体的要求。

"着力培养信念执着、品德优良、知识丰富、本领过硬的高素质专业人才和拔尖创新人才",已成为当今本科教育的主题。教材建设作为教学的重要组成部分,如何适应新形势下我国教学改革要求,配合教育部"卓越工程师教育培养计划"的实施,满足应用型人才培养的需要,在人才培养中发挥作用,成为院校和出版人共同努力的目标。中国纺织服装教育学会协同中国纺织出版社,认真组织制订"十二五"部委级教材规划,组织专家对各院校上报的"十二五"规划教材选题进行认真评选,力求使教材出版与教学改革和课程建设发展相适应,充分体现教材的适用性、科学性、系统性和新颖性,使教材内容具有以下三个特点:

(1)围绕一个核心——育人目标。根据教育规律和课程设置特点,从提高学生分析问题、解决问题的能力入手,教材附有课程设置指导,并于章首介绍本章知识点、重点、难点及专业技能,增加相关学科的最新研究理论、研究热点或历史背景,章后附形式多样的思考题等,提高教材的可读性,增加学生学习兴趣和自学能力,提升学生科技素养和人文素养。

(2)突出一个环节——实践环节。教材出版突出应用性学科的特点,注重理论与生产实践的结合,有针对性地设置教材内容,增加实践、实验内容,并通过多媒体等形式,直观反映生产实践的最新成果。

(3)实现一个立体——开发立体化教材体系。充分利用现代教育技术手段,构建数字教育资源平台,开发教学课件、音像制品、素材库、试题库等多种立体化的配套教材,以直观的形式和丰富的表达充分展现教学内容。

教材出版是教育发展中的重要组成部分,为出版高质量的教材,出版社严格甄选作者,组织专家评审,并对出版全过程进行跟踪,及时了解教材编写进度、编写质量，力求做到作者权威、编辑专业、审读严格、精品出版。我们愿与院校一起，共同探讨、完善教材出版，不断推出精品教材，以适应我国高等教育的发展要求。

中国纺织出版社

教材出版中心

前言

　　本书以产品开发为主线，具体介绍了男装设计、产品开发及号型的相关基础知识，男装结构的基本理论，各品类男装的结构设计与产品开发实例，整体内容完整。

　　作为产品开发过程中最具有技术含量的部分，结构设计是本书的重点内容。针对男士体型特征及男士着装要求，综合国内外相关研究资料，经过全方位的确认，在第三章推出了新的男装原型，并对其结构原理进行定性与定量分析，突出了男装结构的科学性；结合男装造型与款式特征，又推出了常用男装品类的一系列原型，强调了男装结构的一致性与系统性。

　　第四章~第十章是款式结构设计部分，涵盖了常用的男装品类，并且按照惯用的方式排序，便于授课与学习。每个款式的结构设计，都以相应的原型为基础，提出与造型及款式对应的结构要点，分析变化规律，强调结构原理在款式中的综合应用，力求做到理论与实践相结合、技术与艺术相结合。部分男装结构理论，穿插在相应款式中进行说明，以增强理论应用的针对性。例如：第五章的裤装结构原理分析，第七章的西装衣身、驳领及两片袖的结构原理分析，第九章的插肩袖的结构原理分析等。

　　产品开发过程中，结构设计需要经过反复试样，针对出现的弊病进行修正。本书在第五章（裤装）、第七章（西服）、第八章（马甲）、第九章（外套）中列入了相关弊病分析及修正的内容，有助于学生把握结构原理及技术特点，积累经验，增强教材的实用性。

　　各品类的男装分别列举一款产品开发的实例，具体内容包括规格设计、样衣的样板制作、排料、样衣生产制造单及制作工艺流程图。这部分详细说明了产品开发过程中的主要工作内容及要求，强调了规范性与可操作性，并与《女装结构设计与产品开发》一书在体系上保持一致。

　　本教材的编写人员全部为太原理工大学教师，由张繁荣任主编，刘锋任副主编。其中第一章、附录由张繁荣编写；第二章由冯妍编写；第三章、第六章、第九章由刘锋编写；第四章、第五章由吴改红编写；第七章由许涛编写；第八章由卢致文编写；第十章由刘淑强编写。山西纺织技校的郭瑞娟帮助完成了第七章的部分制图，在此表示感谢。作为服装院校的专业教材，本书也适用于广大服装从业人员和爱好者自学。

　　本书编写过程中，参考了许多著作、图片及网络资料，在此一并表示感谢！
由于编者水平有限，教材中难免有疏漏和不妥之处，敬请批评指正。

编者

2013年10月

《男装结构设计与产品开发》教学内容及课时安排

章/课时	课程性质/课时	节	课程内容
第一章 （4课时）	基础理论及 专业知识		·概述
		一	男装基本知识
		二	男装结构设计基础知识
		三	服装产品开发
第二章 （4课时）			·人体测量及男子号型的国家标准
		一	人体测量
		二	男子号型的国家标准
		三	男装规格设计
第三章 （8课时）			·男上装结构原理
		一	男上装原型结构
		二	男上装原型结构原理
		三	男上装原型的应用
第四章 （8课时）	专业知识及 专业技能		·男衬衫结构设计与产品开发实例
		一	男衬衫基础知识
		二	男衬衫结构设计
		三	男衬衫产品开发实例
第五章 （16课时）			·男裤结构设计与产品开发实例
		一	男裤基础知识
		二	男裤结构设计
		三	男裤产品开发实例
第六章 （12课时）			·夹克结构设计与产品开发实例
		一	夹克基础知识
		二	夹克结构设计
		三	夹克产品开发实例
第七章 （20课时）			·男西服结构设计与产品开发实例
		一	男西服基础知识
		二	男西服结构设计
		三	男西服产品开发实例
第八章 （4课时）			·男马甲结构设计与产品开发实例
		一	男马甲基础知识
		二	男马甲结构设计
		三	男马甲产品开发实例
第九章 （12课时）			·男外套结构设计与产品开发实例
		一	男外套基础知识
		二	男外套结构设计
		三	男外套产品开发实例
第十章 （8课时）			·中式男装结构设计与产品开发实例
		一	中式男装基础知识
		二	中式男装结构设计
		三	中式男装产品开发实例

注　各院校可根据本校的教学特色和教学计划对课程时数进行调整。

目录

基础理论及专业知识——

概述

课题名称： 概述

课题内容： 1. 男装基本知识

2. 男装结构设计基础知识

3. 服装产品开发

课题时间： 4课时

教学目的： 通过教学，使学生了解男装结构设计与产品开发的相关知识，掌握一般原理，以求对本课的学习打下良好的基础。

教学方式： 理论讲授、图例示范

教学要求： 1. 通过教学，使学生了解男装结构设计与产品开发的相关基础知识。

2. 使学生掌握男装结构设计的原理，能够独立进行男装结构设计。

3. 使学生学习男装产品开发知识，明确产品开发程序。

4. 使学生熟悉产品开发的流程。

课前准备： 查阅相关资料并收集男装结构设计与产品开发的信息。

第一章　概述

男装结构设计与产品开发涉及的知识比较广泛，本章从男装基本知识、男装结构设计基础知识、男装产品开发基础知识三个方面进行了概述，以求为本课程的学习打下良好的基础。

第一节　男装基本知识

男装（men's clothing），指成年男子穿用的服装，广义的男装还包括手套、鞋、袜子、帽子、围巾等物品。整体上看，男装重在表现男性阳刚、庄重的气质，强调实用性；具体地看，男装程式化要求高，色彩稳重，材料讲究，造型与款式简洁、大方，做工精良。

一、男装的产生及演变

（一）男装的产生

大约在10万年前出现最早的基本衣着，人类以饰物装饰身体。新石器时代出现了纤维的制造（生产）与使用，从此揭开了人类纤维衣料的历史序幕，开始了真正意义上的服装发展历程。1854年在瑞士湖底发现了距今约1万年前的亚麻残片，在南土耳其发现了距今8千年前的毛织物残片，我国也在五六千年前仰韶文化时期的遗址中出土了许多与服饰相关的纺轮、骨针、骨笄、纺坠等实物，还有不少纺织物残留痕迹。这些充分说明了人类在进入旧石器时代的农耕生活后，就开始穿用毛皮等制成的衣物，可以说，从40万年前的旧石器时代服装就诞生了，但当时并没有性别与老幼之分。

大约发展到父系社会后，随着农、牧业的发展，人工培育的纺织原料渐渐增多，制作服装的工具由简单到复杂不断发展，服装用料品种也日益增加。织物的原料、组织结构和生产方式决定了服装形式。用粗糙坚硬的织物只能制作结构简单的服装，有了更柔软的细薄织物才有可能制出复杂而有轮廓的服装。这些就为服装功能的细化与发展创造了条件。随着"男耕女织"社会分工的出现，为适应男女社会活动的需求，男女服装差异逐步加大，专门用于男士的服装逐步产生。由于材料和技术的限制，初期的男装多为简单的披挂式，属于非成型服装。

（二）国际男装的演变

1. 半成型服装

从公元5世纪开始，随着西罗马帝国的灭亡，基督教在西方世界得到迅速传播，西方人的着装也受此影响，封闭性的袍服代替了披挂式的古代服装，"外袍内衫"成为中世纪人们的主要着装形式。袍服是一种直腰身、能包裹全身的上下连体服装，经过简单的裁剪和缝制，具备一定的简单造型，属于半成型服装。

2. 燕尾服的出现

从14世纪开始，随着科学生产技术的进步与经济的不断发展，服装设计进入了立体型时代，以适合人体特征为目的，男装与女装的不同特点及风格表现得更加清晰。从18世纪到19世纪初，出现了男装的第一礼服——燕尾服，代表着男装结构与工艺已经发展到了相当高的水平。

3. 近代国际男装

（1）19世纪50～70年代，男装整体上经历了很大的变革，由烦琐的程式化逐渐走向了简洁化、功能化和实用化，初步呈现出现代男装的模型。三件套西装已经成为男士的日常着装，衬衫开始外穿，高立领也改变为立翻领。

（2）两次世界大战对男装具有一定的影响，第一次世界大战结束后，适合户外活动的猎装、骑马装、运动装等逐渐成为人们的日常着装，西装的款式风格也变得活跃起来。第二次世界大战使得男装款式再次受到军装风格的影响，造型风格力求展示男性强壮的特点。这一阶段，美国对服装的服用性能的研究，使服装在功能化和标准化方面有了很大发展，有力地推动了成衣的工业化生产。

（3）从20世纪50年代开始，国际局势趋于稳定，社会经济不断发展，生活水平逐步提高，人们对服装的要求也越来越高，开始追求个性化与舒适的生活方式，休闲服装大规模盛行。在这一时期的男装发展中，意大利服装业以其独有的创意设计成为新的世界服装中心，例如西装的设计，通过袖山的结构处理加宽了肩部；夹克的设计，通过运用直线轮廓和调整衣长比例，突出了造型的简洁、有力。

（4）20世纪60年代以来，牛仔装、T恤衫等成为新的流行，男装的色彩也走出了以黑色为主的程式，休闲化的男装继续占据主流，男装材料使用更加广泛，工艺也随之更新。

（三）我国男装的演变

1. 袍服

从原始社会到民国初期，我国男装均以袍服为主。不同时期的袍服，受文化和政治思想的影响，在领口（领型）、门襟、袖型、开衩等部位有所不同，但整体造型基本上属于半成型类。

2．中山装

民国期间，中山装的出现代表我国的男装也进入了立体造型阶段，比较贴体的造型，分体式圆装袖，采纳了西方先进的结构设计，中式化的立翻领，延续了中国男装的保守性。同时，西装也被高层社会的部分人士逐渐接纳，为我国男装的发展起到一定的推动作用。

3．现代男装

20世纪70年代后期，随着我国改革开放政策的实施，我国的男装也开始逐渐融入国际服装发展的大潮之中。80年代，西方服装的各种款式在我国广泛流行，男装也体现出了时尚性，花衬衫、喇叭裤风靡一时。90年代以来，国人生活节奏加快，工作压力加大，男士们更加注重生活质量，重视闲暇生活，促成了休闲装的流行，T恤衫、格子衬衫、牛仔装、夹克已然成为男士的必备着装。可以看出，我国男装的休闲化与西方相比大约晚了40年，但由于近年来的快速发展，目前我国男装的发展已经基本与国际同步。

男装多元化成为近年来的发展主流，复古的民族风也悄然显现，基于现代的男装技术，新唐装成为了一些特定场合的主角。在国际大融合的时代，具有民族特色的服装也会不断发展创新。

二、男装的分类

常用的男装分类方法包括起源历史分类法、基本形态分类法、穿着组合分类法、用途分类法、面料与制作工艺分类法，此外还有按年龄、季节、民族、特殊功用等的其他分类法。

（一）按照用途分类

男装按用途的分类见表1-1。

表1-1　男装按用途的分类

分　类	用　途	举　例
日常生活服装	社会生活用	职业装、学生装、工作服
	休闲生活用	家居服、休闲服、运动服
	特殊人群用	病号服
社交礼仪服装	社交、拜访、礼仪场合	婚礼服、晚礼服、丧礼服
特　种　服　装	特殊环境防护用	宇航服、潜水服、防辐射服
舞　台　服　装	舞台表演用	戏剧服、仿生动物装、概念时装

（二）按照风格分类

男装按风格的分类见表1-2。

表1-2　男装按风格的分类

风格	综合特征
古典型	色彩深沉、材料高档，造型合体、款式固定、结构工艺精良，是礼服的最高形式，称为燕尾服，穿着时程式化要求非常严格（图1-1）
优雅型	色彩深沉、材料高档，造型合体、款式有所变化、结构工艺精良，是普及型礼服，穿着时程式化要求严格，如塔士多礼服（图1-2）
庄重型	色彩柔和、设计简约，造型张弛有度、款式多样，材料高档、结构工艺精良，是日常较正式的服装，穿着时有一定的程式化要求，如三件套西服（图1-3）
阳刚型	色调沉稳、设计简约，造型简练而有力度、款式多样，材质厚实，是日常着装，如夹克（图1-4）
休闲型	设计人性化、色彩柔和，造型宽松，款式随意，材质舒适，是日常着装，如衬衫、牛仔服（图1-5）
运动型	以实用性为主，色彩丰富，造型宽松，款式随意，是日常运动或户外着装，如运动夹克（图1-6）
民族型	面料色彩、图案、质地富有民族特色，造型简单，款式相对固定，制作工艺独特，是特定场合的着装，如唐装（图1-7）
柔美型	色彩艳丽、设计中性化，造型贴体，款式多样，材质柔软，是特定人群着装，如舞蹈装（图1-8）
前卫型	材料新颖，设计独特，造型夸张，款式多样，多为表演装（图1-9）

图1-1　古典型男装　　　　　图1-2　优雅型男装　　　　　图1-3　庄重型男装
　　（燕尾服）　　　　　　　　（塔士多礼服）　　　　　　　（三件套西服）

图1-4　阳刚型男装

图1-5　休闲型男装

图1-6　运动型男装

图1-7　民族型男装

图1-8　柔美型男装

图1-9　前卫型男装

三、男装的设计

男装的设计，广义上讲，包括款式设计、结构设计及工艺设计；一般意义上讲，主要指款式设计，这部分内容主要介绍男装款式设计的基本知识。

从一般意义来讲，男装的设计就是以服装为对象，运用恰当的设计语言，完成男子整个着装状态的创造过程。设计过程以男士的生理、心理、人体结构以及诸多的社会因素为依托，进行款式的再造与创新，使其符合某个时期的服饰审美理念。设计作品应该有个性、有风格，能够影响服装的流行趋势，指导消费，推动生产。

（一）TPO设计原则

男装所具有的实用功能与审美功能要求设计者首先要明确设计的目的，要根据穿着的对象、环境、场合、时间等基本条件进行创造性的设想，寻求人、环境、服装的高度和谐。这就是我们通常说的服装设计必须考虑的前提条件——T（时间）、P（地点）、O（场合）原则。

在形制上，男装具有较强的规定性。这也表现在称谓上，男装更加确切、具体、具有专属性，女装则笼统、模糊、具有通用性。TPO原则针对男装要注意把握三个要领：一是TPO各元素之间是有关联的、配合的；二是T（时间）起决定作用；三是TPO是具体的、确切的、专属的。

TPO作用于男装的指导意义更加明显，主要表现在男装不同级别的指导取向有所转化。按照国际通用的级别分类如表1-3所示。TPO作用越接近礼服，其标识性功能越强，表现出程式化的符号性特点也越强；越接近休闲服，其实效性功能越强，表现出功能化的符号性特点也越强。换种说法，TPO对于不同级别的男装，作用也不同：级别越高，其文化、历史的信息越强，实用性处于从属地位，规定性明显，主观性较差；级别越低，其实用性成为主流，文化、历史信息处于从属地位，主观性取代了规定性。

（二）男装设计的基本要素

男装设计需要在TPO原则指导下，考虑流行因素，对色彩、材料、造型与款式等基本要素进行合理选用，适当搭配，实现整体协调。

1. 色彩

色彩的变化是男装设计中最醒目的部分。男装的色彩最容易表达设计情怀，同时易于被消费者接受。男装的风格和特征往往首先是通过色彩的视觉幻想造成的，合理而和谐的色彩组合常常能带来神奇的视觉效果。一般来说，颜色有深浅和冷暖之分。深色显得安定、沉着，浅色显得文雅、大方；冷色显得沉静、庄重，暖色显得热烈、奔放。男装颜色分三类：红、黄、橙及相近的色彩为暖色，给人以热的感觉；青、蓝色是冷色，给人以寒

表1-3 国际通用的男装级别分类

礼服	第一礼服	夜六点以后	燕尾服（tail coat）	外套
		昼	晨礼服（morning coat）	
	正式礼服	夜六点以后	塔式多礼服（tuxedo suit）	礼服外套
		昼	董事套装（director's suit）	
	日常礼服	昼夜	黑色套装（black suit）	
日常装	西服套装	昼夜	西服套装（suit）　两件套　三件套	准外套
	运动西服	昼夜	运动西服（blazer）	
	夹克西服	昼夜	夹克西服（jacket）	
户外服	休闲服		巴布尔夹克（barbour coat）	休闲外套

冷的感觉，绿、紫色是中间色。冬选暖色，夏选冷色是选择男装色彩的原则。

2. 材料

材料是男装制作的物质基础，可分为纤维制品、皮革裘皮制品和其他制品三大类别。男装设计要取得良好的效果，必须充分发挥材料的性能和特色，使材料特点与男装款式、风格完美结合，相得益彰。因此，把握不同材料的外观和性能的基本知识，如机理织纹、图案、塑形性、悬垂性以及保暖性等，是做好服装设计的基本前提。随着科技的进步和加工工艺的发展，现在可以用以制作服装的材料日新月异，不同的材料在造型风格上各具特征。设计师除了准确把握材料性能，使面料性能在男装设计中充分发挥作用以外，还应该根据男装流行趋势的变化，独创性地试用新型布料或开拓面料的使用领域，创造性地进行面料组合，使男装更具新意。

3. 造型

造型是设计变化的基础，可分为外廓型和内廓型。外廓型主要是指男装的轮廓剪影；内廓型指男装内部的款式，包括结构线、省道、领型、袋型等。男装的外型是设计的主体，内廓型设计要符合整体外观的风格特征，内外廓型应相辅相成。

（1）外廓型：男装设计包含一定的视觉艺术，外形轮廓能给人们留下深刻的印象，在男装整体设计中外廓型设计属于重要内容。男装的外轮廓剪影可归纳成A、H、X、Y四个基本型；在基本型基础上稍作变化修饰又可产生出多种变化廓型，以A型为基础能变化出帐篷型、喇叭型等廓型，对H、Y、X型进行修饰也能产生更富情趣的轮廓造型。轮廓线的变化是流行款式演变的鲜明特点，例如20世纪50年代流行的帐篷型，60年代的酒杯型，70年代的倒三角形，70年代末、80年代初的长方形以及近年来流行的宽肩、低腰、圆润的倒三角形等。设计师应对型有敏锐的观察能力和分析能力，从而预测或引导未来的流行趋势。纵然男装的外廓型千变万化，但都离不开人体的基本形态，决定外形线变化的主要部分是肩、腰和底边。例如腰部是男装廓型中举足轻重的部位，其中腰部的松紧度和腰线的高低，是影响廓型的主要因素。腰部从宽松到束紧的变化可以直接影响到男装廓型从H型向X型的改变，H型自由简洁，而X型纤细、窈窕。腰节线高度的不同变化可形成高腰式、中腰式、低腰式等男装，腰线的高低变化可直接改变男装的分割比例关系，表达出迥异的着装情趣。

（2）内廓型：男装的内廓型设计主要包括结构线、领型、袖型和零部件的设计。男装的结构线具有塑造男装外形、适合人体体型和方便加工的特点，在男装结构设计中具有重要的意义，男装结构设计在一定意义上来说即是结构线的设计。男装的结构设计中还包括领、袖型的设计。衣领是男装上至关重要的一个部分，它不仅有功能性，而且具有装饰情趣，其构成因素主要有：领线形状，领座高低，翻折线的形态，领轮廓线的形状及领尖修饰等。领型是最富于变化的一个部件，主要有立领、褶领、平领和驳领四种类型。肩袖廓型也是极其丰富的，其廓型包括袖窿与袖子两个部分，常见的袖型可分为：插肩袖、装袖和连裁袖三类，领和袖的设计都要符合男装的整体形态及人的气质特征。男装结构中的零部件设计主要包括口袋设计、纽扣设计、装饰设计等。

4. 款式

男装款式设计是一种造型艺术，是按照艺术和科学的规律，运用形式美法则，用纺织材料等在人体上进行空间组合，创造出立体的、生动的服装艺术形象的过程。比例、平衡、节奏与韵律、强调与视错觉、变化与统一是一切视觉艺术都应遵循的美学法则，也是自始至终贯穿于男装设计中的美学法则。

点、线、面、体是一切造型艺术最基本的要素，又是服装构成设计的重要因素。点、线、面三种基本形态构成了长、宽、高三度空间的立体形态，这种立体形态有着比点、线、面更为丰富的内涵，直接决定着物体造型的基本形式，也同样决定和规范着男装造型的各种表现风格。在服装款式设计中，点、线、面表现为直观的艺术形象。具体地体现在领型、门襟、袋型、分割线、省道、下摆、袖口等部位。

第二节　男装结构设计基础知识

结构设计是基于人体特征，研究服装立体形态与平面展开图之间的对应关系，分析结构分解与构成的规律，最终实现服装功能性与装饰性的优化组合。

一、结构设计的方法

服装结构设计的方法主要包括平面构成法、立体构成法以及平面与立体并用法三种，其中男装最常用的是平面构成法。

（一）平面构成法

服装的平面构成亦称为平面裁剪，是依照款式设计，根据测量获得的人体计测值，绘制成与立体形态对应的平面展开图的方法。平面构成法简捷、方便、制图精确，适用于造型款式相对固定的服装，所以男装多用这种方法。

（二）立体构成法

服装的立体构成亦称为立体裁剪，是利用布料直接覆在人体或人台上，根据款式直接操作，造型确定后取下布料，还原为平面状态，直接利用其形状作为服装结构的方法。立体构成法直观，便于塑造复杂造型，多用于女装的礼服设计。

（三）平面与立体并用法

将平面制图得到的结果使用布料裁剪并进行简单组合，穿着后通过立体造型的方法进一步处理，这种方法常常应用于局部带有复杂造型的款式。

二、结构设计的内容

现代服装工程包括款式设计、结构设计、工艺设计三部分。结构设计作为中间环节，既是款式造型设计的延续和发展，又是男装工艺设计的准备和基础。需要客观地认识人体静态与动态的特征，科学地分析造型规律，反复实践把握款式特征，做到理论与实践相结合，技术与艺术相融合。结构设计是在原型结构的基础上，以款式效果图为依据，分析其特征，对应进行结构分解，得到服装各部分的平面结构，根据成衣工艺要求，最终完成全套样板。

（一）男装结构设计的内容

结构设计的具体内容包括：

1. 研究人体特征

从专业的角度讲，服装应该做到基于人体、美化人体，所以研究服装结构需要从研究人体特征入手。首先要掌握人体静态特征，作为服装结构的基本依据；另一方面要掌握人体动态特征，满足人体基本活动需求。这两方面特征决定了服装的基本结构——原型；另外，在形式美法则的指导下，优化整体与局部的关系，实现造型与款式的均衡、协调。

2. 分解造型

结构设计要将造型设计所确定的立体形态的服装整体造型与局部造型分解为平面的衣片，揭示服装各部分之间形状与长度的吻合关系、整体与局部的组合关系，修正造型设计图中不可分解的部分，改善费工费料的不合理的结构关系，从而使服装造型达到合理优化。

3. 绘制样板

结构设计要为缝制加工提供规格准确、结构合理的整套系列样板，为准确组合部件提供可靠的依据，从而保证成衣与设计要求的一致性。

（二）结构设计的过程

1. 确定原型结构

综合考虑人体静态、动态需求，科学分析相关特征，总结结构规律，得出适合的男装原型结构。

2. 款式效果图的审视

对效果图的审视包括分析整体造型特征、局部款式特征、各部分的结构可分解性、材料特性及工艺特征，按照从整体到局部、从前到后、从上到下的顺序依次进行。

（1）整体造型特征的分析：一方面需要确定服装的廓型，另一方面需要确定服装与人体主要特征部位间的宽松度。一般情况下，首先确定胸部的宽松度，从而把握服装整体的围度。总体长度的确定，以人体纵向比例特征为参考，或者以国家号型标准的相应部位的数值为依据。

（2）局部款式特征的分析：分析款式特征主要是确定分割线、省道、褶裥等的位置及形状（走向），并将其量化。对特征点（线）的直接量化一般比较困难，可以借助某一个已知长度的相关部位——参照部位，通过确定两者的比例关系，进而确定特征点（线）的数值，这种方法称为"比例法"。具体应用时，首先以人体特征线为基础，将效果图网格化，便于特征点（线）的定位。如图1-10所示，需要确定纵向分割线的位置时，分别以

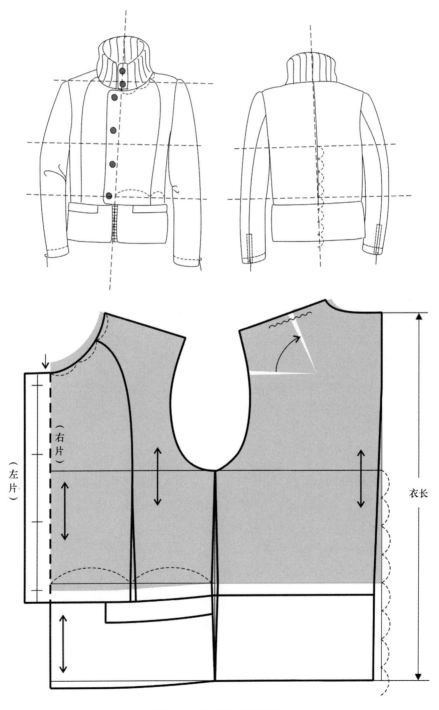

图1-10　款式特征的分析

肩线、胸围线、腰围线为参照部位，判断各条线上的分割比例关系，将来在平面原型衣片的肩线上，以相同的比例对应定点，便可以准确把握款式特征。需要提醒注意的是，有些部位在立体状态下的比例关系与平面状态下有所差异，需要经验化地调整。有些款式造型不符合规律，是不可分解的，审视效果图时，要分辨这些部分，尽可能在不影响整体造型的基础上进行合理修正。

（3）材料特征的分析：材料的特征是指组成服装各部分所需的面料、里料、辅料的种类及物理性能。材料的物理性能对结构设计产生影响的主要因素为材料厚度。人体着装的舒适性与美观性实质上是服装提供的内容空间决定的，而材料的厚度会影响空间的大小。当使用的材料较厚或多层叠加增加了厚度时，需要在表层结构的宽度和长度方向中追加厚度量。

材料的保形性、变形性和可塑性不同时，设计的结构也会有所不同。例如，立体造型需要对应的结构线之间有一定差值，对于可塑性好的材料，通过吃缝和归缩的工艺手段解决，结构可以不作调整；对于容易变形而可塑性差的材料，可以通过分割线、省道或褶裥等结构手段解决。

材料的缩率对结构设计也有影响，包括受热缩率和湿水缩率，结构设计时需要在宽度和长度方向分别增加相应的预缩量。

（4）工艺特征的分析：进行结构分解时也需要考虑服装的工艺特征，不同工艺方法要求的结构关系有所不同，例如：衣片间的连接采用不同缝型时需要的缝份不同，同一部位不同层次间所需要的面积大小不同。如果考虑不周，会导致成衣与效果图出现偏差。

3. 款式造型的结构分解

款式效果图所呈现的服装能够通过立体构成或平面构成的方法，图解成平面衣片的特性称为结构的可分解性。包括服装的可穿脱性、各衣片间的独立完整性及相互关联性。具体分解程序如下。

（1）设计图的确认：为了准确把握服装款式，其设计图应该是据实的、细节清晰的、简练而平面化的工艺效果图。如果是夸张性的设计图，需要转化成工艺效果图。一般要求有正视图与背视图。

（2）整体框架的确定：根据造型特征，界定胸部宽松度，在原型衣片的基础上确定衣片总宽度；根据长度比例，确定衣片总长度。

（3）局部结构线的确定：审视效果图后，根据对款式局部特征的量化分析结果，在原型衣片基础上相应确定局部结构线。

（4）特殊部位的结构分析：对于难以确定或难以分解的部位，以周边部位的关联性综合确定，必要时可以采用立体构成法解决。

（5）内外层结构的吻合：表层（面料）结构确定后，需要确定内层（里料与胆料）的结构，总的原则是内层服从于外层，外层为内层提供足够的空间。

（6）样板的制作：各层、各部位的结构都确定后，根据相应的工艺要求，绘制所需样板。

三、结构制图基础

结构制图需要在理解制图方法的基础上进行1∶1制图，制图过程中有相应的规范性要求。

（一）制图常用工具

制图时常用的工具如图1-11所示。

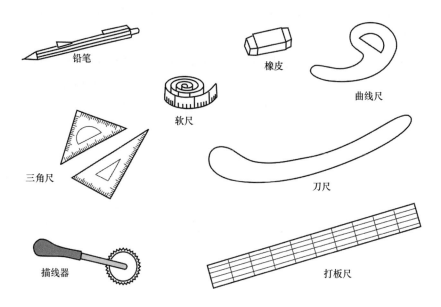

图1-11　制图常用工具

（二）制图常用线型、符号及部位代号

1. 常用制图线名称与用途

在进行男装结构制图时，线的类型、粗细都有特定的表达内容，绘图时要遵照要求，识图时要有依据，具体内容见表1-4。

表1-4　男装常用制图线名称与用途　　　　　　　　　　　　　　　　单位：mm

序号	名　称	形　式	粗细	主要用途
1	粗实线	————————	0.9	结构图的轮廓线
2	细实线	————————	0.3	结构图的基本线、辅助线、尺寸标记线
3	虚　线	— — — — — — ·	0.6	下层轮廓线或明线线迹
4	点划线	— · — · — · — ·	0.6	对称折叠线
5	双点划线	— ·· — ·· — ·· —	0.3	某部分需折转的线，如驳领翻折线

注　虚线、点划线、双点划线的线段长度与间隔应均匀，首末两端应是线段（参照GB 8676—86）。

2. 制图符号及其含义

制图符号是指制图中具有特定含义的记号，要求认识这些符号，并能在制图时正确使用，具体内容见表1-5。

表1-5 制图符号

序号	名　称	形　式	含　义
1	等分线		等分某线段
2	等量符号	● ○ □ △	用相同符号表示两线段等长
3	省道		需折叠并缝去的部位
4	单向折裥		按一定方向有规律地折叠
5	阴裥符号	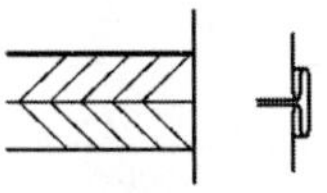	两裥相对折叠
6	明裥符号	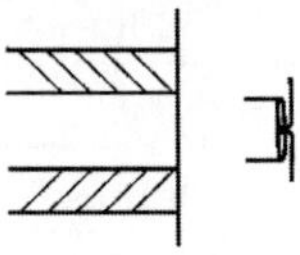	两裥相背折叠
7	碎褶符号		不规则地自然收缩抽褶
8	垂直符号		两线相交成90°
9	重叠符号	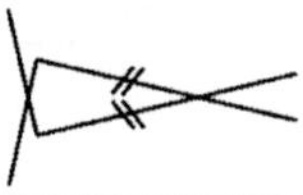	两裁片交叉重叠，两边等长
10	拼接符号		两部分对应相连，裁片时不能分开
11	经向符号		对应衣料的经纱方向
12	顺向符号		绒毛或图案的顺向
13	距离线		标注两点间或两线间距离
14	斜纱方向		符号对应处用斜料
15	拉链	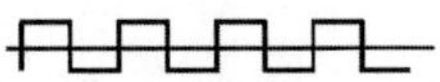	装拉链，如符号上有数字，则表示需要缝份的宽度
16	归拔符号	归 　拔 	表示制作时对应部位需要被归拢或拔长

3. 制图中的部位代号

在男装结构制图中，为了书写方便，同时也为了制图画面的整洁，常用代号表示部位及部位线。这些符号一般是取相应的英文单词首字母或其组合的大写形式表示（表1-6），可称为男装专业语言。

表1-6 男装结构制图部位代号

部 位	代号	英 文	部 位	代号	英 文
领 围	N	Neck	后颈点	BNP	Back Neck Point
胸 围	B	Bust	肩端点	SP	Shoulder Point
腰 围	W	Waist	总体长（颈椎点高）	FL	Full Length
臀 围	H	Hip	后衣长	BL	Back Length
肩 宽	S	Shoulder	前中心线	FCL	Front Center Line
衣 长	L	Length	后中心线	BCL	Back Center Line
袖 窿	AH	Arm Hole	前腰节长	FWL	Front Waist Length
胸高点	BP	Bust Point	后腰节长	BWL	Back Waist Length
肩颈点	NP	Neck Point	前胸宽	FBW	Front Bust Width
领围线	NL	Neck Line	后背宽	BBW	Back Bust Width
上胸围线	CL	Chest Line	袖山	AT	Arm Top
胸围线	BL	Bust Line	袖肥	BC	Biceps Circumference
下胸围线	UBL	Under Bust Line	袖窿深	AHL	Arm hole Line
腰围线	WL	Waist Line	袖口	CW	Cuff Width
中臀围线	MHL	Middle Hip Line	袖长	SL	Sleeve Length
臀围线	HL	Hip Line	领座	CS	Collar Stand
肘线	EL	Elbow Line	裤长	TL	Trousers Length
膝盖线	KL	Knee Line	下裆长	IL	Inside Length
大腿根围	TS	Thigh Size	前上裆	FR	Front Rise
侧颈点	SNP	Side Neck Point	后上裆	BR	Back Rise
前颈点	FNP	Front Neck Point	脚口	SB	Slacks Bottom

（三）服装结构线

为使制图规格与量体尺寸相对应，主要的结构线被赋予了与人体部位相应或相关的名称。

上衣中主要部位结构线的名称，如图1-12所示。

裤装中主要部位结构线的名称，如图1-13所示。

（四）尺寸标注的基本方法

不同部位的标注有所不同，基本原则为标注清晰，无歧义、无重复，不影响图线效果。下面以男装原型衣片结构图为例说明具体标注方法，如图1-14所示。

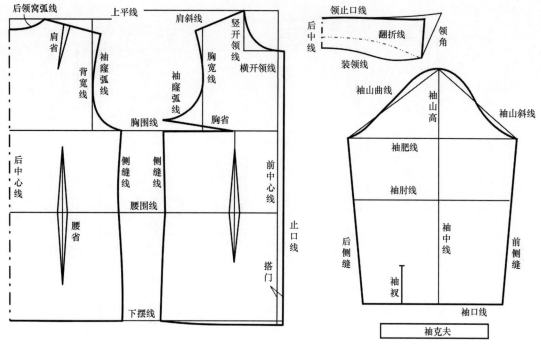

图1-12 上衣结构线名称

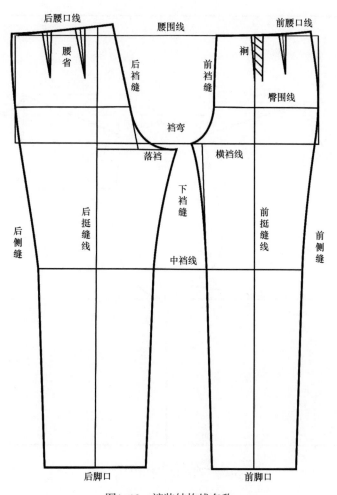

图1-13 裤装结构线名称

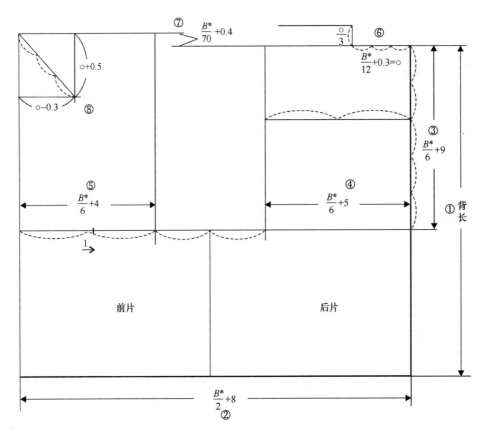

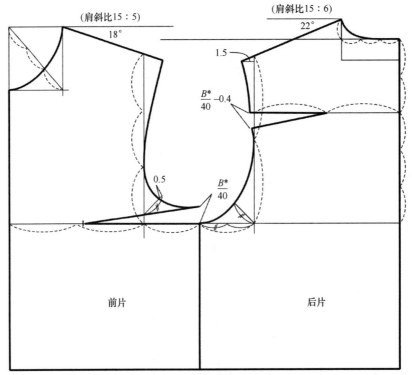

图1-14　制图尺寸标注

（五）制图顺序

1. 图线的绘制顺序

制图时，一般先以长度为基础（一条竖直线），确定围度、宽度方向的基本线（水平线），如上平线、下摆线、胸围线等；而后以围度为基础（一条水平线），确定长度方向的基本线（其他竖直线），如前中线、侧缝直线、胸宽线等。完成所有基本线后，再由轮廓线的某一点开始，顺（逆）时针方向依次做出衣片轮廓线，保证轮廓线的完整、连贯。

2. 衣片的绘制顺序

制图时，男装画左半身，女装画右半身。上衣绘制顺序一般为后片、前片、领片、袖片，裤装与裙装绘制顺序为前片、后片、腰头。主要部件绘制完成后，再由大到小绘制零部件，但次序要求并不十分严格。一些小而且形状简单的部件可以不画，如裤襻、滚条等。

3. 上下装的制图顺序

一般为先上后下。

4. 面辅料的制图顺序

先作面料图，再作里料图、衬料图及其他辅料图。

（六）图线的整体要求

（1）规格正确，公式尺寸计算准确。
（2）基本线横平竖直，轮廓线光滑圆顺。
（3）图线使用规范，线条均匀。
（4）部件齐全，标注完整。
（5）制图布局合理，图面整洁。

四、样板制作基础

服装样板的制作需要在结构图完成之后，经过拷贝使各衣片完整分离，再进行纸样调整、缝份与贴边的加放、文字与符号的标注等。

（一）确定纸样

1. 拷贝

1∶1的结构图绘制完成后，进行纸样拷贝。常用的拷贝方法是点印法，需要借助描线器完成。拷贝的纸样要求形状准确、部件齐全，标记无遗漏，纱向符号无偏差。所有衣片复制完成后，需要确认与结构图的一致性。

特别提醒结构图需要整张保存，以备制板、裁剪、缝制过程中遇到问题时核对，成品完成后作为资料留用。

2. 纸样修正

拷贝好的衣片需要进一步调整、确认、修正。

纸样的调整包括省道转移、领面分割、调整止口、过面驳头加出折转量、双折部位的对称复制等。

纸样的确认分几个方面：首先对照规格表，检验各主要部位尺寸是否准确；其次检查相关部位是否匹配，如前后侧缝形状与长度的一致性、前后肩缝等长或有吃势、领窝与装领线长度关系、袖山与袖窿间的吃势分布等；然后检查衣片拼接后轮廓线的圆顺情况，如拼合肩缝后领窝及袖窿的圆顺度、拼合袖缝后袖山及袖口的圆顺度（图1-15）、拼合侧缝及分割线后下摆的圆顺度等。

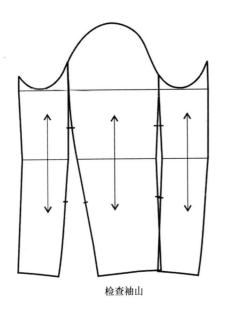
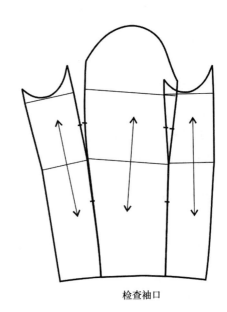

检查袖山　　　　　　　　　　　　检查袖口

图1-15　袖片圆顺度检查

（二）加放缝份与贴边

缝份是指衣片连接后反面被缝住的部分，是衣片上的必要宽度。贴边是指服装止口部位反面被折进的部分，也是衣片上的必要宽度。制作样板时，需要根据工艺要求适当加放。

1. 加放缝份

一般情况下缝份宽度为1cm，具体加放时需要根据情况调整。

（1）根据缝型加放：不同缝型与针法需要的缝份也不同，常用针法需要的缝份加放量见表1-7。

（2）根据面料加放：样板的放缝需要考虑面料的质地。质地厚的面料需要较大折转量，放缝时多加两倍厚度，但按照正常宽度缝合。质地松散的面料考虑到裁剪和缝制时的脱散损耗，适当加宽缝份。厚度一般、质地紧密的面料按常规加放即可。

表1-7　常用针法缝份加放量　　　　　　　　　单位：cm

针　法	缝　份
平缝、分压缝	两片各放 1
勾压缝、骑缝、	两片各放 1
固压缝、扣压缝	两片均为大于明线宽度 0.2~0.5
滚包缝	一片 0.7，另一片 2
来去缝	两片各放 0.8~1
内（外）包缝	一片大于明线宽度 0.2，另一片是其双倍
搭缝	两片各放 0.5~1
排缝	两片均不放

（3）根据工艺要求加放：服装的某些特殊部位放缝时有特别要求，需要特别处理。例如，裤片后裆缝的放量如图1-16所示，装拉链的部位需要1.5~2cm缝份。放缝也与轮廓线形状有关，较直的部位正常放，弧线的部位加量较小，且弧度越大加量越小，以免影响缝口平服。

2. **加放贴边**

贴边宽度与所处部位及止口形状有关，直线或接近直线的止口处可以直接加出贴边宽度，称为连贴边或自带贴边；止口为弧线的部位，贴边需要另外拷贝相应边缘区域3~5cm宽，然后加放缝份，称为另加贴边。不同部位的连贴边宽度会有所不同，表1-8为常用贴边加放量。

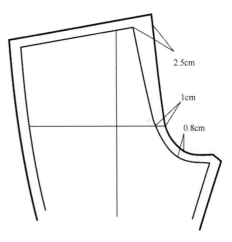

图1-16　裤片后裆放缝

表1-8　常用贴边加放量　　　　　　　　　单位：cm

部　位	加 放 量
门襟	衬衣 3~4，装拉链外套 5~6，单排扣外套 7~8，双排扣外套 12~14
下摆	圆摆衬衣 1~1.5，平摆衬衣 2~3，外套 4，大衣 5~6
袖口	衬衣 2~3，外套 3~4（通常与下摆相同）
袋口	明贴无盖式大袋 3~4，有盖式 2，斜插袋 3
开衩	不重叠类 2，重叠类 4
裤口	短裤 3，长裤 4

连贴边的轮廓要求与折转后对应区域的衣片一致，加放贴边时，应该以止口线为轴，根据宽度要求作衣片轮廓的对称线，如图1-17所示。

3. 轮廓角点的加放

轮廓线转折部位的加放需要考虑满足双向要求，基本要求是衣片连接后轮廓线顺直。具体放缝方法如图1-18所示，如果服装有夹里，角点处缝份可以作成直角，称为方头缝；如果服装无夹里，则应该严格按照劈缝后的对称要求加缝份。

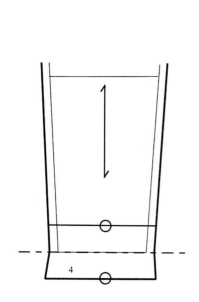

图1-17　裤脚口贴边的加放

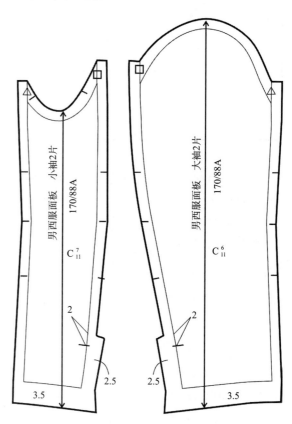

图1-18　轮廓角点的加放

（三）作标记

作标记是保证成品服装质量的有效手段，通常标记分为对位标记和定位标记两种。

1. 对位标记

对位标记是衣片间连接时需要对合位置的记号，具体位置及数量根据缝制工艺要求确定。例如缩领对位点、缩袖对位点、上衣侧缝腰节线对位点、裤装侧缝中裆线对位点等，侧缝对位点控制等长缝合，而装袖对位点控制袖山吃势大小及分布。轮廓线上需要作记号的位置用专业剪口钳剪出0.5cm深的剪口，也可用剪刀剪出0.5cm深的三角形剪口。

2. 定位标记

定位标记是衣片内部需要明确定点位置的记号，如收省的位置、口袋的位置等。需要作记号的点位用锥子扎眼，孔径约为0.3cm。为避免缝合后露出锥眼，扎眼时一般比实际位置缩进0.3cm左右，如图1-19所示。

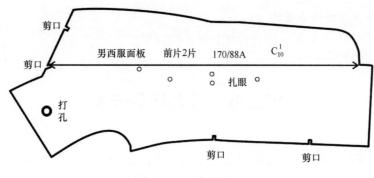

图1-19 记号的标注

（四）标注文字与符号

样板是重要的技术资料，裁剪与缝制过程中都要用到，而且每套样板都包括许多样片，为方便使用，在每个样片上都应该作必要的文字标注。

1. 名称标注

名称标注包括款式名称（如男衬衫）、样片名称（如面板、里板）、衣片名称及片数（如前衣片2片）。

2. 号型或规格标注

号型或规格表明样板的尺寸，需要明确标注。

3. 数量标注

每套样板由许多样片组成，为避免遗漏，要对样片统一编号，用C_n^1表示。其中下角标n表示该套样板的样片总数，上角标1，2，3…表示本样片的序号，由大片排起。

4. 纱向标注

每个样片都有明确而严格的用料方向，为方便使用，样片正反面都应该画出贯穿衣片的纱向符号，而且方向必须一致。如果面料有顺向要求，则应该画出顺向符号。所有文字标注分列于纱向符号两侧，整齐、便于查看。

5. 其他标注

样片上还需要签注姓名和日期等基本信息。

（五）样板的检验与确认

样板全部完成后，必须经过检验与确认无误后才可以剪下备用。每个样片在某一侧的中间位置，比轮廓线偏进3~4cm处打孔，可以用线绳穿起，便于悬挂保存。

1. 规格的检验与确认

样板规格必须与规格表一致，需要分部位测量确认。

2. 缝合边的检验与确认

相互对应的缝合边有形状与长度的要求，平接部位应该形状一致、长度相等，非平接部位两边不等长，但差值确定，而且明确界定在某个区域，需要分段检验。

3. 衣片组合的检验与确认

将样片相关部位拼接后，检查整体轮廓的圆顺度。

第三节 服装产品开发

企业经营活动的最终目的是满足消费者的需求，而如何来满足这一特定的需求，需要企业提供特定的产品和服务。对服装企业来说，在市场竞争中有无生命力，关键在于其产品适应市场的程度。服装产品特色鲜明，适应性强，流行性大，变化快，消费者对于服装的需求千差万别。同时，服装生产技术日新月异，服装市场竞争日趋激烈，服装产品生命周期也越来越短。服装产品的种类创新、款式设计创新以及推广创新已成为营销者的重要目标、内容与手段。

一、服装产品的含义

服装作为一种特殊的产品，具有产品的普遍含义，包含以下三项基本内容：

（1）实质：产品的实质是消费者购买某种产品时所追求的利益，是消费者真正购买的东西，体现服装的基本功能，满足着装的基本需求。

（2）形体：即有形产品，是直接提供给消费者的产品形体或外在质量。服装产品的有形特征可以分成四个基本部分，即面料、色彩、板型和款式。通过这四个部分，服装才有了其基本的有形外观，构成一个基本的产品，并提供了产品的核心特征。

（3）附加利益：产品的附加利益是消费者购买产品形体所获得的全部附加服务和利益，给消费者需求以更大的满足。例如服装基本知识、洗护方法的介绍、退换货保障等售前售后服务。

二、服装新产品开发的内涵及意义

服装企业生存和发展的关键在于不断开发新产品，不断开拓新市场。在激烈的市场竞争中，在服装工艺技术、材料日新月异的时代，一个企业如果不积极发展新产品，就没有能力适应环境的变化，就不可能在竞争中取得优势。因此，许多企业采取了"生产一代，开发一代，储存一代"的产品策略，把新产品的开发看做是企业生存和发展的首要条件。

（一）服装新产品开发的类型

服装新产品开发的类型大体上包括以下三类：

1. 新设计服装

新设计服装指在预测流行的新款式和流行色的基础上，采用新材料、新技术设计出的流行时装，这类新时装与现在流行的男装无雷同之处，是一种全新男装产品。

2. 换代服装

换代服装指采用新材料、新生产工艺或新技术对原有男装的外观、装饰等进行改良，如西装、衬衣、西裤等传统式样服装，由于其款式造型变化不大，有时会按当时的流行情况改变一些细部设计，使之符合流行趋势要求。

3. 模仿与改进服装

服装的改进和仿制在市场竞争中是不可避免的，开发模仿新产品有着积极的意义。特别是对先进国家已经推出的流行时装，而在我国还没有生产出来，企业进行模仿或改进制作，对服装的结构、材料、花色品种等方面做出改进，从而使服装号型、颜色、款式等适合当地的风俗习惯和审美标准。或对一些名牌服装进行仿制，对其造型、工艺技术等进行吸收，对于提高企业的技术水平，增强竞争意识、扩大销售都有很大的作用。

（二）服装新产品开发的意义

发展新产品是企业制定产品组合的重要途径之一，企业的生存与发展关键在于是否重视产品创新。随着市场需求的变化和纺织科学技术的不断发展，服装产品也会不断地得到更新和改良。对于企业来说，服装新产品开发具有极其重要的意义：

（1）开发新产品，避免服装因过时而被淘汰，始终保持与市场需求相一致，更好地满足现在和潜在的消费者需求。

（2）开发新产品是提高企业市场竞争能力的重要保证。企业只有不断地推出服装新造型、新颜色、新品种等，才能在满足市场消费者需求的同时，增加企业盈利，增加企业的竞争能力和经济实力。否则就会被竞争者挤出市场，遭受失败或被淘汰的命运。

（3）开发新产品，可以降低企业的风险。一个企业经营多品种的产品，并推出有较高创利水平的新时装，满足各种消费者的需求，有利于分散企业的经营风险。同时，也可增加企业的市场开拓能力，扩大产品的销售，提高市场占有率。

（4）有利于树立企业的形象，主导市场的流行潮流。同时增强企业内部的凝聚力，增强员工的归属感。

三、男装新产品开发程序与标准

（一）男装新产品开发程序

男装新产品开发是一项难度较大的工作，需要掌握流行信息，运用灵感和想象，从设计造型到选择材料、颜色等整体配合。另外，还要考虑消费者的心理需求、当地的风俗习惯和审美标准、男装企业的生产条件等。从确定开发方向到组织实施，到最后开发完成，要经历多个阶段，如表1-9所示。

表1-9 男装新产品开发流程

单位／节点	研发中心总监 A	设计部 B	采购部 C	面辅料仓库 D	技术部 E	企划部 F	样衣展厅 G
1		开始					
2		市场考察					
3	审核	确定开发方案／制作产品规划			新板型开发		
4		制定时间表	面辅料开发				
5		款式开发设计稿论证					
6		申请面辅料	面辅料采购	面辅料入库			
7		面料配发图稿发布					
8					制作工艺单		
9					根据款式风格确定母板		
10		审核			纸板制作及分割		
11					样衣裁剪制作		
12	审核				样衣筛选、板型和工艺论证		
13							电脑入账陈列
14		参与			参与	筛选订货款式	
15					样衣复色定价		
16						订货会	
17						结束	
编辑单位				流程所有者			

（二）男装企业新产品开发标准

男装企业新产品开发标准是男装新产品开发的依据，由表1-9可知，男装产品开发流程基本包括17个工作节点，涉及七个工作部门，其主要任务见表1-10。

表1-10 男装企业新产品开发标准

任务	节点	任务程序、重点及标准		相关资料/表格
确定研发方向	B2 B3 A3 E3	程序	1. 设计部收集国内外相关新产品信息、本企业的产品销售信息、客户需求信息、竞争对手信息及行业流行信息等，并进行分析整理，掌握同类产品最新流行趋势，确定新产品研发方向	1. 产品企划案 2. 产品开发任务表
			2. 讨论并制作新产品企划方案（包括：款式、色彩、面料、辅料、板型、工艺、价格等）及新产品开发任务及时间表，报研发中心总监审核后实施	
			3. 同时与采购部、技术部沟通进行面辅料及新板型的开发	
		重点	制订准确的新产品企划	
		标准	符合公司品牌定位，适合当季流行趋势	
图稿论证材料配发	C4 B6 C6 D6 B7	程序	1. 根据开发任务及不同系列风格进行图稿设计	1. 面辅料申请单 2. 设计图稿 3. 材料配发一览表
			2. 对设计图稿进行论证、修改，审核面辅料与设计风格协调统一	
			3. 申请采购面辅料并与图稿一同发放	
		重点	设计图稿论证	
		标准	达到系列开发要求	
产品制作	E8 E9 E10 B10 E11 E12 A12	程序	1. 技术部工艺研发组根据新产品风格制作工艺单	1. 工艺单 2. 母板 3. 样衣
			2. 技术部板型组根据新产品风格制作母板并进行纸板分割后交设计部审核	
			3. 技术部样衣组裁剪和样衣的制作	
			4. 技术部进行样衣筛选、板型和工艺论证，交研发中心总监审核	
		重点	产品制作	
		标准	产品与设计意图相吻合	
样衣筛选与复色	G13 F14 E14 B14 E15 F16	程序	1. 样衣展厅管理员对技术部交接样衣进行电脑入账，并按系列风格进行分类、陈列	样衣出入库单
			2. 企划部组织设计部和技术部共同对订货款式进行筛选与修正	
			3. 技术支持组对样衣进行核价并报批	
			4. 样衣小组对所选款式进行样衣复色，参加订货会	
		重点	订货会样衣的筛选	
		标准	保质保量完成样衣开发任务	

四、产品开发相关概念

产品开发过程中，涉及结构设计与工艺设计中的一些概念，特作以下说明。

1. 成品规格

成品规格是指经过一系列的生产加工工序后服装成品的规格尺寸。成品规格设计是基于人体尺寸，再加上各部位所需的不同松量。

2. 容量

容量是指成品实际规格与设计规格之间的不可避免的误差，为保证成品规格，需要在制作样板时提前考虑。影响容量的因素很多，主要有材料性能、缝纫工艺，此外还有裁剪条件、熨烫条件等。容量直接影响成衣尺寸和样板尺寸，进而影响产品的用料成本，服装企业通常会制订技术标准，根据本企业的产品特点，总结各品类服装的容量加放规律，以此作为开发新品的参考。

3. 规格尺寸与测量尺寸的差异

对于同一项规格，结构设计时控制尺寸的部位与成品质量控制（QC）检查时的部位某些情况下会有所差异，所以为了保证测量尺寸与设计规格一致，需要在结构设计时适当调整数据。例如胸围规格，制图时在袖窿底线上控制，但测量时一般会在袖窿底以下2.5cm处，因为袖窿底缝份叠加后不易放平整，会影响测量的准确度。制作样板时，应该根据经验将袖窿底线下2.5cm处的规格尺寸折算到袖窿底线上。待样衣完成后，根据实际情况进行调整。在产品开发实例的规格表中，大家会看到两个胸围、袖肥和腿根围尺寸，它们的测量部位是不同的，请特别关注。

4. 样衣

样衣也称为生产样衣，由产品开发企业制作，用来确认服装的造型、款式及工艺是否符合设计要求。

5. 样衣纸样（样板）

样衣纸样（样板）是指在产品开发初期，根据产品中码尺寸设计的用于制作一件中码样衣的面料裁剪纸样。

6. 生产纸样（样板）

生产纸样是根据缝制工艺的要求，在服装净样板的四周加放缝份和贴边后的样板。它包含生产用所有样板，如面料、里料、黏合衬裁剪样板、模具以及后道锁眼钉扣用工艺小样板等。

7. 刀眼

刀眼也称为剪口，是样板周边必要的对位或定位记号。如缝合对位点、净线定位、褶裥位等。刀眼有助于提高服装缝制效率，便于半成品检验、补正，确保缝制质量。刀眼位的设置不宜过多，应遵循适量、必要的原则。由于服装的款式各不相同，刀眼位的设置也有所区别。一套样板，衣片通常在胸围线、腰围线、臀围线、胸点附近、袖窿、领口线等部位有刀眼；袖片通常在袖山、袖肥线、袖肘线有刀眼；领片通常在后中点、侧颈点有刀眼；若衣服较长时，会在衣片较长缝线的中间设计几个刀眼。

8. 模板

模板也称"实样"，是指用较厚的卡纸制作的部件净样板。这些部件的尺寸和形状的要求较高，例如领片、过面、袋盖、腰带、贴袋等。

9. 样板明细表

纸样设计完成后，应将本款式所涉及的所有样板：面里料裁剪样板、模板、黏合衬样板等，以表格的形式列一张清单，俗称样板明细表。以便对照表格检查样板是否遗漏，确保资料的准确性和生产的正常进行。

10. 排料

在生产中，排料的基本原则是保证设计要求、符合工艺要求、节约用料。具体排料时，有"先大后小、紧密套排、缺口合并、合理拼接"的技巧。排料前需要确认样板的数量及准确性，排料时要注意面料丝缕的要求，需要确认衣片的对称性，避免出现"一顺"或漏排现象。此外，对有色差的面料，要注意避色差排；对条格面料，要注意是否要求对条、对格。在工业化大生产中，常采用大中小各个尺码的样板相互穿插套排，以节约面料、提高面料的利用率。在开发中，排料是控制产品成本的必要工作。

11. 生产制造单

生产制造单指服装企业批量生产时所有的标准技术资料的集合体。包含产品款式设计（如名称、编号、所用材料）、生产工艺要求、工艺细节描述、物料单、成品规格、包装要求及材料成分标、洗涤标等所有的产品技术要求。不同企业的生产制造单的形式不尽相同，但包含的内容基本一致。

12. 款式编号

各企业根据产品特点及习惯，对开发的产品进行编号。编号内容包括产品分类、开发时间、产品服务对象等信息。

本章小结

■男装的产生与发展，受到政治、经济、文化的影响，我国男装近年发展加快，基本融入了国际化的节奏。西装是现代男子的基本服装。庄重、简约、阳刚、实用、与技术的高要求，构成了男装的典型特征。

■男装的设计是指男装造型与款式的构成、衣料的选定、色彩的搭配等。它是以服装为对象，运用恰当的设计语言，完成男士整个着装状态的创造过程。男装款式设计以男人的生理、心理、人体结构以及诸多的社会因素为依托，对男士服装款式的再造与创新，使其符合某个时期的服饰审美理念。男装设计是形象思维的视觉艺术，所设计的式样应该有个性、有风格，通过造型的形象，能够影响服装的流行趋势，指导消费，推动生产。男装的设计应把握TPO设计原则，将色彩、材料、造型与款式进行选择搭配。

■男装结构设计是把款式图变成平面图的过程，它是男装设计的组成部分，既是款式设计的延伸和实现，又是工艺设计的依据和基础，在整个男装设计中，起承上启下的作用。

男装结构设计分为平面结构设计与立体结构设计。男装结构制图是男装结构设计中必须要了解的基础知识，包括男装制图常用符号、代号及部位部件名称，男装常用制图线条名称以及男装制图标准知识等。纸样设计的过程一般为四步：款式分析与原型选择；基型设计原理与方法；纸样变化原理与方法；纸样存档管理。

■样板是现代服装工业的专用语，含有"纸样"、"标准"等意思，是服装设计的重要基础之一，更是设计思维、想象到服装造型的重要技术条件，是服装产业化、商品化的必要手段。男装样板是男装产品设计、生产制作的基础、依据与标准。样板是服装生产中排料、划样、裁剪、缝制、熨烫及后整理加工中不可缺少的男装衣片标样，男装从面料到成衣要经过设计、打板、裁剪、制作、整熨等环节和工序，打板是其中重要的环节之一，具有丰富的内涵。

■产品是"一组将输入转化为输出的相互关联或相互作用的活动"的结果，即"过程"的结果，通常可理解为"生产出来的物品"，是指能够提供给市场，被人们使用和消费并能满足人们某种需求的任何东西，包括有形的物品、无形的服务、组织、观念或它们的组合。产品一般可以分为三个层次，即核心产品、形式产品、延伸产品。服装生产技术日新月异，服装市场竞争日趋激烈，服装产品生命周期也越来越短。服装产品的种类创新、款式设计创新以及推广创新已成为营销者的重要目标、内容与手段。男装产品即专为男士穿着而生产的装饰品，是服装企业的主要产品，开发男装新产品是企业生存与发展的关键。

思考题

1. 男装的特征有哪些？如何分类？
2. 男装款式设计的含义及其需把握的四个要点是什么？
3. 分别说明男装结构设计的内容与方法。
4. 男装结构设计图的制作要求有哪些？
5. 分别说明样板的种类、作用与制作要求。
6. 男装新产品开发的含义、意义与流程是什么？

基础理论及专业知识——

人体测量及男子号型的国家标准

课题名称：人体测量及男子号型的国家标准

课题内容：1. 人体测量

　　　　　　2. 男子号型的国家标准

　　　　　　3. 男装规格设计

课题时间：4课时

教学目的：通过教学，使学生了解男子人体测量的方法、国家号型标准及规格设计方法，为男装结构设计打好基础。

教学方式：理论讲授、操作及图例示范

教学要求：1. 使学生了解男子体型特征，掌握人体测量的方法，为男装结构设计打好基础。

　　　　　　2. 使学生熟悉男子号型的国家标准，能够从相应表格中查找人体数据。

　　　　　　3. 使学生掌握男装规格设计的基本规律，能够独立进行男装的规格设计。

课前准备：查阅国内外相关资料。

第二章　人体测量及男子号型的国家标准

第一节　人体测量

男子体型具有鲜明的特征，为了准确把握这些特征，需要将其量化，所以测量人体便成为研究男装结构的基础。

一、男子体型特征

人体的骨骼、肌肉、脂肪的突起与陷落，形成了凹凸不平的人体复合曲面。由于性别、年龄等的差异，成年男子在体型上具有明显的特征，总体而言，成年男子的肩部较宽，肩斜角较小、锁骨向前短弯曲较大，且外表隆起、胸部开阔平坦，腰部较宽，背部凹凸明显，脊椎曲度小。

具体地，如图2-1所示，表现为以下几点：

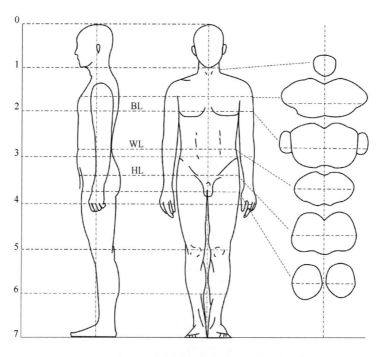

图2-1　成年男子体型特征示意

（1）长度比例为七头身，下体较短，上体则较长。

（2）胸部呈扁圆状，无明显凸起区域，但面积较大，需要的胸省量小。

（3）背部肌肉浑厚，肩胛区域凸出较明显，需要的肩省量较大。

（4）胸腰差为16～12cm，胸臀差为2～4cm，均小于女性。

（5）前腰节长超过3个头身的比例，且后腰节较前腰节长，差值约为1.5cm。

（6）颈部斜方肌、乳突肌发达，肩宽较宽。

（7）手臂自然下垂时，肘部向前弯曲程度较女性大4°左右。臂部肌肉发达，需要的袖肥较大，因而袖山呈浑圆状。

（8）体表侧部倾斜角较小，后中臀区较平坦。

二、体型分类

成年男子受遗传、年龄、职业、生长环境、健康状况等因素的影响，表现出体型上的差异。成年男子体型按整体可以分为标准体、肥胖体、瘦体，如图2-2所示。标准体是指身体的高度与围度比例协调，且没有明显缺陷的体型，也称为正常体。

除标准体以外的特殊体型，按胸背部来分有挺胸体、驼背体、厚实体、扁平体、鸡胸体，如图2-3所示；按腹部分有凸肚体、凸臀体、平臀体，如图2-4所示；按颈部分有短颈、长颈，如图2-5所示；按肩部分有耸肩、溜肩、高低肩，如图2-6所示；按腿部分有X型腿、O型腿，如图2-7所示。

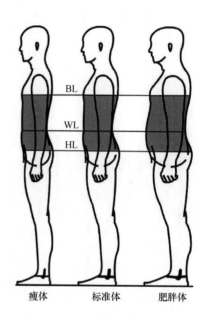

图2-2 成年男子整体体型分类

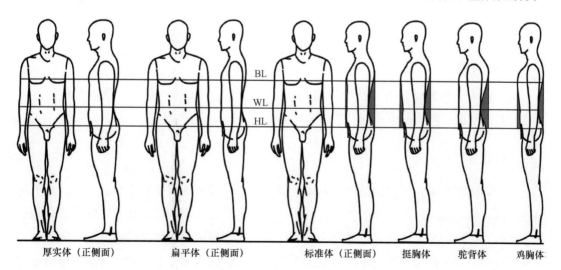

图2-3 成年男子胸背部特殊体型

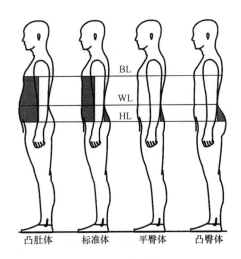

图2-4　成年男子腹部特殊体型

凸肚体　　标准体　　平臀体　　凸臀体

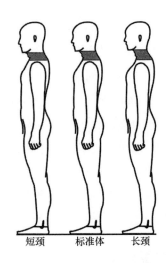

图2-5　成年男子颈部特殊体型

短颈　　标准体　　长颈

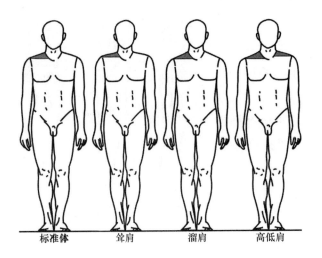

图2-6　成年男子肩部特殊体型

标准体　　耸肩　　溜肩　　高低肩

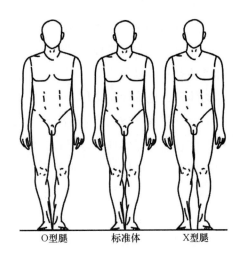

图2-7　成年男子腿部特殊体型

O型腿　　标准体　　X型腿

三、人体测量

为了对人体体型特征有正确、客观的认识，需要进行人体测量，将其数据化、立体化，对服装的设计制作与生产具有重要的意义。

（一）目的与意义

进行人体测量的主要目的是得到人体数据，可以直接利用数据确定服装规格，为单裁单做提供依据；也可以对人体数据进行科学分析并将其图像化、数字化、立体化，有助于科学认识人体结构形态；还可以通过大量的计测，得出我国人体体型的适合度、覆盖面，科学、合理分析各部位关系及不同体型的变化规律，掌握人体普遍规律，研制服装原型与基型，为工业化生产提供系列化、标准化的体型资料，对指导工业化生产具有重要作用。

（二）测量方法及工具

男子人体测量与女子测量的工具相同，测量方法也基本相同。

1. 一维计测

一维计测主要是通过手工的方法进行测量，结果用"长度"数值表示，为接触式测量，工具主要有软尺（图2-8）、马丁测量仪（图2-9）等。

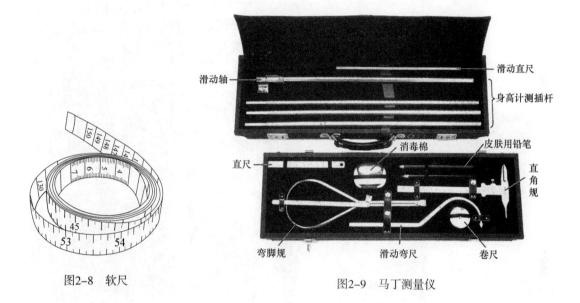

图2-8　软尺

图2-9　马丁测量仪

2. 二维计测

二维计测主要通过仪器或手工的方法完成，结果一般以角度数值或平面图形等"形态"来反映，为非接触式测量。常用的仪器有角度计测器（图2-10）、外轮廓照相仪（图2-11）、水平断面计测仪、垂直断面计测仪等。

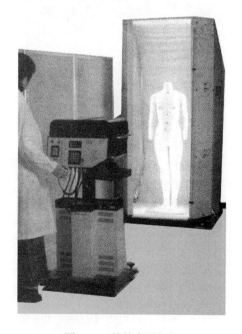

图2-10　角度计测器

图2-11　外轮廓照相仪

3. 三维计测

三维计测主要通过高科技的仪器来完成测量，一般以平面图形及一维、二维、三维的坐标值等"形态"来反映，为非接触式测量。三维计测能够准确得到各部位的人体形态，便于分析、判断体型特征，准确反映各断面、各方位的形态差异，便于作相应的差值处理，常用的仪器有莫尔照相机（图2-12）、非接触式三维人体扫描仪（图2-13）等。

图2-12　莫尔照相机

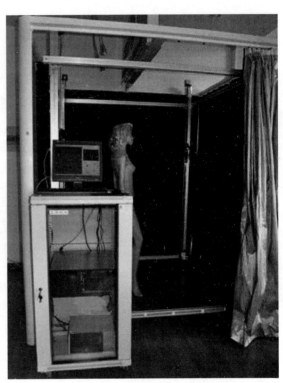

图2-13　非接触式三维人体扫描仪

（三）测量部位

1. 人体测量的基准点与基准线
成年男子人体测量的基准点，如图2-14所示；人体测量的基准线，如图2-15所示。

2. 人体测量的方法
男子人体主要部位的测量方法及要点，见表2-1。

3. 测量的注意事项
（1）测量前，为保证测量部位数据的准确性，可以借助宽度约1cm、长度分别小于胸围、腰围、臀围3cm的松紧带各自固定成圈状，并套在被测者相对应的部位，作为测量标记。

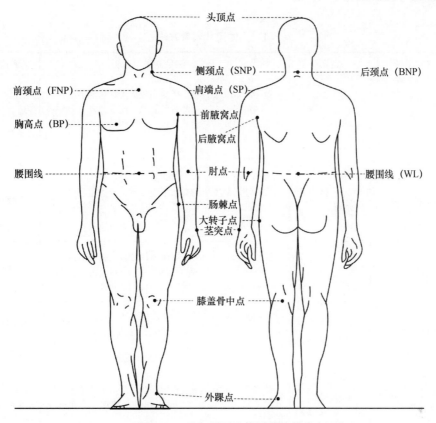

图2-14 成年男子人体测量的基准点

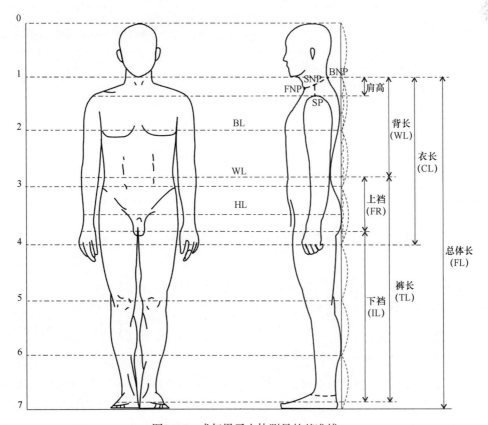

图2-15 成年男子人体测量的基准线

表2-1 人体尺寸测量方法

序号	项目名称	定义	测量方法	测量仪器
1	身高	从头顶点至地面的垂距	被测者取立姿，将人体测高仪放置在被测者的正后方，测量者站立在被测者的右侧，用手移动人体测高仪的活动尺座，使活动直尺与顶点相接触，测量从头顶点至地面的垂距	人体测高仪
2	颈椎点高	从颈椎点至地面的垂距	被测者取立姿，将人体测高仪放置在被测者的正后方，并使活动直尺与矢状平面相平行，测量者站立在被测者的右后方，移动活动直尺，测量从颈椎点至地面的垂距	人体测高仪
3	腰围高	从最小腰围处至地面的垂距	被测者取立姿，将人体测高仪放置在被测者的正前方，测量者在被测者的右侧，采取下蹲姿势，移动活动直尺，测量从最小腰围处至地面的垂距	人体测高仪
4	坐姿颈椎点高	从颈椎点至椅面的垂距	被测者取坐姿，将人体测高仪放置在被测者的正后方，测量者站立在被测者右侧，移动活动直尺，测量从颈椎点至椅面的垂距	座椅及人体测高仪
5	颈围	以喉结下2cm为起点，经颈椎点至起点的围长	被测者取坐姿，测量者站立在被测者的正前方，用软尺测量，以喉结下2cm为起点，经颈椎点至起点的围长	座椅及软尺
6	胸围	经乳头点的胸部水平围长	被测者取立姿，测量者站立在被测者的正前方，用软尺测量正常呼吸时经乳头点的水平围长	软尺
7	腰围（最小腰围）	在肋弓和髂骨之间经腰最细部位的水平围长	被测者取立姿，测量者站立在被测者的正前方，用软尺测量肋弓与髂骨之间经腰最细部位的水平围长	软尺
8	臀围	臀部最凸出部位的水平围长	被测者取立姿，测量者站立在被测者的正后方，用软尺测量臀部向后最凸出部位的水平围长	软尺
9	总肩宽（后肩横弧）	左右肩峰点间的背部水平弧长	被测者取立姿，测量者站立在被测者的正后方，用软尺测量左右肩峰点间的背部水平弧长	软尺

（2）人体测量时，被测量者应采用正确的姿势，以确保能正确反映被测量者的体型特征。

正确的立姿为，挺胸直立、平视前方、肩部放松，上肢自然下垂，手伸直并轻贴大腿外侧，足跟并拢，足尖分开呈45°。

正确的坐姿为，挺胸直坐于高度适合的座椅上，平视前方，大腿与地面平行，膝成直角，足平放，手自然平放于大腿上。

（3）为保证所测量数据的准确性，被测者的着装应尽可能简单。

（4）测量围度时，需要把握松紧程度，合围的软尺以容纳一指并能自然转动为宜。

（5）测量时，还应观察被测者的体型特征，并作相应的记录，需要时可以加测特殊部位。可以通过测量判断被测者是否为标准体型，具体方法如图2-16所示：将量体用的软尺捋顺，两端对齐确定并标记中点O，然后将软尺套于颈部，向前经过胸高区自然下垂，保持两端且平齐（C与C'点），这时软尺O点对应的位置即为被测者的后颈点。设定软尺上O点到C点距离为当a，C点到地面的直线距离为b，O点至地面距离为c，当$a+b-c=$10cm时，被测者为标准体；当$a+b-c>10$cm或$a+b-c<10$cm时，被测者为挺身体或屈身体，需进行相应特殊部位的测量。

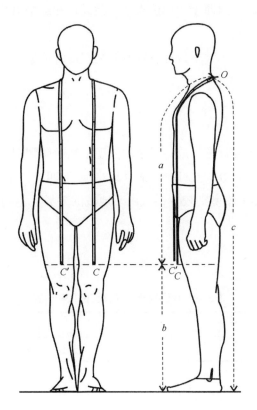

图2-16 成年男子标准体型的测定

第二节 男子号型的国家标准

我国服装号型标准主要历经GB/T 1335.1—1981《服装号型》、GB/T 1335.1—1991《服装号型系列》、GB/T 1335.1—1997《服装号型 男子》和GB/T 1335.1—2008《服装号型 男子》四个阶段。随着我国人民生活水平的提高、生活方式的改变，消费者的人体体型也有所改变，同时消费者对服装的季节性、多样性、适体性有了新的要求，因此，我国的服装号型标准也需不断更新。

GB/T 1335.1—2008《服装号型》是我国现有的最新服装号型标准，在修订中参考了国外先进的国际标准，并且取消了5·3系列、人体各部位的测量方法及测量示意图，新增了婴幼儿号型，因此，更加符合变化中的中国人体体型的特点。

一、号型

身高、胸围、腰围是人体的基本部位，也是最能反映人体基本特征的部位，用这些部位的尺寸推算其他部位尺寸时误差最小。增加体型分类，直接反映体型特征。

"号"指人体的身高，以厘米为单位表示，是设计和选购服装长度的依据。号与人体纵向控制部位数值密切相关。

"型"指人体胸围或腰围，是设计和选购服装肥瘦的依据。型与横向控制部位臀围、颈围、总肩宽密切相关。

二、体型

按我国人体体型分类的标准，成年男子的体型根据净体胸围减去净体腰围所得的差数（即胸腰差），分为Y、A、B、C四种，见表2-2。以上四种体型中，我国男子以A、B体型为多，其次是Y体型，C体型则较少，且由于地域的差异，不同地区四种体型的分布比例也不同，见表2-3。

表2-2　我国男子人体体型的四种分类　　　　　　　　　　　　单位：cm

体型	Y	A	B	C
胸腰差	22 ~ 17	16 ~ 12	11 ~ 7	6 ~ 2

表2-3　全国及分地区男子各体型所占的比例（%）

地区 \ 体型	Y	A	B	C	其他
华北、东北	25.45	37.85	24.98	6.68	5.04
中西部	19.66	37.24	29.97	9.50	3.63
长江下游	22.89	37.17	27.14	8.17	4.63
长江中游	24.40	46.07	24.34	3.34	1.85
两广、福建	12.34	37.27	37.04	11.56	1.79
云、贵、川	17.08	41.58	32.22	7.40	1.72
全国	20.98	39.21	28.65	7.92	3.24

三、中间体

根据大量实测的数据，通过计算求出平均值，即为中间体。中间体反映了各类体型的身高、胸围、腰围等部位的平均水平，不同体型的人对应不同的中间体，见表2-4。在实际应用时，需以中间体为中心，按一定分档数值，向上下、左右推档，形成规格系列。

表2-4 成年男子体型中间体设置　　　　　　　　　单位：cm

体型	Y	A	B	C
身高	170	170	170	170
胸围	88	88	92	96

四、控制部位

控制部位是指在设计服装规格时必须依据的主要部位。男子人体的控制部位有长度方面的身高、颈椎点高、坐姿颈椎点高、全臂长、腰围高等，围度方面的胸围、腰围、颈围、臀围、总肩宽等。服装规格中的衣长、胸围、领围、袖长、总肩宽、裤长、腰围、臀围等，就是用以上控制部位的数值加上不同加放量而制定的。不同的体型、不同号型系列在同一控制部位的数值也不同，在GB/T 1335.1—2008《服装号型 男子》中都有规定，以供规格设计时使用，见表2-5～表2-8。

表2-5 男子5·4／5·2 Y号型系列控制部位数值　　　　　　　　　单位：cm

部位	数　值															
身高	155		160		165		170		175		180		185		190	
颈椎点高	133.0		137.0		141.0		145.0		149.0		153.0		157.0		161.0	
坐姿颈椎点高	60.5		62.5		64.5		66.5		68.5		70.5		72.5		74.5	
全臂长	51.0		52.5		54.0		55.5		57.0		58.5		60.0		61.5	
腰围高	94.0		97.0		100.0		103.0		106.0		109.0		112.0		115.0	
胸围	76		80		84		88		92		96		100		104	
颈围	33.4		34.4		35.4		36.4		37.4		38.4		39.4		40.4	
总肩宽	40.4		41.6		42.8		44.0		45.2		46.4		47.6		48.8	
腰围	56	58	60	62	64	66	68	70	72	74	76	78	80	82	84	86
臀围	78.8	80.4	82.0	83.6	85.2	86.8	88.4	90.0	91.6	93.2	94.8	96.4	98.0	99.6	101.2	102.8

表2-6 男子5·4/5·2 A号型系列控制部位数值　　单位：cm

部位	数值								
身高	155	160	165	170	175	180	185	190	
颈椎点高	133.0	137.0	141.0	145.0	149.0	153.0	157.0	161.0	
坐姿颈椎点高	60.5	62.5	64.5	66.5	68.5	70.5	72.5	74.5	
全臂长	51.0	52.5	54.0	55.5	57.0	58.5	60.0	61.5	
腰围高	93.5	96.5	99.5	102.5	105.5	108.5	111.5	114.5	
胸围	72	76	80	84	88	92	96	100	104
颈围	32.8	33.8	34.8	35.8	36.8	37.8	38.8	39.8	40.8
总肩宽	38.8	40.0	41.2	42.4	43.6	44.8	46.0	47.2	48.4

腰围	56	58	60	60	62	64	64	66	68	68	70	72	72	74	76	76	78	80	80	82	84	84	86	88	88	90	92
臀围	75.6	77.2	78.8	78.8	80.4	82.0	82.0	83.6	85.2	85.2	86.8	88.4	88.4	90.0	91.6	91.6	93.2	94.8	94.8	96.4	98.0	98.0	99.6	101.2	101.2	102.8	104.4

表2-7 男子5·4/5·2 B号型系列控制部位数值　　单位：cm

部位	数值								
身高	150	155	160	165	170	175	180	185	190
颈椎点高	129.5	133.5	137.5	141.5	145.5	149.5	153.5	157.5	161.5
坐姿颈椎点高	59.0	61.0	63.0	65.0	67.0	69.0	71.0	73.0	75.0
全臂长	49.5	51.0	52.5	54.0	55.5	57.0	58.5	60.0	61.5

续表

单位：cm

部位	数值								
腰围高	90.0	93.0	96.0	99.0	102.0	105.0	108.0	111.0	114.0

部位	数值										
胸围	72	76	80	84	88	92	96	100	104	108	112
颈围	33.2	34.2	35.2	36.2	37.2	38.2	39.2	40.2	41.2	42.2	43.2
总肩宽	38.4	39.6	40.8	42.0	43.2	44.4	45.6	46.8	48.0	49.2	50.4
腰围	62　64	66　68	70　72	74　76	78　80	82　84	86　88	90　92	94　96	98　100	102　104
臀围	79.6　81.0	82.4　83.8	85.2　86.6	88.0　89.4	90.8　92.2	93.6　95.0	96.4　97.8	99.2　100.6	102.0　103.4	104.8　106.2	107.6　109.0

表2-8　男子5·4/5·2 C号型系列控制部位数值

单位：cm

部位	数值								
身高	150	155	160	165	170	175	180	185	190
颈椎点高	130.0	134.0	138.0	142.0	146.0	150.0	154.0	158.0	162.0
坐姿颈椎点高	59.5	61.5	63.5	65.5	67.5	69.5	71.5	73.5	75.5
全臂长	49.5	51.0	52.5	54.0	55.5	57.0	58.5	60.0	61.5
腰围高	90.0	93.0	96.0	99.0	102.0	105.0	108.0	111.0	114.0

部位	数值										
胸围	76	80	84	88	92	96	100	104	108	112	116
颈围	34.6	35.6	36.6	37.6	38.6	39.6	40.6	41.6	42.6	43.6	44.6
总肩宽	39.2	40.4	41.6	42.8	44.0	45.2	46.4	47.6	48.8	50.0	51.2
腰围	70　72	74　76	78　80	82　84	86　88	90　92	94　96	98　100	102　104	106　108	110　112
臀围	81.6　83.0	84.4　85.8	87.2　88.6	90.0　91.4	92.8　94.2	95.6　97.0	98.4　99.8	101.2　102.6	104.0　105.4	106.8　108.2	109.5　111.0

五、号型系列设置

把人体的号和型进行有规则的分档排列即为号型系列。按照我国GB/T 1335.1—2008《服装号型　男子》标准的规定，身高以5cm分档，胸围以4cm分档，腰围以4cm、2cm分档，组成5·4系列和5·2系列，见表2-9。上装采用5·4系列，下装采用组成5·4系列和5·2系列。进行胸围与腰围配置时，A体型男子的每档胸围尺寸搭配三档腰围尺寸，见表2-10；Y、B、C体型则每档胸围尺寸搭配两档腰围尺寸。

表2-9　成年男子号型系列分档范围及档差表　　　　　　　　单位：cm

部位		5·4 或 5·2 系列分档范围		档差
		起	止	
身高		155	190	5
胸围	Y 型	76	104	4
	A 型	72	104	4
	B 型	72	112	4
	C 型	76	116	4
腰围	Y 型	56	86	2 和 4
	A 型	58	92	2 和 4
	B 型	62	104	2 和 4
	C 型	70	112	2 和 4

表2-10　成年男子A体型胸围与腰围配置表　　　　　　　　单位：cm

胸围	腰围	臀围
72	56	75.6
	58	77.2
	60	78.8
76	60	78.8
	62	80.4
	64	82
80	64	82
	66	83.6
	68	85.2

续表

胸围	腰围	臀围
84	68	85.2
	70	86.8
	72	88.4
88	72	88.4
	74	90
	76	91.6
92	76	91.6
	78	93.2
	80	94.8
96	80	94.8
	82	96.4
	84	98
100	84	98
	86	99.6
	88	101.2
104	88	101.2
	90	102.8
	92	104.4

六、号型覆盖率

1. 全国成年男子各体型比例和号型的覆盖率

全国成年男子各体型在人体总量中的比例，见表2-11。

表2-11 全国成年男子各体型在人体总量中的比例表（%）

体型	Y	A	B	C
比例	20.98	39.21	28.65	7.92

全国成年男子某一体型中各身高、胸围的人体占该体型总量的比例，见表2-12。

表2-12　全国成年男子Y体型身高与胸围覆盖率表　　　　　　　　　单位：cm

比例（%）身高 胸围	155	160	165	170	175	180	185
76		0.74	0.95	0.57			
80	0.67	2.47	4.23	3.38	1.26		
84	0.77	3.78	8.57	9.08	4.48	1.03	
88	0.41	2.63	7.92	11.11	7.27	2.22	
92		0.83	3.34	6.21	5.38	2.18	0.41
96			0.64	1.58	1.82	0.97	

2. 地区成年男子各体型比例和号型的覆盖率

某一地区的成年男子各体型在该地区成年男子总量中的比例，见表2-13。

表2-13　中西部地区各体型人体在该地区总量中的比例（%）

体型	Y	A	B	C
比例	19.66	37.24	29.97	9.50

某一地区成年男子某一体型中各身高、胸围的人体占该地区某一体型总量的比例，见表2-14。

表2-14　中西部地区Y体型身高与胸围覆盖率表　　　　　　　　　单位：cm

比例（%）身高 胸围	155	160	165	170	175	180
76		1.01	1.67	1.03		
80	0.36	2.36	5.66	5.01	1.64	
84		2.56	8.84	11.27	5.31	0.92
88		1.28	6.39	11.72	7.95	1.99
92			2.14	5.04	5.50	1.98
96			0.33	1.25	1.76	0.91

七、号型配置

企业在生产服装时，由于投产批量大小及品种、款式、穿着对象不同等客观原因，往往不能或者不必完成规格系列表中的全部规格配置，需要进行相应的号型选择。因此，企业在具体使用时，可结合实际生产需求在服装规格系列表中灵活选择号和型，进行配置。常用的配置方法有以下三种：

（1）号和型同步配置，即一个号与一个型搭配组合而成的服装规格，如170/88、175/92。

（2）一号和多型配置，即一个号与多个型搭配组合而成的服装规格，如170/88、170/92。

（3）多号和一型配置，即多个号与一个型搭配组合而成的服装规格，如170/88、175/88。

第三节　男装规格设计

国家号型规格提供的是人体的净体尺寸，并非现成的服装成品尺寸，因此，就需要根据服装款式、人体体型等因素，加放不同的放松量来制定出服装规格，完成服装的规格设计，从而进行成衣生产。

在进行成衣规格设计时，必须考虑能够适应多数地区和多数人的体型和规格要求。成衣规格设计，必须依据具体产品的款式和风格造型等特点要求，进行相应的规格设计。所以，同一号型的不同产品，可以有多种规格设计，具有鲜明的相对性和应变性。

一、规格设计的原则

（1）中间体必须依据国家服装号型标准中规定的各类体型的中间体数值，不能自行更改。

（2）号型系列和分档数值不能改变。号型系列一经确定，服装各个部位的分档数值也就相应确定，不能任意变动。GB/T 1335.1—2008《服装号型　男子》对男子各个体型控制部位的分档数值及各种体型号型系列都有相关标准，以供在规格设计时使用。下面给出号型标准中男子A体型控制部位的分档值及体型号型系列表，见表2-15和表2-16。

（3）控制部位不能变。

（4）放松量可以根据服装品种、款式、面料、季节、地区的需求以及穿着习惯和流行趋势的变化而改变。

表2-15　成年男子服装号型系列分档数值　　　　　　　单位：cm

体型	Y								A							
部位	中间体		5·4系列		5·2系列		身高●、胸围●、腰围●每增减1cm		中间体		5·4系列		5·2系列		身高、胸围、腰围每增减1cm	
	计算数	采用数	计算数	采用数	计算数	采用数	计算数	采用数	计算数	采用数	计算数	采用数	计算数	采用数	计算数	采用数
身高	170	170	5	5	5	5	1	1	170	170	5	5	5	5	1	1
颈椎点高	144.8	145.0	4.51	4.00			0.90	0.80	145.1	145.0	4.50	4.00			0.90	0.80
坐姿颈椎点高	66.2	66.5	1.64	2.00			0.33	0.40	66.3	66.5	1.86	2.00			0.37	0.40
全臂长	55.4	55.5	1.82	1.50			0.36	0.30	55.3	55.5	1.71	1.50			0.34	0.30
腰围高	102.6	103.0	3.35	3.00	3.35	3.00	0.67	0.60	102.3	102.5	3.11	3.00	3.11	3.00	0.62	0.60
胸围	88	88	4	4			1	1	88	88	4	4			1	1
颈围	36.3	36.4	0.89	1.00			0.22	0.25	37.0	36.8	0.98	1.00			0.25	0.25
总肩宽	43.6	44.0	1.07	1.20			0.27	0.30	43.7	43.6	1.11	1.20			0.29	0.30
腰围	69.1	70.0	4	4	2	2	1	1	74.1	74.0	4	4	2	2	1	1
臀围	87.9	90.0	2.99	3.20	1.50	1.60	0.75	0.80	90.1	90.0	2.91	3.20	1.50	1.60	0.73	0.80

体型	B								C							
部位	中间体		5·4系列		5·2系列		身高、胸围、腰围每增减1cm		中间体		5·4系列		5·2系列		身高、胸围、腰围每增减1cm	
	计算数	采用数	计算数	采用数	计算数	采用数	计算数	采用数	计算数	采用数	计算数	采用数	计算数	采用数	计算数	采用数
身高	170	170	5	5	5	5	1	1	170	170	5	5	5	5	1	1
颈椎点高	145.4	145.5	4.54	4.00			0.90	0.80	146.1	146.0	4.57	4.00			0.91	0.80
坐姿颈椎点高	66.9	67.0	2.01	2.00			0.40	0.40	67.3	67.5	1.98	2.00			0.40	0.40
全臂长	55.3	55.5	1.72	1.50			0.34	0.30	55.4	55.5	1.84	1.50			0.37	0.30
腰围高	101.9	102.0	2.98	3.00	2.98	3.00	0.60	0.60	101.6	102.0	3.00	3.00	3.00	3.00	0.60	0.60
胸围	92	92	4	4			1	1	96	96	4	4			1	1
颈围	38.2	38.2	1.13	1.20			0.28	0.25	39.5	39.6	1.18	1.00			0.30	0.25
总肩宽	44.5	44.4	1.13	1.20			0.28	0.30	45.3	45.2	1.18	1.20			0.30	0.30
腰围	82.8	84.0	4	4	2	2	1	1	92.6	92.0	4	4	2	2	2	2
臀围	94.1	95.0	3.04	2.80	1.52	1.40	0.76	0.70	98.1	97.0	2.91	2.80	1.46	1.40	0.73	0.70

注　●身高所对应的高度部位是颈椎点高、坐姿颈椎点高、全臂长、腰围高。
　　●胸围所对应的围度部位是颈围、总肩宽。
　　●腰围所对应的围度部位是臀围。

表2-16　男子5·4/5·2　A号型系列　　　　　　　　　单位：cm

胸围＼身高腰围	155			160			165			170			175			180			185			190		
72				56	58	60	56	58	60															
76	60	62	64	60	62	64	60	62	64	60	62	64												
80	64	66	68	64	66	68	64	66	68	64	66	68	64	66	68									
84	68	70	72	68	70	72	68	70	72	68	70	72	68	70	72	68	70	72						
88	72	74	76	72	74	76	72	74	76	72	74	76	72	74	76	72	74	76	72	74	76			
92				76	78	80	76	78	80	76	78	80	76	78	80	76	78	80	76	78	80	76	78	80
96							80	82	84	80	82	84	80	82	84	80	82	84	80	82	84	80	82	84
100										84	86	88	84	86	88	84	86	88	84	86	88	84	86	88
104													88	90	92	88	90	92	88	90	92	88	90	92

二、规格设计的方法

（一）按款式效果图中人体各部位与衣服间的比例关系设计

（二）将设计的产品与生产的产品（资料）进行对比、参照

1. 按头身比设计

将男子人体按正常的比例分成7个头身，按头长分别对效果图中的衣服所占的比例进行换算，可大体得到服装各部位的长、宽规格。

2. 按与人体腰围线的相互关系设计

将效果图中人体腰围线标出，由于效果图中将人体比例夸大的是腰围线以下的部分，而腰围线位置则真实地反映了人体比例的情况，故袖窿深、领止口点、袖长、衣长（应考虑减去腰围线以下夸张的部分）等部位都可参照腰围线，以各部位与腰围线的相互关系进行计算。一般这种方法能直接应用效果图中的款式进行分析，使所得规格较为准确。

3. 按与号型的相互关系设计

实际生产中，成衣的规格往往是以身高、净胸围、净腰围或颈椎点高、全臂长、腰围高等控制部位为依据，参照效果图的轮廓造型进行模糊判断，采用控制部位数值加不同的放松量的方法来进行设计。

服装长度规格的确定方法有两种：其一，按与号相应的控制部位数值加不同的定数，或者以总体高的百分数加减不同定数来确定，并按总体高分档求得系列。其二，按国家号型标准中与长度有关的控制部位来确定服装规格。如颈椎点高是决定衣长的数值，全臂长是决定袖长的依据，腰围高是决定裤长的依据等。

　　服装围度规格是采用控制部位数值加放一定放松量的办法确定的。

　　以上表中所列举的控制部位规格设计，主要是各个控制部位相对于号型的比值关系（表内各算式的前项），比值决定了各部位规格之间的分档间隔。分档值的递增或递减，必须与人体高矮、胖瘦的变化规律基本适应。所以，各算式的比值设计，是规格设计的主体，算式中的常项属调剂形制，可依据具体产品的款式和造型等设计要求，灵活运用。在规格设计时，算式中长度方面常项数值的确定可参考男上装不同款式的衣长、袖长等长度范围进行，如图2-17所示。

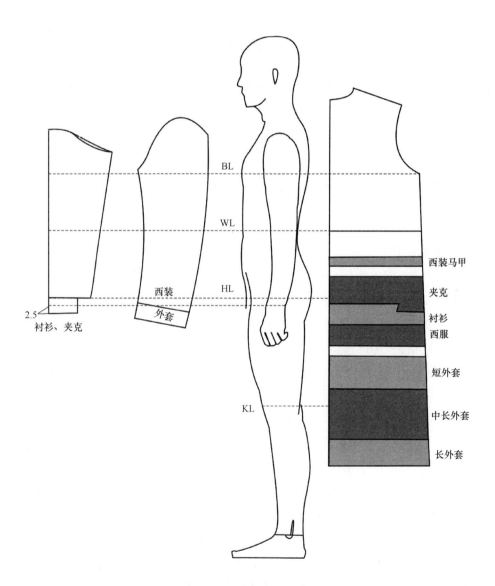

图2-17　男上装各款式长度控制范围

三、规格设计的具体步骤

服装规格系列化设计，是成衣生产商品性的特征之一，进行设计时必须以某一具体产品加以说明，下面以男子毛呢西服的规格设计为例，说明规格设计的具体步骤。

1.确定号型系列和体型

因产品为男士上装，因而选用5·4系列。体型可选Y、A、B、C四种类型，也可选择其中的一种或两种体型。主要依据产品的销售对象、地区而定，在此选择A体型。

2.确定号型设置

从表2-9中可查出男子A体型的起止号型是：号155~190，型72~104，并绘制规格系列表，见表2-17。

表2-17　5·4A号型系列男毛呢西服规格系列表（1）　　　　　单位：cm

规格部位 \ 型		72	76	80	84	88	92	96	100	备注
胸围										
总肩宽										
号	155 衣长									
	155 袖长									
	160 衣长									
	160 袖长									
	165 衣长									
	165 袖长									
	170 衣长									
	170 袖长									
	175 衣长									
	175 袖长									
	180 衣长									
	180 袖长									
	185 衣长									
	185 袖长									
	190 衣长									
	190 袖长									
设计依据										

3. 确定中间体

查表2-4，确定A型男上装的中间体为170／88A。

4. 计算中间体各控制部位规格数值

中间体各控制部位数值的确定，现采用控制部位数值加不同的放松量的方法来进行设计。从表2-18中查出5·4 A号型男西服衣长、袖长、胸围、总肩宽等必要的控制部位的设计依据，根据中间体的号与型的数值求得规格。

表2-18 男西服规格（5·4 A系列） 单位：cm

成品规格部位 ＼ 中间体	170／88Y	170／88A	170／92B	170／96C	分档数值
衣长	74	74	74	74	2
胸围	106	106	110	114	4
袖长	59	59	59	59	1.5
总肩宽	45	44.6	45.4	46.2	1.2
设计依据	衣长 = $\frac{2}{5}$号 +6 袖长 = $\frac{3}{10}$号 +8 胸围 = 型 +18 总肩宽 = 肩宽（净体）+1				

衣长：$\frac{2}{5}$号 + 6cm = $\frac{2}{5}$ × 170cm + 6cm = 74cm

袖长：$\frac{3}{10}$号 + 8cm = $\frac{3}{10}$ × 170cm + 8cm = 59cm

胸围：型 + 18cm = 88cm + 18cm = 106cm

总肩宽：肩宽（净体）+ 1cm = 44.6cm

将求得的以上数值分别写在表格中与中间体相对应的空格内，见表2-19。

5. 规格系列的组成

从表2-18中查出5·4 A号型男西服各部位的分档值分别是：衣长2cm，胸围4cm，袖长1.5cm，总肩宽为1.2cm。以中间体规格为中心，围度方面按对应的分档数值向右依次递增，向左依次递减；长度方面，按对应的分档数值向右下方依次递增，向左上方依次递减，填写数值，见表2-20。

6. 完成规格系列表

参照国家标准中的号型系列表，填满应填的数值，其中空格部分表示号型覆盖率小，可不安排生产，见表2-21。

以上为男上装规格系列设计的具体过程，男上装其他款式以及男下装的规格设计均可参照以上步骤，确定各款式所需的控制部位的数值，完成规格系列表。

表2-19 5·4A号型系列男毛呢西服规格系列表（2） 单位：cm

规格部位 \ 型			72	76	80	84	88	92	96	100	备注
胸围							106				
总肩宽							44.6				
号	155	衣长									
		袖长									
	160	衣长									
		袖长									
	165	衣长									
		袖长									
	170	衣长					74				
		袖长					58.5				
	175	衣长									
		袖长									
	180	衣长									
		袖长									
	185	衣长									
		袖长									
	190	衣长									
		袖长									
设计依据											

表2-20 5·4A号型系列男毛呢西服规格系列表（3） 单位：cm

规格部位 \ 型			72	76	80	84	88	92	96	100	104	备注
胸围			90	94	98	102	106	110	114	118	122	
总肩宽			39.8	41	42.2	43.4	44.6	45.8	47	48.2	49.4	
号	155	衣长		68								
		袖长		54								
	160	衣长			70							
		袖长			55.5							

规格 部位		型	72	76	80	84	88	92	96	100	104	备注
胸围			90	94	98	102	106	110	114	118	122	
总肩宽			39.8	41	42.2	43.4	44.6	45.8	47	48.2	49.4	
号	165	衣长				72						
		袖长				57						
	170	衣长					74					
		袖长					58.5					
	175	衣长						76				
		袖长						60				
	180	衣长							78			
		袖长							61.5			
	185	衣长								80		
		袖长								63		
	190	衣长									82	
		袖长									64.5	
设计依据												

表2-21 5·4 A号型系列男毛呢西服规格系列表（4） 单位：cm

规格 部位		型	72	76	80	84	88	92	96	100	104	备注
胸围			90	94	98	102	106	110	114	118	122	
总肩宽			39.8	41	42.2	43.4	44.6	45.8	47	48.2	49.4	
号	155	衣长		68	68	68	68					
		袖长		54	54	54	54					
	160	衣长	70	70	70	70	70	70				
		袖长	55.5	55.5	55.5	55.5	55.5	55.5				

续表

规格部位		型	72	76	80	84	88	92	96	100	104	备注
胸围			90	94	98	102	106	110	114	118	122	
总肩宽			39.8	41	42.2	43.4	44.6	45.8	47	48.2	49.4	
号	165	衣长	72	72	72	72	72	72	72			
		袖长	57	57	57	57	57	57	57			
	170	衣长		74	74	74	74	74	74	74		
		袖长		58.5	58.5	58.5	58.5	58.5	58.5	58.5		
	175	衣长			76	76	76	76	76	76	76	
		袖长			60	60	60	60	60	60	60	
	180	衣长				78	78	78	78	78	78	
		袖长				61.5	61.5	61.5	61.5	61.5	61.5	
	185	衣长					80	80	80	80	80	
		袖长					63	63	63	63	63	
	190	衣长						82	82	82	82	
		袖长						64.5	64.5	64.5	64.5	
设计依据												

本章小结

■成年男子在体型上具有明显的特征，总体而言，成年男子的肩部较宽，肩斜角较小、锁骨向前短弯曲较大，且外表隆起、胸部开阔平坦，腰部较宽，背部凹凸明显，脊椎曲度小。

■成年男子体型按整体可以分为标准体、肥胖体、瘦体；按胸背部来分有挺胸体、驼背体、厚实体、扁平体、鸡胸体；按腹部分有凸肚体、凸臀体、平臀体；按颈部分有短颈、长颈；按肩部分有耸肩、溜肩、高低肩；按腿部分有X型腿、O型腿。

■GB/T 1335.1—2008《服装号型　男子》是我国现有的最新服装号型标准，修改了标准的英文名称、标准的规范性引用文件，并且增加了号为190及对应的型的设置、控制部位值。因此，更加符合变化中的中国人体体型的特点。

■在进行成衣规格设计时，必须考虑能够适应多数地区和多数人的体型和规格要求。成衣规格设计，必须依据具体产品的款式和风格造型等特点要求，进行相应的规格设计。所以，同一号型的不同产品，可以有多种规格设计，具有鲜明的相对性和应变性。

思考题

1. 成年男子的体型表现出哪些特征？在结构设计时，应如何处理？

2. 人体体型分类的标准有哪些，具体如何分类？

3. 人体测量时，成年男子所需测量的基准点与基准线有哪些？测量的要点有哪些？

4. 人体测量的方法有几种，相应的工具有哪些？

5. 号型的定义及体型的分类有哪些？

6. 成年男子各体型中间体分别是什么？

7. 常用的号型配置的方法有哪几种？

8. 服装规格设计的原则是什么？

9. 试以男西裤为例，进行规格系列化设计，以熟悉掌握规格设计的方法。

男上装结构原理

课题名称：男上装结构原理

课题内容：1. 男上装原型结构

2. 男上装原型结构原理

3. 男上装原型的应用

课题时间：8课时

教学目的：通过教学，使学生理解男上装原型结构及原理，掌握原型应用的变化规律。

教学方式：理论讲授、操作及图例示范

教学要求：1. 了解男装原型的制图方法。

2. 理解男装结构的基本原理。

3. 掌握男装原型的变化规律，能够独立绘制各类男装原型衣片。

课前准备：查阅相关资料。

第三章　男上装结构原理

第一节　男上装原型结构

　　服装原型是指平面裁剪中所使用的基本纸样，是简单的、不体现任何款式变化因素的立体型服装纸样，其造型分为箱型和梯型。男上装原型采用箱型造型。

一、男上装原型制图

（一）制图规格

　　制图规格见表3-1。

表3-1　上装原型制图规格　　　单位：cm

号型	背长	袖长
170/88A	42.5	55.5+2.5

（二）衣片制图

　　衣片制图具体方法如图3-1所示。

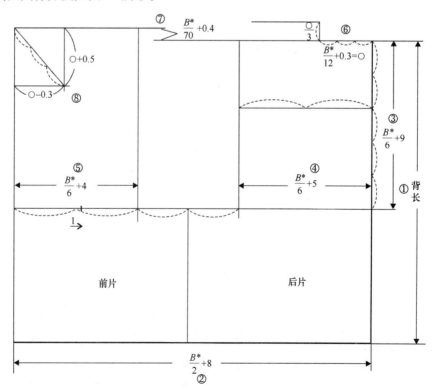

图3-1

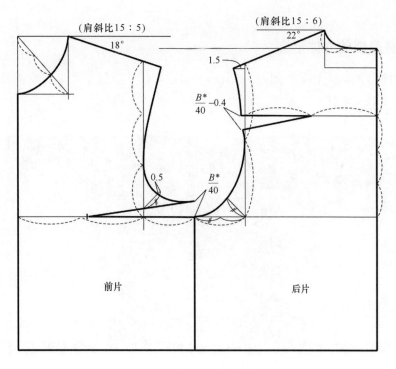

图3-1 男上装衣片原型

（三）袖片制图

袖片制图具体方法如图3-2所示。

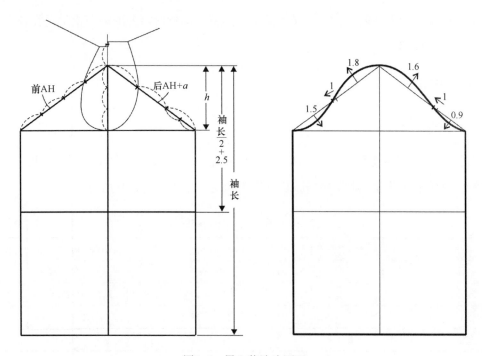

图3-2 男上装袖片原型

二、男上装原型的立体形态

男上装原型的立体效果，如图3-3所示。可以看出，整体呈箱型，肩部及胸、背部平整服帖，腰线呈水平状态。

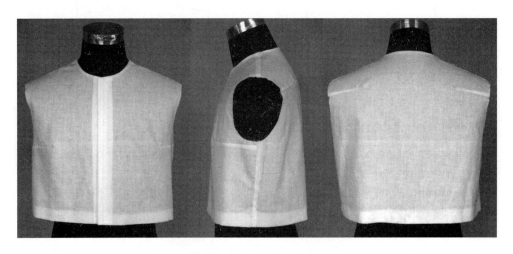

图3-3 男上装原型立体效果

第二节　男上装原型结构原理

原型既要符合人体表面特征，又要满足人体基本动作所需要的动态松量，在各个部位的结构中都有体现。

一、衣身结构原理

（一）胸围的确定

上装原型的衣身宽度以人体净胸围（B^*）为准，加入松量设计，即总宽度 = $\dfrac{B^*}{2}$ + $\dfrac{松量}{2}$。而松量的设置，则需根据服装造型来确定，具体松量数值见表3-2。

表3-2　不同造型的男装胸围松量　　　　　　　　单位：cm

造型	间隙度	放松量	与净胸围（B^*）的百分比
贴体型	0 ~ 2	0 ~ 13	0 ~ 15%
较贴体	2 ~ 3	13 ~ 19	15% ~ 20%
较宽松	3 ~ 4	19 ~ 25	20% ~ 28%
宽松型	4 以上	25 以上	28%以上

注　表中松量适用于Y、A体型，对于B、C体型，松量则需要根据体型酌情减小。

（二）胸宽、背宽、袖窿宽的确定

人体胸围可分为前身宽、腋宽、后身宽三部分，与上装的胸宽、袖窿宽、背宽相对应。男装原型在确定胸宽、背宽、袖窿宽时，首先需要考虑人体的正常比例，然后加入各区域所需要的动态松量。

1. 静态人体

男子正常体的胸围分布的比例关系如图3-4所示。

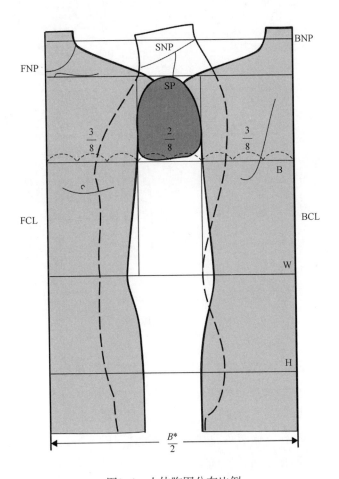

图3-4　人体胸围分布比例

2. 动态人体

人体做简单而必要的动作时，关节需要屈曲、旋转，肌肉需要舒展、收缩，从而引起体型的变化，并最直接地表现于相应部位体表皮肤的伸缩。为了分析动作时体表的变化情况，将人体表面网格化，当手臂分别做侧平举、上举动作时，前后身伸缩变化情况如图3-5所示。

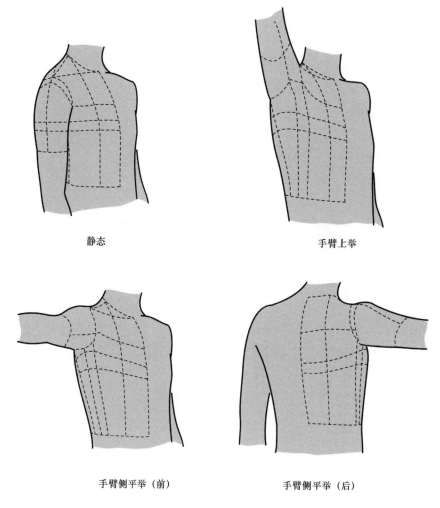

静态　　　　　　　　　　　　　　　　　手臂上举

手臂侧平举（前）　　　　　　　　　　　手臂侧平举（后）

图3-5　人体动态体表变化

　　由图3-5可知，动态人体结构的上半身变化最大的部位是肩、胸、背、腋窝，而腰部变化较小。肩部的变化主要表现为宽度方向的收缩；胸背部的变化以横向拉伸为主，且背部拉伸的幅度明显大于胸部；腋窝的变化以纵向拉伸为主。

　　为了不妨碍人体的动作，服装需要尽可能满足此时的变形，一般可以通过材料的弹性与结构的补充来实现。通常生活装所选定的材料，其弹性是有限的，所以主要通过结构调整来满足人体动态需要。具体地，衣身需要较大的背宽横向松量，较小的胸宽横向松量，较大的侧缝纵向松量。横向松量可以通过加大衣身宽度（胸围松量）实现，而下摆基本平齐的正常着装要求使得侧缝区域的纵向松量无法单独给出，只能以该区域（袖窿宽）横向松量的形式储备，当动作需要时，横向松量一定程度上转化为纵向延伸量。

　　3. 原型公式

　　原型制图时，在人体特征基础上，考虑动态的需要与制图的方便，进行胸、背宽公式的调整。

以背宽为例，人体比例为 $\dfrac{B^*}{2} \times \dfrac{3}{8} = \dfrac{9}{48} B^*$，原型公式为 $\dfrac{B^*}{6} + 5 = \dfrac{8}{48} B^* + 5$，两者的系数差为 $\dfrac{1}{48}$，当服装规格以5·4系列变化时，两者的差异仅为 $\dfrac{1}{12}$ cm，原型公式基本与人体比例一致。

原型中半胸围松量为8cm，在各区域的分布情况见表3-3。

单位：cm

表3-3　胸宽、袖窿宽、背宽松量分布情况

部位	半胸围	背宽	胸宽	袖窿宽
人体	44	$44 \times \dfrac{3}{8} = 16.5$	$44 \times \dfrac{3}{8} = 16.5$	11
原型	52	$\dfrac{88}{6} + 5 = 19.7$	$\dfrac{88}{6} + 4 = 18.7$	13.6
松量	8	3.2	2.2	2.6
松量比例	100%	40%	27.5%	32.5%

由表3-3中可以看出，松量分布背宽＞袖窿宽＞胸宽，与动态需求一致。

当服装为宽松造型时，胸围的放松量需要追加，此时增加的放松量称为款式松量，这部分松量应该根据宽松的部位及相应的宽松度进行分配，而不再根据人体比例及动态需要进行分配。一般地，胸宽、背宽会加大，而袖窿宽变化较小，同时袖窿深会加大，具体变化见袖窿调整部分。

（三）肩宽与背宽

从人体动态分析，当手臂运动时，肩部处于收缩状态，不需要动态松量，所以肩宽的设计不以运动为主。但制图时为了保持正常的袖窿形状及造型比例，肩宽与背宽需要相互协调。

正常情况下，不带有肩省的后片冲肩量为1.5cm。当体型有所变化，如果按照正常比例作出相应结构图，再满足肩宽（控制部位）要求时，可能出现冲肩量过大或者过小的情况，无法作出正常袖窿。这时应该基本保持冲肩量正常，适当调整背宽，如图3-6所示。

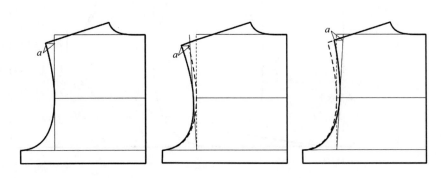

图3-6　基于肩宽的背宽调整

服装造型和款式需要加大肩宽时，背宽应该随之加大，使得后背松量变大，静态时会以纵向褶的形式储备。

（四）肩斜

如图3-7所示，平面状态下的肩斜角度，由人体颈侧及肩头的体表特征决定。肩线同时满足这两部位体表纵向线的不同长度，自然形成一定斜度。而这两条体表纵向线的长度，不仅与人体立体状态下的肩部上方倾斜角有关，还与颈侧区域与肩头区域的厚度有关，而颈侧厚度大于肩头厚度，所以平面状态下的肩斜要大于立体状态下的肩部倾斜角。

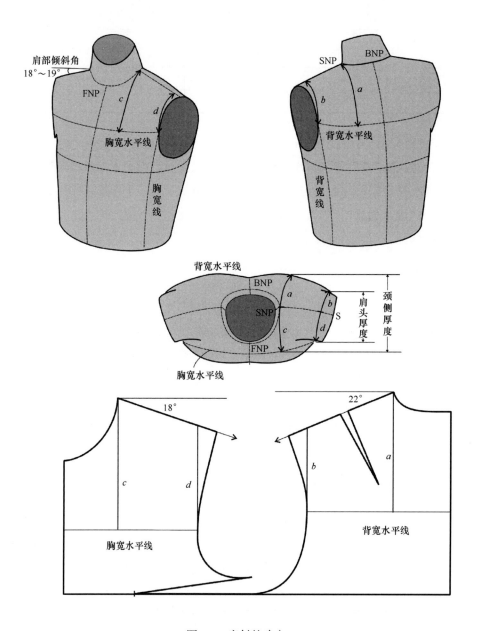

图3-7　肩斜的确定

由于男性体型为背厚胸平，以肩棱为界分开前后肩斜时，$a-b > c-d$，后倾角略大于前倾角。而且为满足造型需要，后肩缝一般都有吃势，肩斜角度较大时也便于缩缝。男性正常体型的肩部倾斜角为18°～19°，使用原型制图时，前肩斜为18°，后肩斜为22°。

前后衣身的肩线分界可以根据款式需要调整，设计时将前、后肩斜拼合，根据需要确定肩线的位置及走向，此时肩线的主要作用体现为装饰性分割，常用于衬衫与夹克等。

（五）胸省的分散

男性体型与女性体型具有明显的差异，男装前身的浮余量较女性小，原型中胸省位于腋下，省口大小为$\frac{B^*}{40}$。由于男性着装要求服装造型多为直线型，胸省一般不直接出现在款式中，需要进行分散隐蔽，如图3-8所示。

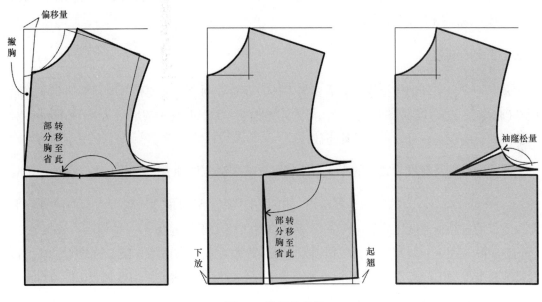

图3-8　胸省的分散

1. 撇胸

胸省可以部分转移至前中线，使胸围线以上部分的前中线出现偏移，形成"撇胸"；同时前中线在胸部区域加长，需要在后续的工艺中进行归缩处理。由于归缩工艺可解决的省量有限，一般的撇胸量不宜过大（≤5°）。实际应用中，通常以上平线处的偏移量控制撇胸大小，一般为0.7～2cm。这种方法常用于贴体及较贴体类的服装。

2. 下放

胸省还可以部分转移至腰节线，使得腰节线打开呈折线状，同时在侧缝处形成起翘，侧缝倾斜；将起翘后的前侧缝与后侧缝下端比齐，腰节线的前中区域比后腰节线出现下落，所以这种方法也称为"下放"。下放的量越大，前腰围的松量也越大，所以较小量的下放适用于贴体及较贴体类的服装，并且需要加大腰省收量，同时注意保持侧缝的倾斜状态，否则会造成衣片在侧区（尤其是腰节线上）的缺失，如马甲、贴体衬衫等；较大量的下放适用于宽松及较宽松类的服装，因为已经放大了衣片的侧区，此时前侧缝的倾斜可以忽略，如较宽松的男衬衫、夹克等。

3. 袖窿松量

胸省还可以部分转移至袖窿，作为前袖窿松量，增加人体动态舒适量。

一般情况下，为实现一定的服装造型，这三种分散方法需要进行合理的组合。

（六）肩省的分散

由于男性背部厚实，男装后身浮余量较女性大。肩省分散时，可以在通过肩胛凸点附近的肩背区域设置分割线，将省量转移至分割线处，这种方法适用于较宽松的服装。

肩省也可以部分留在肩缝，通过归拢、吃缝等工艺手段处理，部分转移至袖窿作为松量，这种方法适用于较贴体的服装。

（七）领窝的调整

领窝是衣身与领的连接线，既需要与人体表面特征吻合，又需要适应领型的要求。原型基础领窝，自BNP经过SNP至FNP，与人体颈根围一致，如图3-7所示。由于颈部动作对颈根围的影响较小，可以不考虑动态放松量。

原型中后领窝深度为宽度的 $\frac{1}{3}$，当款式需要后领窝宽度加大时，由于肩线倾斜，相应的领窝深度会减小，$\frac{1}{3}$ 的关系不再适用。由于男子的后身肩颈部比较丰满，而前身较平坦，所以前身领窝宽度比后身小0.3cm，前领窝深度略大于其宽度。

在实际应用中，领窝结构要根据领型作相应调整。配合贴体型立领（衬衫类）时，后领窝需要上提约0.3cm；配合翻折领（外套类）时，领窝宽度需要沿肩线加大0.3~0.5cm，前领窝深度则根据款式需要而定。

（八）袖窿的调整

袖窿是衣片与袖的连接线，位于人体上肢与躯干的交界区域，其形状与长度对上肢活动有直接的影响，所以必须考虑动态松量。

1. 袖窿深

袖窿的宽度已在前文说明，袖窿的深度需要综合考虑腋下松量。窿底过高，腋窝会感觉受压迫，静态舒适性差；如果窿底继续下降，腋窝松量加大，静态舒适性好，但同时缩短了衣身侧缝线的长度，动态舒适性就会降低。为此，原型窿底定位在腋窝下2~3cm，由后领深向下 $\frac{B^*}{6}$ +9cm，如图3-9所示。

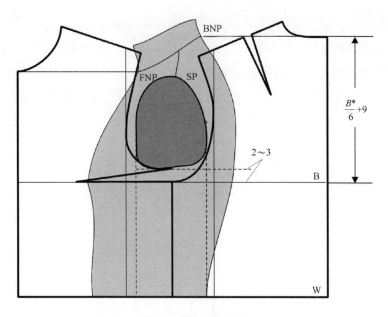

图3-9　袖窿深的确定

2. 袖窿比值

袖窿在闭合状态下的形状应该与臂根截面相似，为了方便描述袖窿特征，将有效的窿宽与窿深的比值定义为袖窿比值，窿深取前、后袖窿深的平均值。常用袖窿比值为0.6～0.7，宽松型服装比值较小，贴体型服装比值较大。男装原型的袖窿比值约为0.7，这时的基本袖窿适合于较贴体类服装，配合高袖山的贴体袖，如西服、合身夹克等。宽松式服装加大了胸背宽度、相对减小了窿宽，为保证足够的袖窿弧线长度，还需要加大窿深，使整个袖窿呈狭长状，袖窿比值减小，配合低袖山的宽松袖；同时，由于窿深加大，使衣身侧缝变短，纵向动态舒适量减小，低袖山宽松袖较长的袖底缝正好可以弥补侧缝的不足，宽松和较宽松造型的服装多采用这种结构。

一般情况下，袖的造型与衣身造型要协调一致，两者对袖窿的要求也一致。当袖的造型与衣身造型不同时，要以袖的造型需要来确定袖窿形状。

进行具体款式的结构设计时，根据胸围松量的分布先确定袖窿宽度，适当选择袖窿比值后可以确定袖窿深度，进而确定袖窿弧线。

3. 袖窿线的形状与长度

比值较大的贴体型袖窿，弧线的曲度较大，接近于臂根截面形状，"去多留少"，符合人体静态需求，参见本章"西服原型"；比值较小的宽松型袖窿，弧线的曲度较小，"去少留多"，符合人体动态需要，参见本章"衬衫原型"。

确认袖窿形状适合之后，需要测量其长度，为配袖做准备。袖窿线的总长度一般为$\frac{B}{2} \times 87\% \sim 92\%$，或者是$\frac{B}{2} - 4 \sim 7$cm为宜（$B$为服装成品的胸围）。原型袖窿长度约为

47cm，原型半胸围52cm，袖窿长占到半胸围的90%，相差5cm。

4. 袖窿位置的调整

正常的袖窿环绕人体臂根，并在腋下留出一定间隙，与人体静态吻合。实验证明，当衣身和袖的连接线避开臂根区域时，更利于人体动作，使服装的运动机能性更好。因此，要求动态舒适性好的服装多采用肩袖互借型的袖窿，对应插肩袖或压肩袖型。

5. 不同造型服装的袖窿结构

不同造型的服装，对应的袖窿形状也不同，如图3-10所示。各类袖窿的结构特征见表3-4。

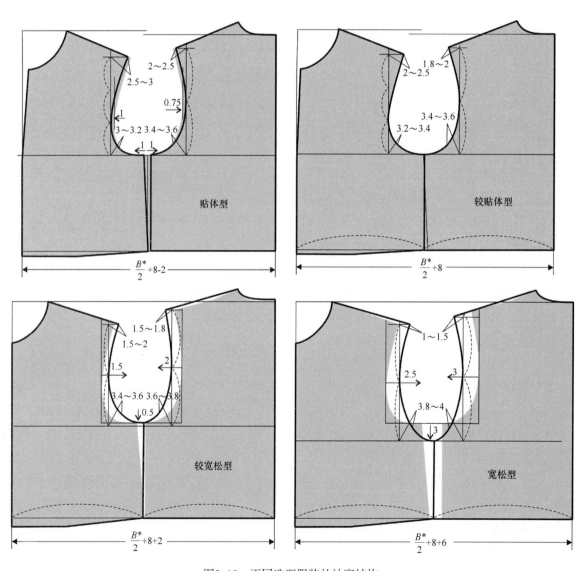

图3-10　不同造型服装的袖窿结构

表3-4　不同造型服装的袖窿结构特征　　　　　　　　　　　单位：cm

类型 部位	宽松型	较宽松	较贴体（原型）	贴体
总宽度	$\frac{B}{2}+6$	$\frac{B}{2}+2$	$\frac{B^*}{2}+8=\frac{B}{2}$	$\frac{B}{2}-2$
背宽	$\otimes+3$	$\otimes+2$	$\frac{B^*}{6}+5=\otimes$	$\otimes-0.75$
胸宽	$\oplus+2.5$	$\oplus+1.5$	$\frac{B^*}{6}-1=\oplus$	$\oplus-1$
袖窿宽	$\odot+0.5$	$\odot-1.5$	$\frac{B^*}{6}-1=\odot$	$\odot-0.25$
袖窿深（d）	$d+3$	$d+0.5$	d	d
袖窿形状	袖窿比值小，狭长型，弧度小	袖窿比值小，较狭长，弧度较小	袖窿比值较大，较开阔，弧度较大，窿底圆	袖窿比值大，开阔，窿底凹势大，与臂根形状接近
对应的袖型	袖山高=$0.1\sim0.4\times\frac{AH}{2}$ 袖山低，袖肥大，袖山弧度小，吃势小	袖山高=$0.4\sim0.55\times\frac{AH}{2}$ 袖山低，袖肥大，袖山弧度小，吃势小	袖山高=$0.55\sim0.65\times\frac{AH}{2}$ 袖山低，袖肥大，袖山弧度小，吃势小	袖山高=$0.65\sim0.7\times\frac{AH}{2}$ 袖山低，袖肥大，袖山弧度小，吃势小
适用服装	夹克、风衣、棉服	衬衫、夹克	西服	贴身西服、礼服

注　AH为袖窿弧线长。

二、袖片结构原理

袖片可以分为袖山和袖筒两部分，袖山需要与袖窿对应，结构合理性要求高，所以重点讨论袖山结构的原理。

（一）袖山的总体要求

袖窿成型后，环绕臂根围成不规则形状，袖山需要以一定的面积覆盖袖窿，同时留出一定的空间，容纳手臂、满足手臂活动需要。这样就对袖山的形状提出了明确的要求：总体上要满足一定的高度与宽度；上半部分与袖窿呈互补状，相互拼接后实现肩部与袖的自然顺延；下半部分与袖窿呈相似状，相互连接后实现腋下衣身与袖的自然贴合。

（二）袖山三角

具体制图时，首先需要确定袖山三角，控制总体的高度与宽度。

1. 袖山斜线

如图3-11所示，由于袖窿已经确定，袖山三角两边的长度分别与前后袖窿弧线（AH）对应，前袖山斜线一般与前AH等长，因为前袖山吃势相对固定。后袖山斜线=后AH+a，其中a与装袖工艺、袖型及面料有关，当采用肩压袖工艺装袖时，需要的袖山吃势小甚至不需要吃势，此时$-0.5\text{cm} \leqslant a \leqslant 0\text{cm}$，如衬衫、夹克等；特别地，当$a=-0.5\text{cm}$时，相应前袖山斜线也需要等量调整。当采用袖压肩工艺装袖时，需要的袖山吃势较大，而且袖型越合体，面料厚度越大，需要的吃势也越大，此时$0\text{cm} \leqslant a \leqslant 1\text{cm}$，如西服、中山装等。

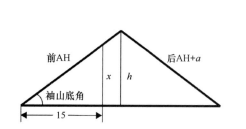 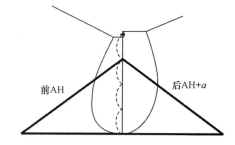

图3-11　袖山三角

2. 袖山底角

袖山三角的高度与宽度为正切函数关系，相互制约。从外观造型及穿着舒适性考虑，应该先确定袖山宽度，但是从制图可操作性考虑，最好先确定袖山高度。为此，可以通过控制袖山底角实现对宽度与高度的同时把握，通常，由于前后袖窿不等长，前后袖山底角会略有差异，理论上讲，取平均值更合理，但制图不方便。所以一般以前袖山底角为准，因为前袖山斜线长度变化较小。具体地，可以直接画出角度，也可以通过直角比例确定角度，二者对应关系见表3-5。

3. 袖山高公式

当袖山底角确定时，便对应一定的袖山高，通常也可以用直接控制袖山高的方法作出袖山三角。常用的袖山高的确定方法有两种，如图3-11所示。第一种方法是以前后袖窿弧线长的平均值（$\frac{AH}{2}$）为标准，取袖山底角正弦值作为相应系数n_1（表3-5），即袖山高=$n_1 \times \frac{AH}{2}$。这种方法简便，但袖山与袖窿的对应关系不够明确，多用于宽松、较宽松袖型。

第二种方法是借助已经确定的平面袖窿形状，以前后袖窿深的平均值（Ah）为标准，对应袖山底角取相应系数n_2（表3-5），即袖山高=$n_2 \times Ah$。这种方法强调袖山与袖窿的对应关系，直观，多用于合体、较合体袖型。

表3-5　袖山三角相关参数

袖　型	袖山底角		袖山高系数	
	角度（°）	直角比例	n_1	n_2
高袖山合体袖，只用于非常贴体类服装	45	15 : 15	0.70	$\frac{5}{6}$
高袖山合体袖，用于贴体类服装	41	15 : 13	0.65	$\frac{4}{5}$
中高袖山半合体袖，用于较贴体类服装	36	15 : 11	0.60	$\frac{3}{4}$
	34	15 : 10	0.55	$\frac{2}{3}$
中袖山半宽松袖，用于较宽松类服装	31	15 : 9	0.50	$\frac{3}{5}$
低袖山宽松袖，用于宽松类服装	25	15 : 7	0.40	$\frac{1}{2}$
	18	15 : 5	0.30	$\frac{1}{3}$

（三）袖山曲线

根据袖山总体要求，袖山形状呈上凸下凹状，为准确把握其弧度，通常需要分别等分前后袖山斜线，如图3-12所示。通过等分点定位，基本控制凸出（凹进）量，整体圆顺地完成袖山曲线，特别注意转折区域的过渡要自然、平直。弧线凸出（凹进）量，与袖山底角有关，袖山底角（袖山系数）越大，各定位点数值越大，具体对应关系可参考表3-6。

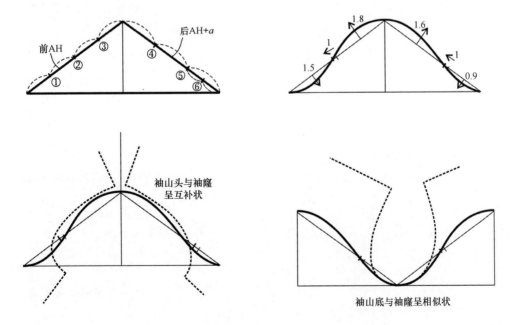

图3-12　袖山曲线

表3-6　袖山弧度定位点参考数值　　　　　　单位：cm

袖山底角	①点	②点	③点	④点	⑤点	⑥点
45°	拷贝前袖窿相应区域		2 ~ 2.2	1.8 ~ 2	1	1.1 ~ 1.3
41°	1.5 ~ 1.7	1	1.8 ~ 2	1.6 ~ 1.8	1	0.9 ~ 1.1
36°	1.3 ~ 1.5	1	1.6 ~ 1.8	1.4 ~ 1.6	1	0.7 ~ 0.9
34°	1.2 ~ 1.3	1	1.4 ~ 1.6	1.3 ~ 1.4	1	0.5 ~ 0.7
31°	1.1 ~ 1.2	0.5	1.2 ~ 1.4	1.2 ~ 1.3	0.5	0.3 ~ 0.5
25°	1 ~ 1.1	0.5	1 ~ 1.2	1 ~ 1.2	0.5	0 ~ 0.3
18°	0.9 ~ 1	0	1 ~ 1.1	1 ~ 1.1	0	0

第三节　男上装原型的应用

男装原型以适合人体静态及基本动态需求为主，没有款式意义。进行针对款式的结构设计时，需要根据服装的造型进行适当调整。

一、衬衫原型

男装衬衫大部分属于较宽松造型，整体松量需要加大，胸省和肩省需要处理，具体方法如图3-13所示。

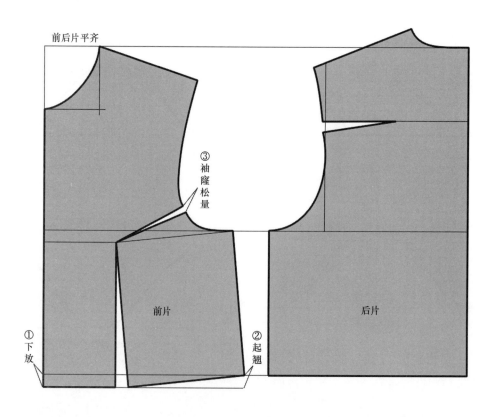

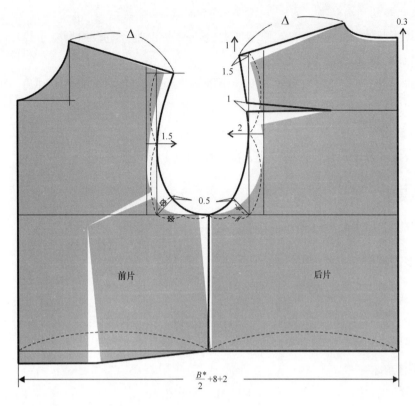

图3-13　衬衫原型

（一）前身调整

1. 下放
首先将前、后衣身高度差全部下放，保持前身上平线与后领窝高度平齐。

2. 起翘
将部分胸省转移至腰节线，使前片侧缝下端与后片腰节线平齐。

3. 转移胸省
将剩余的胸省转移至袖窿切点以下区域，留作松量。

（二）总体调整

1. 总宽度的确定
保持前后衣片的胸围线在同一水平线，衣身的总宽度为$\frac{B^*}{2}+8+2$，符合衬衫较宽松的造型需要。新的侧缝位于总宽度的中点处。如果用于贴体或较贴体的衬衫时，前侧缝需要保持倾斜。

2. 领窝的调整
配合衬衫的贴体型立领，将后领窝上调0.3cm。

3. **背宽和胸宽的调整**

背宽较原型加大2cm，胸宽较原型加大1.5cm，此时袖窿宽较原型减小约1.5cm。

4. **肩部的调整**

后片肩点上提1cm，留出肩头向上的松量；与调整的背宽保持1.5cm冲肩。前肩水平加宽至与后肩等长。肩省只收1cm，其余留作袖窿松量。

5. **袖窿的调整**

较宽松型袖窿较狭长，弧度较小，前袖窿切点上移，整体画顺。

二、夹克原型

大部分夹克属于较宽松和宽松造型，对原型的调整如图3-14所示。

（一）前身调整

1. **下放**

将前衣片整体下移，使得前腰节线比后衣片腰节线下落1cm；转移部分胸省至腰节线，使前片侧缝起翘，下端与后片腰节线平齐。

2. **转移胸省**

将剩余的胸省转移至袖窿切点以下区域，留作松量。

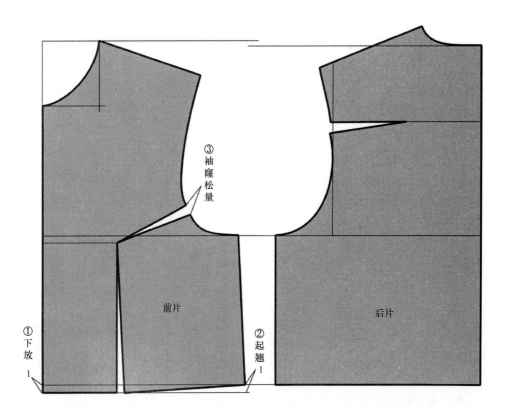

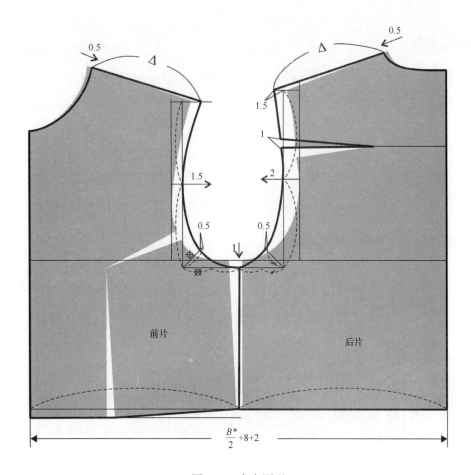

前片

后片

$$\frac{B^*}{2}+8+2$$

图3-14 夹克原型

（二）总体调整

1. 总宽度的确定

保持前后衣片的胸围线在同一水平线，衣身的总宽度为$\frac{B^*}{2}+8+2$，符合夹克较宽松的造型需要。新的侧缝位于总宽度的中点处。如果用于贴体或较贴体的夹克时，前侧缝需要保持倾斜。

2. 领窝的调整

夹克是外层服装，领窝宽度需要加大，前、后片分别沿肩线方向加大0.5cm。

3. 肩部的调整

后肩水平加宽，与调整的背宽保持1.5cm冲肩。前肩水平加宽至与后肩等长。肩省只收1cm，其余留作袖窿松量。

4. 袖窿的调整

背宽较原型加大2cm，胸宽较原型加大1.5cm，此时袖窿宽较原型减小约1.5cm。袖窿深加大1cm，属于较狭长的袖窿，弧度较小，前袖窿切点上移，整体画顺。

三、西服原型

男西服属于较贴体造型，整体松量与原型一致，胸省和肩省需要处理，具体方法如图 3-15所示。

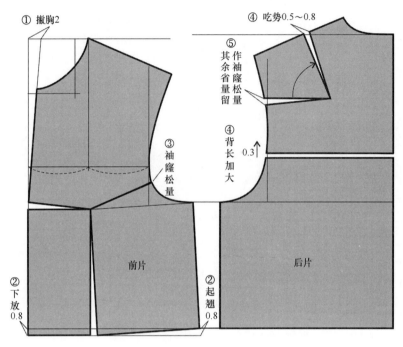

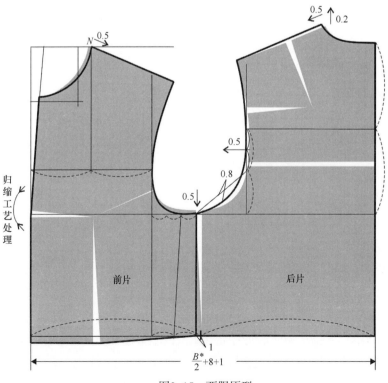

图3-15　西服原型

（一）前身调整

1. 撇胸

将部分胸省转移至前中线，使得胸围线以上的前中线偏移5°，或者控制原型的上平线处偏移2cm。此时前中线打开量较大，适合打开区域为驳头的款式，因为只有驳领的翻折线上才能将这些加长量完全归缩，并且正好满足驳头翻折后，能服帖覆盖于衣身表面所需要的容量。

2. 下放

将前衣片整体下移，使得前腰节线比后衣片腰节线下落0.8~1cm，转移部分胸省至腰节线，使前片侧缝起翘，下端与后片腰节线平齐。

3. 袖窿松量

前两步完成后，胸省还有剩余时，将其转移至袖窿切点以下区域，留作松量。

（二）后身调整

（1）西服后身较贴体，与箱型原型相比，背长需要增加0.3cm。

（2）西服后肩需要吃势，根据所选面料的情况，部分肩省转移至后肩线（0.5~0.8cm），其余肩省留作袖窿松量。

（三）总体调整

1. 总宽度的确定

保持前后衣片的胸围线在同一水平线，衣身的总宽度为$\frac{B^*}{2}+8+1$，新的侧缝位于总宽度的中点偏前1cm处。

2. 领窝的调整

西服属外层服装，前、后领窝宽分别沿肩线加大0.5cm后领窝深向上加大0.2cm。从图3-15中可以看出，变化后的前领窝宽度（N点定位）接近于胸宽的一半，所以也可以直接以前胸宽的中点确定前领窝的宽度。

3. 袖窿的调整

背宽较原型加大0.5cm，袖窿深加大0.5~1cm，属于较贴体型袖窿，弧度较大，后袖窿切点下移，窿底圆，整体画顺。

四、马甲原型

马甲造型贴体，但不需要配袖，所以其原型只在男装原型基础上进行胸省和肩省的处理，未调整胸围松量，如图3-16所示。

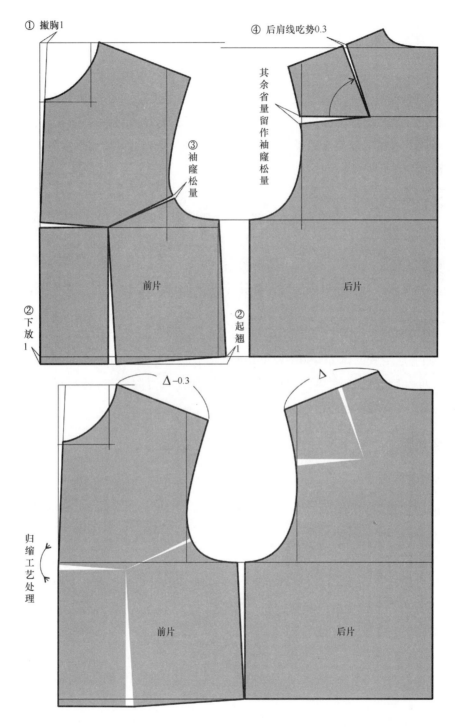

① 撇胸1

④ 后肩线吃势0.3

其余省量留作袖窿松量

③ 袖窿松量

前片

后片

② 下放1

② 起翘1

Δ−0.3

Δ

归缩工艺处理

前片

后片

图3-16 马甲原型

（一）前身调整

1. 撇胸

将部分胸省转移至前中线，使得胸围线以上的前中线偏移2°～3°，或者控制原型的上平线处偏移1cm。此时前中线加长较小，适合打开区域为门襟的款式，因为门襟可以归缩的量较小。

2. 下放

将前衣片整体下移，使得前腰节线比后衣片腰节线下落1cm，转移部分胸省至腰节线，使前片侧缝起翘，下端与后片腰节线平齐。

3. 袖窿松量

将剩余胸省量转移至袖窿切点以下区域，留作松量。

（二）后身调整

马甲肩线较短，用料较薄，后肩吃势0.3cm，其余肩省作袖窿松量。

五、外套原型

以较贴体型外套的要求调整原型，但是外套需要的内层容量较大，所以胸围的放松量加大，衣身纵向也需要加长，具体方法如图3-17所示。

（一）前身调整

外套原型前身的调整与马甲相同。

（二）后身调整

根据所选面料的情况，后肩需要0.5～1cm吃势，其余肩省作袖窿松量。

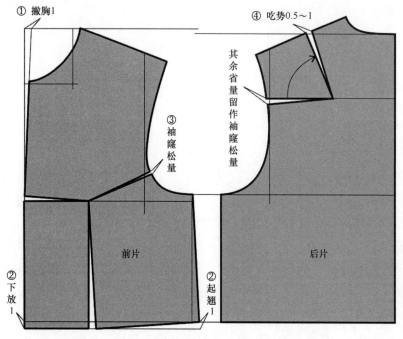

图3-17

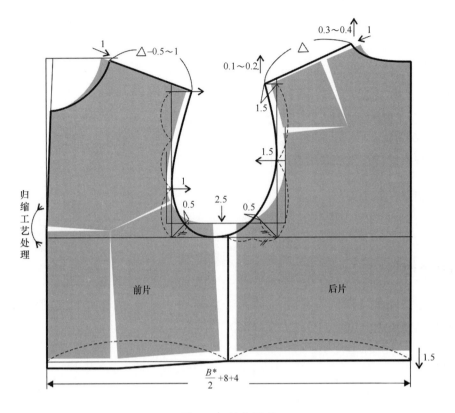

图3-17　外套原型

（三）总体调整

1. 总宽度的确定

保持前后衣片的胸围线在同一水平线，衣身的总宽度为$\frac{B^*}{2}+8+4$，新的侧缝位于总宽度的中点处。

2. 领窝调整

外套领窝需要更大的内容空间，所以前、后领窝分别沿肩线方向加大1cm，同时后片颈侧点处向上0.3～0.4cm，肩点处向上0.1～0.2cm。

3. 肩宽调整

后片冲肩量1.5cm，前肩线与后肩线的长度差为后肩线吃势。

4. 袖窿调整

背宽较原型加大1.5cm，胸宽较原型加大1cm，此时袖窿宽较原型加大1.5cm。袖窿深加大2.5cm，属于较贴体的袖窿，弧度较大，整体画顺。

5. 腰节线的调整

外套是最外层服装，背长也需要松量，所以腰节线下落1.5cm。

六、中山装原型

中山装造型较贴体，调整原型的具体方法如图3-18所示。

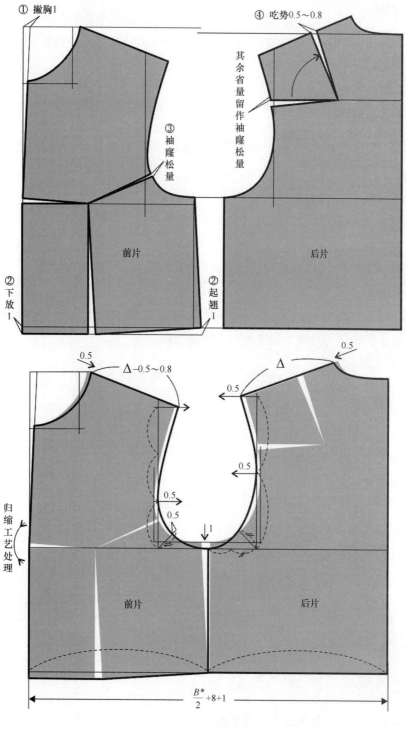

图3-18　中山装原型

（一）前身调整

中山装原型前身的调整与马甲相同。

（二）后身调整

根据所选面料的情况，后肩需要0.5~0.8cm吃势，其余肩省作袖窿松量。

（三）总体调整

1. 总宽度的确定

保持前后衣片的胸围线在同一水平线，衣身的总宽度为$\frac{B^*}{2}+8+1$，新的侧缝位于总宽度的中点处。

2. 领窝调整

前、后领窝分别沿肩线方向加大0.5cm。

3. 肩宽调整

后肩宽水平加大0.5cm，前肩线与后肩线的长度差为后肩线吃势。

4. 袖窿调整

背宽较原型加大0.5cm，胸宽较原型加大0.5cm，此时袖窿宽较原型加大1cm。袖窿深加大1cm，属于较贴体的袖窿，弧度较大，整体画顺。

本章小结

■男上装原型采用箱型造型。

■衣片及袖片制图方法。

■衣身结构原理包括胸围的确定，胸宽、背宽、袖窿宽的确定，肩宽与背宽的关系，肩斜确定，胸省、肩省的处理，领窝的确定，袖窿的确定等。

■袖片结构原理主要是袖山高的确定及袖山曲线的调整。

■原型的应用需要根据造型及款式的要求，进行胸省和肩省的处理，并作胸围整体松量、领窝及袖窿形状的调整。

思考题

1. 结合男子体型特征，分析男装原型前、后衣片的长度关系。

2. 如何确定衣片胸围的放松量？

3. 如何确定男装衣片的肩斜？

4. 决定衣片袖窿形状的因素有哪些？

5. 决定袖山高的因素有哪些？通常有哪些方法确定袖山高？

6. 男装结构中，胸省的分散方式有哪些？举例说明。

7. 简述西服原型的结构要点。

8. 比较夹克原型与中山装原型结构的不同，并分析原因。

男衬衫结构设计与产品开发实例

课题名称：男衬衫结构设计与产品开发实例

课题内容：1．男衬衫基础知识

2．男衬衫结构设计

3．男衬衫产品开发实例

课题时间：8课时

教学目的：通过教学，使学生了解衬衫的分类及其款式设计的构成因素，掌握常见衬衫的结构设计及开发程序。

教学方式：理论讲授、图例示范

教学要求：1．了解男衬衫的相关基础知识。

2．掌握不同风格男衬衫的制图方法，理解其结构原理并学会运用。

3．掌握衬衫领、一片袖的结构制图方法。

4．掌握衬衫袖窿与袖山的搭配关系。

5．熟悉产品开发的流程及男衬衫类服装的表单填写。

6．掌握衬衫翻领纸样的处理方法，熟悉面料、里料、衬料的放缝及排料方法。

课前准备：查阅相关资料并收集男衬衫款式及流行信息。

第四章 男衬衫结构设计与产品开发实例

衬衫是现代男装中不可缺少的重要组成部分。它是穿在内外上衣之间或单独穿用的上衣。中国周代已有衬衫，称为中衣，后称中单。汉代称近身的衫为厕褕。宋代已用"衬衫"之名。公元前16世纪古埃及第18王朝已有衬衫，是无领、袖的束腰衣。14世纪，诺曼底人穿的衬衫有领和袖头。16世纪，欧洲盛行在衬衫的领和前胸绣花，或在领口、袖口、胸前装饰花边。18世纪末，英国人穿硬高领衬衫。维多利亚女王时期，高领衬衫被淘汰，形成现代的立翻领西式衬衫。19世纪40年代，西式衬衫传入中国。

第一节 男衬衫基础知识

一、分类

在男装中，衬衫属于内衣类，不同的场合必须穿着相应风格的衬衫，否则就会显得素养不高。在衬衫的特定部位加以区别，可以适应正式、非正式等不同场合的礼仪规格。男衬衫的款式丰富多样，风格各异。从不同的角度出发，可以划分出不同的种类。

（一）按款式分

按款式分，衬衫分为正装长袖衬衫、正装短袖衬衫、无袖衬衫、无领衬衫、套头衬衫、休闲衬衫、内外兼用衬衫等。

（二）按用途分

按用途分，衬衫分为高级礼服衬衫、标准西服配套式衬衫、高级华丽时装衬衫等。

（三）按功能分

按功能分，衬衫分为特种功能衬衫，各种劳动保护的衬衫，防火、防酸、防碱衬衫等。

（四）按穿着时间与场合分

人们一般习惯按穿着的时间、场所与目的将衬衫分为普通衬衫、礼服衬衫、休闲衬衫，如图4-1所示。

图4-1　不同衬衫种类

1. 普通衬衫

普通衬衫用于礼服或西服正装的搭配，款式基本都以法式衬衫为基础，有美观的法式叠袖。根据搭配礼服或正装的不同，领子及前襟处可能采取不同于法式传统的款式。面料以纯棉、真丝等天然质地为主，讲究剪裁的合体贴身，领及袖口内均有衬布以保持挺括效果，这和礼服及西装的功能一样，强调修饰身体线条。日常普通衬衫以白色或浅色居多。

2. 礼服衬衫

礼服衬衫用于正式的社交场合，常与西装礼服搭配，且有一定的组合规范，即在衬衫的特定部位，划分出不同场合的礼仪规格，采用固定的搭配形式。礼服衬衫主要分为燕尾服衬衫、晨礼服衬衫、塔士多衬衫。礼服衬衫多用白色，面料采用精梳棉、真丝等高级面料。

3. 休闲衬衫

休闲衬衫用于非正式场合，与非正式西服搭配穿着或单独穿在外面。款式造型宽松，在传统款式基础上有细节设计变化，整体给人随意、活泼、放松的感觉。面料使用没有定规，款式、色彩、花纹极为自由。

二、着装要求

（一）款型要求

正式场合配穿西服或礼服时，应选穿内穿型衬衫；搭配夹克或中山装穿着时，以内穿型最好，内外兼穿型次之。当衬衫仅作外衣穿着时，外穿型或内外兼穿型都可以。外穿型衬衫忌穿在任何外套里面(尤其是西装)，避免给人以臃肿、不和谐的感觉。正规的短袖衬衫可戴领带出现于正式场合。这既适应气候环境，又不失男子汉风度。

（二）配色要求

正规场合应穿白衬衫或浅色衬衫，配以深色西服和领带，以显庄重。

（三）细节要求

（1）衬衫袖子应比西服袖子长出1cm左右，这既体现出着装的层次，又能保持西服袖口的清洁。

（2）当衬衫搭配领带穿着时(不论配穿西服与否)，必须将领口纽、袖口纽和袖衩纽全部系上，以显男士的刚性和力度。

（3）衬衫领子的大小，以伸进一个手指的松量为宜。颈部细长者忌领口太大，否则会给人羸弱之感。

（4）衬衫不系领带配穿西服时，不可以系上领口纽，而门襟上的纽扣则必须全部系上，否则就会显得过于随便和缺乏修养。

（5）配穿西服时，衬衫的下摆忌穿在裤装之外，这样会给人不伦不类、不够品位的感觉；反之，则会使人更显得精神抖擞、充满自信。

三、零部件款式设计

（一）领子款式设计

衬衫的领讲究而多变。其质量主要取决于领衬材质和加工工艺，以平挺不起皱、不卷角为佳。用作领衬的材料有各种规格的浆布衬、贴膜衬、黏合衬和插角片等，其中以用双层黏合衬的平挺复合领为上品，次为树脂衬加领角贴膜衬。

普通衬衫的领式按翻领前的"八字"型区分，一般衬衫的领角在70°左右。受流行趋势的影响，领角可以进行变化，有小方领、中方领、短尖领、中尖领、长尖领和八字领以及领角加固定扣或加固定领带的领带棒的领子等。双翼领的变化一般不受流行趋势的影响，主要有三种样式：小翼领、大翼领、圆形翼领，如图4-2所示。

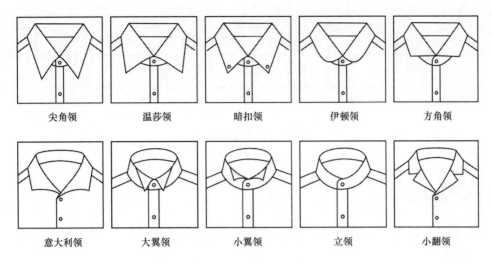

尖角领	温莎领	暗扣领	伊顿领	方角领
意大利领	大翼领	小翼领	立领	小翻领

图4-2 衬衫领型变化

（二）门襟款式设计

男士衬衫的门襟相对来说比较正式，不如女士衬衫那样变化繁多，以明、暗门襟为主，如图4-3所示。近些年来，随着人们对时尚、舒适的追求，男士衬衫款式也越来越丰富，门襟的式样也比较多，V型门襟、半门襟就多用于休闲衬衫。另外在传统门襟款式上，添加一些褶裥等装饰，也能变化出其他式样的门襟，如图4-4所示。

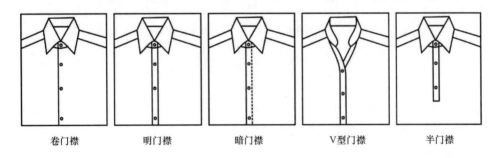

卷门襟	明门襟	暗门襟	V型门襟	半门襟

图4-3 门襟样式

前门襟一般设有6粒纽扣，用珍珠或贵金属制成。

（三）后背褶款式设计

男衬衫中后背褶的设计是为手臂前屈运动方便而考虑的，无褶的运动功能性相对差一些。背褶的设计变化在正装衬衫中不是很大，基本上就是如图4-5所示的这几种样式，但是在外衣化的衬衫中较为灵活，可以改变其基本形式，变化出不同的款式。后身吊带的设计常常用于休闲衬衫中。

图4-4 门襟变化

图4-5 后背褶款式设计

（四）袖口款式设计

衬衫袖口的设计主要包括袖头的设计变化和袖扣的应用两部分。

1. 袖头

袖口是衬衫的一个重要展示部件。袖头造型的变化，主要根据功能的要求和流行趋势加以变化。袖头形式一般有切角、圆角、直角、叠袖等变化，如图4-6所示。比如一般礼服衬衫，袖头可采用双层翻折的法式袖口。

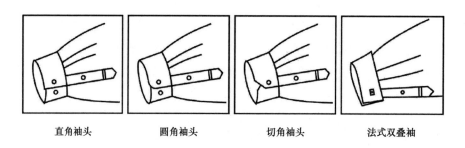

图4-6 袖头款式变化

袖口开衩以剑形衩为主，也可采用方形衩。袖头纽扣可以设置两个作为调节松紧用，袖衩上设置一个，防止活动时袖衩张开。

2. 袖扣

袖扣是用在专门的袖扣衬衫上代替袖口扣子部分的，它的大小和普通的扣子相差无几。其精美的材质和造型起到很好的装饰作用，让原本单调的男士西装和礼服平添了几分优雅。

袖扣材质一般选择贵重的金、银、水晶、钻石、宝石等，因此价格不菲，一般在几百元到上万元。袖扣的款式千变万化，除了传统的圆形和方形，还有水滴、螺纹、中国结等形状，图案也有图腾、国旗、太极、方向盘、水果、卡通、生肖、星座等各式各样，风格上有优雅、俏皮、不羁等，如图4-7所示。

使用袖扣有一点限制，那就是必须搭配法式双叠袖口的衬衫，衬衫袖口应该略微露出西服袖口。

图4-7　袖扣样式

（五）其他部位款式设计

1. 育克和下摆

正装衬衫中育克和下摆的造型基本不变，休闲衬衫育克和下摆的变化相对比较灵活。育克可有可无，也可设计成不同的造型；下摆以圆摆为主，也可以使用平下摆，如图4-8所示。

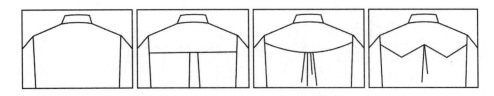

图4-8　后背育克变化

2. 前胸部位设计

普通男士衬衫，左前胸有一贴袋。礼服衬衫的前胸部位一般没有口袋，而是采用U形胸挡或长方形胸挡，或U形的前胸褶裥，同时也可以在前胸部位进行装饰，如图4-9所示。

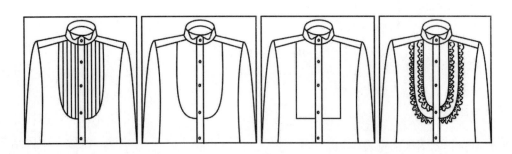

图4-9　前胸部位变化

3. 衣身廓型设计

男衬衫的廓型采用H型，衣身侧缝不收腰，或略收腰；可以收腰省也可以不收。

第二节　男衬衫结构设计

一、普通衬衫

（一）款式说明

　　典型的男式长袖衬衫，尖角领，6粒扣，左胸尖角贴袋，宽松式直腰身，双层过肩，背后两个褶裥，平下摆，袖窿缉明线，袖口收两个褶，剑式袖衩，圆角袖头，如图4-10所示。

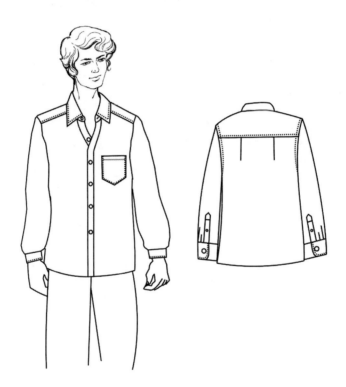

图4-10　普通衬衫款式

（二）制图规格

　　普通衬衫制图规格见表4-1。

表4-1　普通衬衫制图规格
　　　　　　　　　　　　　　　　单位：cm

号型	胸围（B）	后衣长	袖长	袖口宽	袖头宽	领座高	翻领宽
170/88A	88+20	74	60	24	6	3	4

（三）结构制图（采用衬衫原型进行结构制图）

前后衣身结构制图如图4-11所示。

领、袖结构制图如图4-12所示。

（四）结构要点

（1）衣长：衣长从后领深向下测量，约占总身高的46%左右。衣身下摆与腰节线平行。

（2）松量：胸围的松量是在净胸围基础上加放18~22cm。

（3）腰臀部：腰部略收1~1.5cm，或可以不收，整体造型呈H型。衣摆处尽量抱臀，避免内穿时多余褶皱堆积在腰臀部。

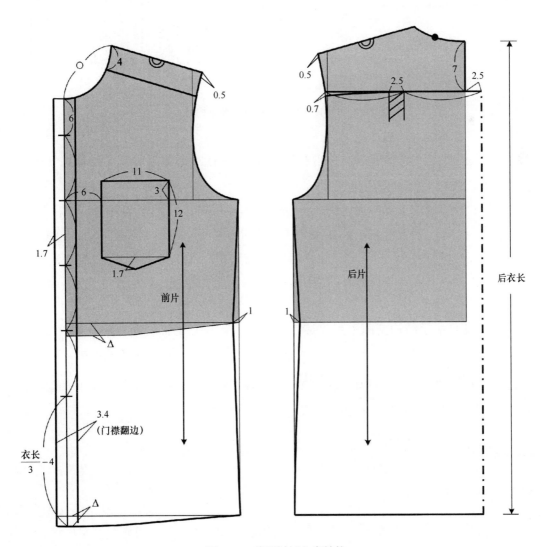

图4-11　普通衬衫衣身结构

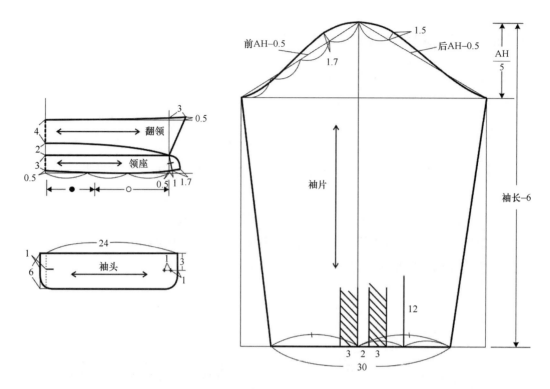

图4-12 普通衬衫领、袖结构

（4）过肩：后片育克的位置一般在后领深线至袖窿深线的$\frac{1}{4}$，前片的育克分割线设置在前肩线下降3～3.5cm的位置。

（5）门襟：搭门宽度控制在1.5～1.7cm之间，明门襟贴边宽度为搭门宽的2倍。

（6）后背褶：后背褶裥设置在后中1个，或后衣身两边2个，褶裥宽度为2～3cm。

（7）领：衬衫领是由领座和翻领组成，底领宽3～4cm，翻领宽4～5cm，这是因为衬衫与西服搭配穿着时，衬衫的底领必须超出西服的底领。领围尺寸松量一般为2～3cm。

（8）袖：袖子结构制图采用直接作图的方法。衬衫的袖长比西服的袖长要长1～3cm，袖长比全臂长长3～4cm。袖山高和袖山曲线要与袖窿弧线的曲率相匹配，前袖山弧度比后袖山弧度要大一些；袖山高取$\frac{AH}{5}$；袖山曲线比袖窿弧线长0～1.5cm作为缝缩量。袖头宽度为6cm左右，围度是在腕围净尺寸基础上加放4～6cm。

二、礼服衬衫

（一）款式说明

典型的礼服衬衫，双翼领，明门襟，6粒扣，前胸U形胸挡，直腰身，双层过肩，背后一个阳褶，圆下摆，剑式袖衩，法式袖头，如图4-13所示。

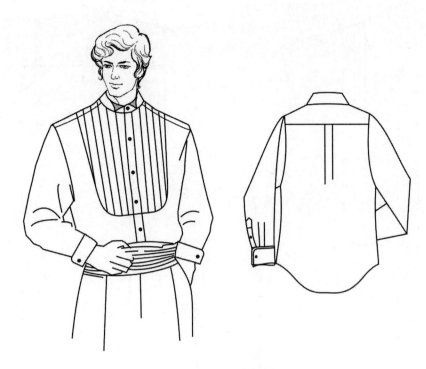

图4-13　礼服衬衫款式

礼服衬衫与普通衬衫在结构上整体类似，只是在前胸、袖口、领形等部位有设计变化。

（二）制图规格

礼服衬衫制图规格见表4-2。

表4-2　礼服衬衫制图规格　　　　　　　　　　　　单位：cm

号型	胸围（B）	后衣长	袖长	袖口宽	袖头宽	领宽
170/88A	88+20	74	60	24	12.5	3.5

（三）结构制图

前、后衣身结构制图如图4-14所示。

领、袖结构制图如图4-15所示。

（四）结构要点

（1）衣长：衣长从后领深向下测量，约占总身高的46%左右。后衣长比前衣长长4cm。

（2）松量：胸围的松量是在净胸围基础上加放16～20cm，礼服衬衫胸围放松量可适当减小。

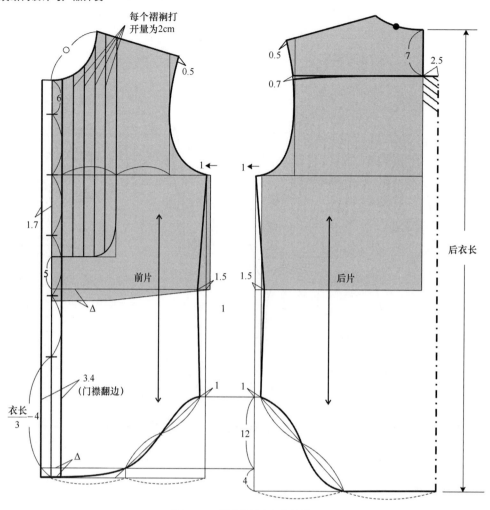

图4-14 礼服衬衫衣身结构

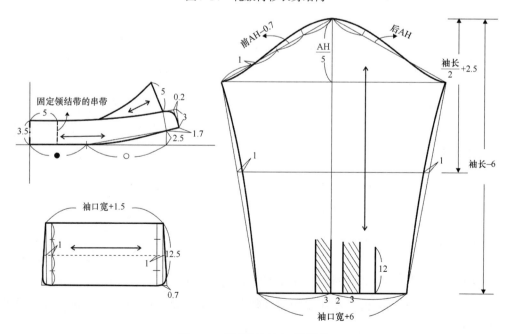

图4-15 礼服衬衫领、袖结构

（3）腰臀部：腰部略收1～1.5cm，衣摆处抱臀。

（4）前胸褶裥：U形育克用本色面料打细褶后拼接。

（5）翼领：翼领的后中部有一段串带，用以固定领结的扣带。

（6）袖口：袖口为法式袖头，袖口双折后，配上礼仪袖扣。

三、松身休闲衬衫

（一）款式说明

松身休闲衬衫，落肩式宽松袖，前胸有贴袋，衣摆处略收，弧形下摆，整体造型呈Y型，衬衫领，低袖山，后背有一育克，无褶裥如图4-16所示。

松身休闲衬衫一般为外穿型衬衫，宽松舒适，给人休闲随意的感觉。

（二）制图规格

松身休闲衬衫制图规格见表4-3。

图4-16 松身休闲衬衫款式

表4-3 松身休闲衬衫制图规格　　　　　　　　　　　单位：cm

号型	胸围（B）	后衣长	袖长	袖口宽	袖头宽	领座高	翻领宽
170/88A	88+26	78	56	28	6	3.5	4.5

（三）结构制图

前后衣身结构制图如图4-17所示。

领、袖结构制图如图4-18所示。

（四）结构要点

（1）胸围：这是一款休闲的宽松式衬衫，成品胸围放松量为26cm。前片放松量在原型的基础上增加1cm，后片增加2cm，加大后片的活动量。

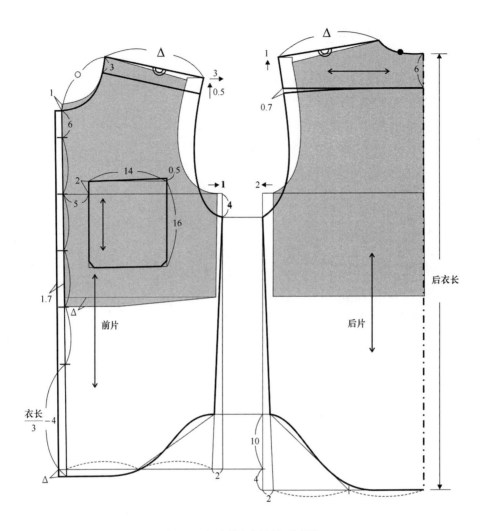

图4-17 松身休闲衬衫衣身结构

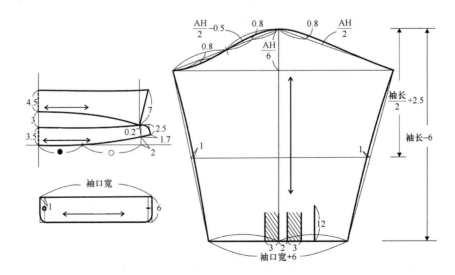

图4-18 松身休闲衬衫领、袖结构

（2）衣长：宽松式衬衫衣长比普通衬衫衣长可适当增长，衣长从后中量起，为78cm。

（3）腰臀部：腰部宽松，下摆略收2cm左右，衣摆处抱臀，整体呈Y型。

（4）肩部：肩部加宽，成为落肩式宽松袖；袖长在此基础上减小落肩的量，整体袖长不变。

（5）袖深点：袖深点按胸围追加量2：1加深，加深4cm，相应的袖山高比普通衬衫要低，采用$\dfrac{AH}{6}$确定。

（6）领围：领围比普通衬衫要大，前领窝下降1cm，以增强宽松衬衫的休闲感和舒服感。

四、贴身休闲衬衫

（一）款式说明

贴身休闲衬衫，腰部收省，卡腰型衬衫，整体造型X型，平下摆，肩部有育克，6粒扣，前胸一贴袋，衬衫领，较合体短袖，如图4-19所示。

这是一款适合腰身较匀称的青年穿着的正式衬衫，贴体给人以阳光、干练的时尚感。

（二）制图规格

贴身休闲衬衫制图规格见表4-4。

图4-19　贴身休闲衬衫款式

表4-4　贴身休闲衬衫制图规格　　　　　　单位：cm

号型	胸围（B）	后衣长	袖长	领座高	翻领宽
170/88A	88+14	72	25	3	4

（三）结构制图

前后衣身结构制图如图4-20所示。

领、袖结构制图如图4-21所示。

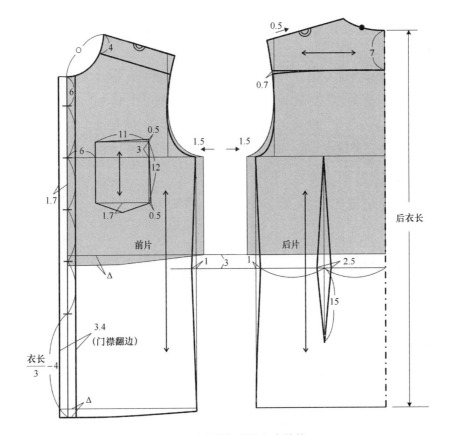

图4-20　贴身休闲衬衫衣身结构

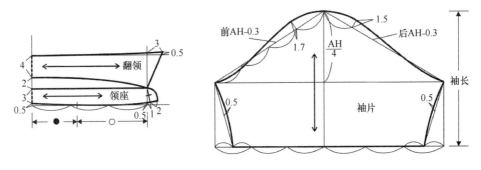

图4-21　贴身休闲衬衫领、袖结构

（四）结构要点

（1）胸围放松量：衣身每片在原型基础上减小1.5cm的放松量，成品胸围放松量为14cm。

（2）腰部：贴体衬衫腰部比较紧身，后片收腰省，侧缝收省，整体平整服帖，呈X型。

（3）袖：短袖，袖长25cm，与贴体衣片相配，随意休闲；袖山高取$\dfrac{AH}{4}$，袖身比较合体。

第三节　男衬衫产品开发实例

本节以男衬衫为例，介绍衬衫产品开发的主要内容。包括成品尺寸和纸样设计尺寸的确定、面辅料的选用、生产用样板的放缝、排料方案及生产制造单的制订等环节。

一、规格设计

表4-5提供了直身型外套各部位加放容量的参考值。实际操作时可根据面料特性及工艺特征适当调整。

表4-5　成品规格与纸样规格　　　　　　　　　　　　　　单位：cm

序号	号型\部位	公差	成品规格(170/88A)	加入容量值	纸样规格	测量方法
1	后中长	±1.0	74	1	75	后中测量
2	肩宽	±0.8	45	0.5	45.5	水平测量
3	前胸宽	±0.8	36.5	0.5	37	肩点下13cm水平测量
4	后背宽	±0.8	38	0.5	38.5	后中下10cm水平测量
5	胸围	±2.0	108	1.5	109.5	袖窿底点下2.5cm测量
6	胸围	±2.0	108	1.5	109.5	袖窿底点测量
7	腰节线	±0.5	43	0.5	43.5	后中向下测量
8	腰围	±2.0	104	1.5	105.5	水平测量
9	底边围	±2.0	108	1.5	109.5	水平测量
10	袖窿弧长	±0.8	48	0.5	48.5	弧线测量
11	袖长	±0.8	60	0.5	60.5	肩顶点起测量
12	袖肥	±0.8	40	0.5	40.5	袖窿点下2.5cm测量
13	袖口围	±0.8	24	0.3	24.3	水平测量
14	领围	±0.7	41	0.5	41.5	沿领口缝线部位测量
15	翻领高/领座高		4.5/3.5			后中测量
16	袖头宽		6			—
17	袖衩		12			—
18	内/外门襟宽		3.5			—
19	底边缉线高		1.2			—

二、面辅料的选用

面料：纯棉面料，幅宽144cm，用量150cm。

衬料：无纺布黏合衬，幅宽90cm，用量60cm。

纽扣：12D树脂扣12粒（门襟7粒、袖口4粒、备用1粒），8D树脂扣3粒（袖衩2粒、备用1粒）。

三、样衣制作用样板

男衬衫的结构图经确认无误后，在净样板的基础上放缝，得到面料、衬料样板。

（一）纸样处理

如图4-22所示，衬衫领成型后要求自然窝服，领面与领里需要一定的层势（面料折转的厚度容量）。如果领面与领里裁剪成同样大小，会产生外围领面起吊，领里有多余量的现象，使领子翻开后不平服。另外，为了防止领止口倒吐，领面止口处需要增加折转量。为了解决这些问题，需要对领子纸样进行处理，具体纸样处理方法如图4-23所示。

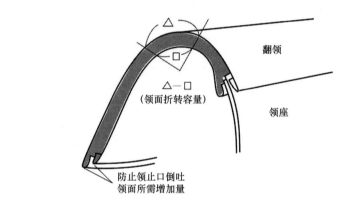

图4-22　翻领面、里大小差异

图4-23　翻领面、领座里纸样处理

1. 翻领面纸样处理

翻领面的装领线处加上0.2cm的翻折量，领外围线及前领角外围各加大0.2cm缝制余量。

2. 领座里纸样处理

立领里后中心处剪短0.2~0.3cm，同时侧颈点位置随之移动缩短量的$\frac{1}{2}$。

（二）面料样板放缝

面料样板放缝，如图4-24所示，图中未标明的缝份为1cm，样板编号代码为C。

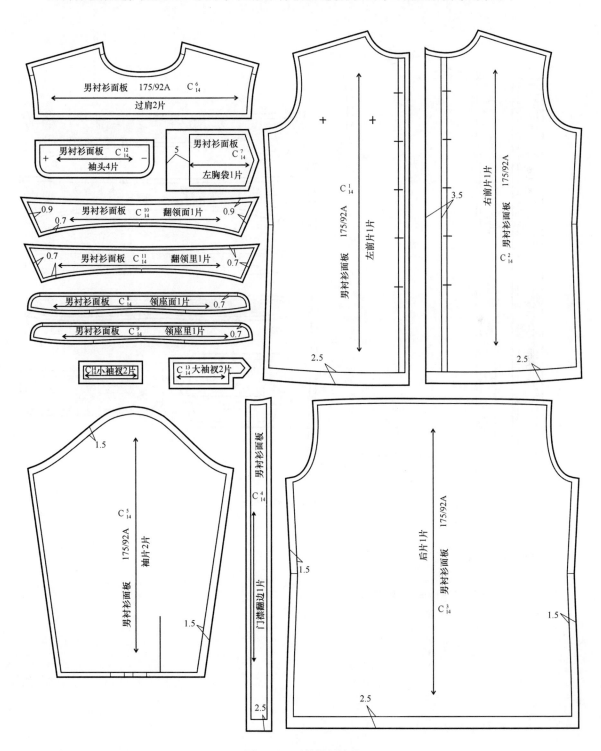

图4-24 面料样板放缝

（三）衬料样板放缝

衬料样板放缝如图4-25所示，样板编号代码为F。

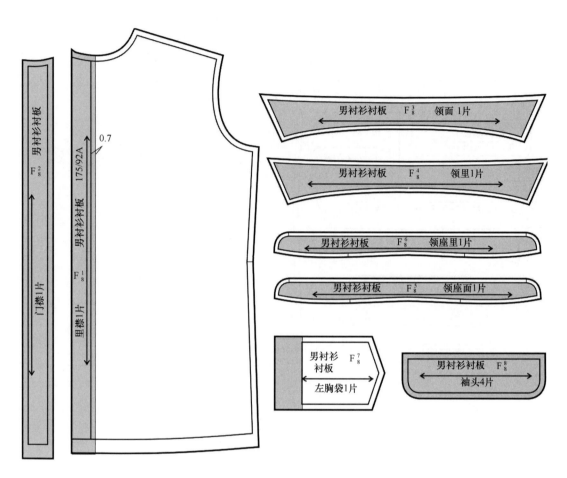

图4-25　衬料样板放缝

（四）样板明细

男衬衫全套样板明细见表4-6。

表4-6　男衬衫样板明细

项目	序号	名称	裁片数	标记内容
面料样板（C）	1	左前片	1	纱向、扣位、袋位、腰线、下摆净线
	2	右前片	1	纱向、扣位、袋位、腰线、下摆净线
	3	后衣片	1	纱向、腰线、下摆净线、褶裥位
	4	门襟翻边	1	纱向
	5	袖片	2	纱向、袖口净线、褶裥位、开衩位
	6	过肩	2	纱向、肩点、颈侧点
	7	左胸袋	1	纱向、袋口净线
	8	领座面	1	纱向、领后中点、颈侧点
	9	领座里	1	纱向、领后中点、颈侧点
	10	翻领面	1	纱向、领后中点
	11	翻领里	1	纱向、领后中点
	12	袖头	4	纱向、扣位
	13	大袖衩	2	纱向
	14	小袖衩	2	
无纺布黏合衬样板（F）	1	里襟贴边衬	1	纱向
	2	门襟贴边衬	1	
	3	翻领面衬	1	
	4	翻领里衬	1	
	5	领座面衬	1	
	6	领座里衬	1	
	7	袋口衬	1	
	8	袖口衬	4	

四、排料

男衬衫排料如图4-26所示。

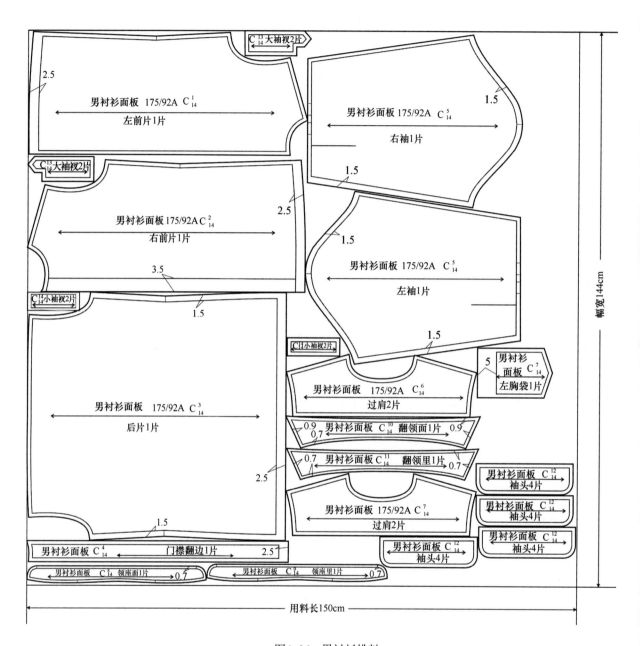

图4-26 男衬衫排料

五、生产制造单

在产品开发完成后，制作大货生产的生产制造单，下发成衣供应商。本款男衬衫的生产制造单见表4-7。

表4-7 男衬衫生产制造单

男衬衫生产制造单（一）	
供应商：××	款名：男式衬衫
款号：CS2012	面料：纯棉面料

备注： 1. 产前板：M码每色2件　　　　　4. 洗水方法：普洗

　　　 2. 船头板：M码每色1件　　　　　5. 大货生产前务必将产前板、物料卡、排料图、

　　　 3. 留底板：M码每色2件　　　　　　　放码网状图送到我公司，批复后方可开裁大货

规格尺寸表（单位：cm）

序号	号型 部位	公差	XS 160/80A	S 165/84A	M 170/88A	L 175/92A	XL 180/96A	XXL 185/100A	测量方法
1	后中长	±1.0	70	72	74	76	78	80	后中测量
2	肩宽	±0.8	43.6	44.8	46	47.2	48.4	49.6	水平测量
3	前胸宽	±0.8	35.3	35.9	36.5	37.1	37.7	38.3	肩点下13cm水平测量
4	后背宽	±0.8	36.8	37.4	38	38.6	39.2	39.8	后中下10cm水平测量
5	胸围	±2.0	100	104	108	112	116	120	袖窿底点测量
6	腰节线	±0.5	41	42	43	44	45	46	后中向下测量
7	腰围	±2.0	96	100	104	108	112	116	水平测量
8	底边围	±2.0	100	104	108	112	116	120	水平测量
9	袖窿弧长	±0.8	44	46	48	50	52	54	弧线测量
10	袖长	±0.8	57	58.5	60	61.5	63	64.5	肩顶点起测量
11	袖肥	±0.8	38.4	39.2	40	40.8	41.6	42.4	袖窿点下2.5cm测量
12	袖口围	±0.8	22.8	23.4	24	24.6	25.2	25.8	水平测量
13	领围	±0.7	38.6	39.8	41	42.2	43.4	44.6	沿领口缝线测量
14	翻领/领座	—	4.5/3.5						后中测量
15	袖头宽	—	6						—
16	袖衩	—	12						—
17	内/外门襟	—	3.5						
18	底边缉线	—	1.2						

续表

男衬衫生产制造单（二）	
款号：DB2011	款名：男式衬衫

生产工艺要求

1. 裁剪：避边中色差排唛架，所有的部位不接受色差。大货排料方法由我公司排料师指导
2. 统一针距：面线 15 针 /3cm，所有的明线部位不接受接线
3. 黏衬部位：领面、领里、门里襟贴边、袋口、袖头粘无纺布黏合衬
4. 纽扣：150 D /3 股丝光线钉纽扣，每孔 8 股线，平行钉
5. 线：缉主标配标底色线，其余缉线为 B 色

包装要求

烫法

☑平烫　　　□中骨烫　　　□挂装烫法　　　□扁烫　　　□企领烫

描述：不可有烫黄、发硬、变色、激光、渗胶、折痕、起皱、潮湿（冷却后包装）等现象

包装方法	装箱方法
Ⅰ.☑折装　　　□挂装	Ⅰ.单色单码_件入一外箱
Ⅱ.☑每件入一胶袋（按规格分包装胶袋的颜色） 　　□其他	□双坑　　☑三坑　　□其他
描述：每件成品，线头剪净全件扣好纽扣，上下对折， 　　　纽扣在外，大小适合胶袋尺寸，内衬拷贝纸， 　　　包装好后成品要折叠整齐、正确、干净。吊牌 　　　不可串码，顺序不可挂错（如图所示）	Ⅱ.尾数单色杂码装箱
注意：价格牌在上，合格证在中，主挂牌在下，备扣 　　　袋在主挂牌下	描述： 箱尺寸：_ cm（长）× _ cm（宽）× _ cm（高） 　　　箱的底层各放一块单坑纸板 　　　除箱底面四边须用胶纸封箱外，再用封箱胶 　　　纸在箱底面贴十字 　　　须用尼龙带打十字

图示：此图示仅供参考，包装方法照样衣

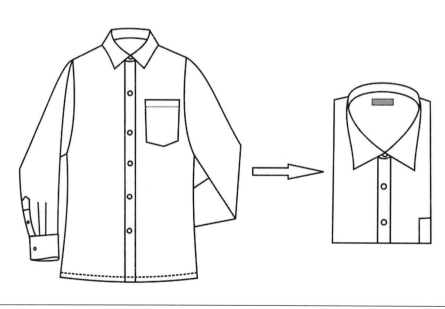

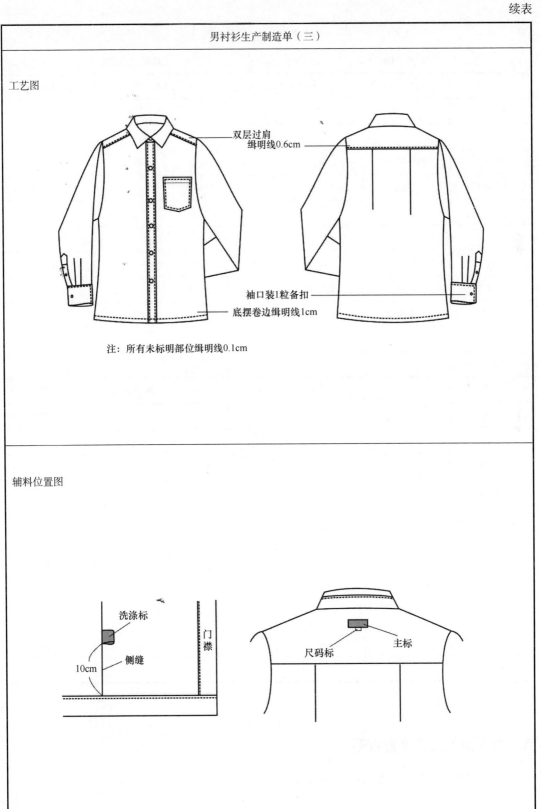

男衬衫生产制造单（三）

工艺图

双层过肩
缉明线0.6cm

袖口装1粒备扣

底摆卷边缉明线1cm

注：所有未标明部位缉明线0.1cm

辅料位置图

洗涤标

门襟

侧缝

10cm

尺码标

主标

男衬衫生产制造单（四）						
款号：DB2011			款名：男式衬衫			

色彩	A色（面料）	B色（里料）		C色（线色）		D色（纽扣色）
第一套色						

面料名称	面料编号	颜色	幅宽	用量	备注	供方
纯棉面料	待批复	—	144cm	150cm		厂供
无纺黏合衬	待批复	—	90cm	60cm		厂供

物料名称	物料编号	规格	颜色	用量	备注	供方
树脂扣	A104	12D/8D	D色	12+3 粒		厂供
主标	SC11M005	—	黑色	1个	后中	客供
尺码标	SC11M016	分码	黑色	1个	—	客供
洗涤标	—	—	—	1个	—	厂供
面线	—	100D/3 股	C色	—	7S 丝光线	厂供
底线	—	603#	C色	—	—	厂供
主标线	—	—	配标底色	—	—	客供
主挂牌	—	—	—	1个	—	客供
价格牌	—	分码	—	1个	—	客供
合格证	—	—	—	1个	—	厂供
吊粒	—	—	—	1张	—	厂供
拷贝纸	—	分码	分色	1个	—	厂供
胶夹	—	—	—	1个	备用	厂供
胶袋	—	—	—	—	一箱 2 个	厂供
小胶袋	—	—	—	—		厂供
单坑纸板						

六、样衣制作工艺流程框图

男衬衫样衣制作工艺流程如图4-27所示。

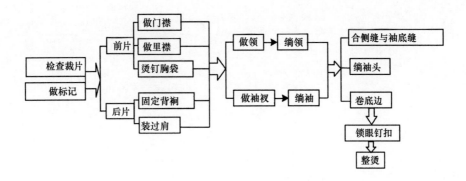

图4-27 男衬衫样衣制作工艺流程

本章小结

■男衬衫是男装的主要品类之一，造型一般都比较宽松，款式多样，按照用途可以分为高级礼服衬衫、标准西服配套式衬衫、高级华丽时装衬衫等。

■普通衬衫作为简约风格的代表性男装，适合不同年龄男士穿着；整体造型较宽松，衣长过臀，衣身结构在男衬衫原型基础上进行调整；重点为领结构及袖结构的设计，难点为较贴体的一片袖结构。

■礼服男衬衫造型较贴体，款式时尚，富有个性；衣片结构直接在男装原型的基础上进行调整。

■休闲男衬衫强调舒适性，注意宽松量的设计，肩、领部的设计。

■贴体男衬衫造型紧身，重点为腰省的设计。

思考题

1. 简述男衬衫款式的主要构成要素。

2. 说明衬衫领结构的制图过程。

3. 如何对应款式需要，实现袖山与袖窿的配伍。

4. 本章出现的衬衫有哪几款？分别说明各种衬衫的结构特征、结构要点。

5. 设计一款适合青年穿着的男衬衫并进行结构设计。

男裤结构设计与产品开发实例

课题名称： 男裤结构设计与产品开发实例

课题内容： 1. 男裤基础知识

2. 男裤结构设计

3. 男裤产品开发实例

课题时间： 16课时

教学目的： 通过教学，使学生了解男裤的分类及其款式设计的构成因素，掌握常见男裤的结构设计及开发程序。

教学方式： 理论讲授、图例示范

教学要求： 1. 使学生了解男裤的相关基础知识。

2. 使学生掌握男裤的制图方法，理解其结构原理并学会运用。

3. 使学生掌握不同类型男裤的制图方法。

4. 使学生了解男裤的功能性设计。

5. 使学生掌握男裤零部件的制图方法。

6. 使学生熟悉产品开发的流程及男裤类服装的表单填写。

7. 使学生掌握裤装纸样的处理方法，熟悉面料、里料、衬料的放缝及排料方法。

课前准备： 查阅相关资料并搜集男裤款式及流行信息。

第五章　男裤结构设计与产品开发实例

第一节　男裤基础知识

　　裤子是男士下体所穿的主要服饰。早在春秋时期，人们就开始穿着裤装，那时的裤装不分男女，只有两个裤管，无腰无裆，穿时套在腿上，遮盖住小腿部分，所以又叫做"胫衣"。经过数年的发展变化，有了裆部，后又被称为"绔、袴"。后来伴随着西服传入我国，与西服配套穿着的裤装（西裤），成为男士裤装中主要的组成部分。裤装在英国称"trousers"，美国称"pants"，法国称"pantaloon"。早期长裤的款式并不正式，到了19世纪末，男士长裤的形式渐趋稳定，并被赋予道德和审美等多方面的含义，成为男性的日常服装而被广泛穿着。

一、分类

　　现代男裤十分丰富，裤子造型呈多元化发展，款式变化繁多，如图5-1所示。不同的缝制工艺方法，不同的面料，不同的穿着场合等将裤装划分成不同的类别。

图5-1　裤装的种类

（一）按长度分类

　　可分为长裤、中长裤、短裤、三角裤等。

（二）按裤腿造型分类

　　可分为直筒裤、锥型裤、喇叭裤、斜裁裤等。

（1）直筒裤的中裆以下宽度基本一致。

（2）锥型裤的胯围、臀围、腿围较胖，裤口较小，上宽下窄。

（3）喇叭裤又可分为大喇叭裤和微喇叭裤。

（4）斜裁裤可适应人体的腿型特点，根据面料特性，做出修身、合体的裤装。

（三）按适应场合分类

休闲裤和正装裤。

（1）休闲裤可分为：牛仔裤，款式紧绷束身，富青春气息；时装休闲裤，前卫休闲、通常较注重外观装饰性；运动休闲裤：宽松舒适，适于运动。

（2）正装裤可分为标准西裤和高级礼服西裤，可以多种搭配，适合正式场合穿着，款式多样。

（四）按腰线分类

高腰裤、中腰裤、低腰裤和无腰裤。

（1）高腰裤裤腰高于腰线，适合束上衣穿着。

（2）中腰裤的裤腰刚好卡在腰线位置。

（3）低腰裤裤腰低于腰线以下。

（4）无腰裤一般指只要腰围线，没有腰头的裤装。

（五）按用途分类

运动裤、灯笼裤、马裤、健美裤、睡裤、滑雪裤、登山裤等，不同的特定场合下，穿着不同功能的裤装，有利于工作的进行。

（六）按功能分类

特种功能的军裤，各种劳动保护的裤装，防火、防碱、防酸功能的裤子。

二、着装要求

（一）裤腰

1. 着装位置

腰头是西裤的灵魂，尽量把裤子的腰提到靠近自然腰线的位置。

2. 腰部松量

穿好裤子后，在自然呼吸的情况下，刚好留有容纳一只手的空隙，这就说明裤腰是合适的。

3. 腰围的调整

西裤的腰围可修改的幅度是有讲究的，改小只能在5cm之内，改大不能超过3.8cm，如果超出这个范围就会改变裤子原有的造型。

4. 腰头的状态

裤腰应平贴腰部，而不能卷曲翻转。

5. 与腰带的配伍

定制的正装西裤是非常精确的量体裁制，不需要系腰带，所以没有裤襻，有时可能会在腰侧有一个调节带。如果裤子有裤襻，那腰带就是必备之物。所配皮带的长度一定要大于裤装腰围3~5cm，皮带头宽度不能超过腰头的宽度。

（二）裤筒

1. 挺缝线

所有的西裤都有挺缝线，一定要正、平、直、自然垂到鞋面中部，这样才能体现西裤挺括的质感。

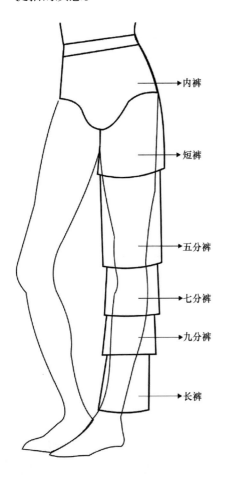

图5-2　裤长的变化

2. 裤长

从后面看裤长应该刚好到鞋跟和鞋帮的接缝处。如果希望增强腿的修长感，那么裤管的长度也可以延伸到鞋跟高度的$\frac{1}{2}$处。如果裤子有卷边，卷边应该垂下，并在鞋面上有一个折。如果没有卷边，裤脚也该有一个折，但可以在鞋面上略垂向脚跟一侧，但注意不能露出袜子，尤其不能是白袜子。一般来说，男袜的颜色应该是基本的中性色，而且要比长裤的颜色深。

3. 插袋

直插袋或斜插袋不能出现裂口。

三、零部件款式设计

（一）裤长设计

近年来，男裤的款式日益丰富，裤长的变化也较齐全，从短裤到长裤应有尽有，设计者可根据自己的喜好及穿着场合等自由选择裤长的设计。裤长的变化大体可分成短裤、五分裤（中裤）、七分裤、九分裤、长裤，具体变化如图5-2所示。

（二）裤腰款式设计

男装裤腰是整个裤子最核心的部位，裤腰质量的好与坏决定整个裤子的感觉。在检查裤子整体结构时，将裤腰按穿着形状拎起，看前后缝是否圆顺，是否挺缝，裤片、缝份是否平整、不吊裂。

常见的男装中裤腰的款式，如图5-3所示，有牛仔裤中常用的弯腰头；西裤、休闲裤中常用的直腰头；除此之外还有运动裤、睡裤等一些比较宽松裤中常用的松紧腰；另外，男装中有一些比较有创意的裤装款式中常使用无腰类的腰部处理方式，只有腰线，没有具体的腰头。

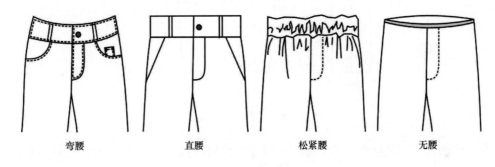

| 弯腰 | 直腰 | 松紧腰 | 无腰 |

图5-3 裤腰的款式

（三）腰位款式设计

男裤的腰位有不同形式，如图5-4所示。但由于穿着习惯的影响，男裤以中腰裤和低腰裤为主，高腰裤及连腰裤在日常裤装中不是很常见。

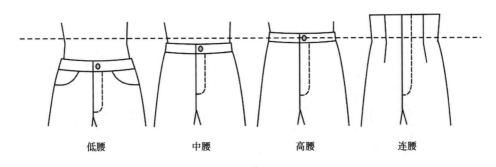

| 低腰 | 中腰 | 高腰 | 连腰 |

图5-4 腰位的变化

（四）裤腿款式设计

男裤的裤腿有三种基本廓型，如图5-5所示，分别为H、Y、X型。H型属于普通裤裤腿结构，西裤等正装裤装常采用这种直筒型。Y型是锥形裤款式，在基本裤结构上，扩充臀部放松量，收紧脚口尺寸即可得到。Y型裤因为臀部松量很大，所以腰位一般比较高。X型也叫喇叭裤，臀部松量小，脚口量很大，膝围量也比较小。X型裤常用于紧身牛仔裤，因臀部松量小，所以腰位比较低。

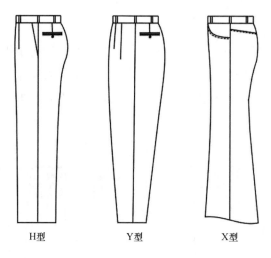

| H型 | Y型 | X型 |

图5-5 裤腿廓型

在一些创意款式设计中，还有一些比较夸张的裤型款式，如马裤、灯笼裤、健美裤、锥裤等，如图5-6所示。

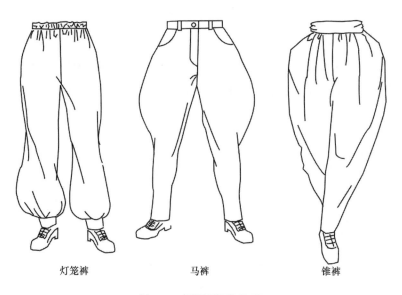

灯笼裤　　　　马裤　　　　锥裤

图5-6 夸张的裤装造型

（五）裤开口款式设计

男裤开口通常设在前中心，形式多种多样，可以使用拉链，也可以采用纽扣。裤的前门襟有明门襟、暗门襟两种；底襟可以设计成带角的，也可以是直线型的。底襟尖角可以与底襟连成一体，也可以是断开的形式，按照其外观可形象地称之为鸡嘴襟、鸭嘴襟和直襟，如图5-7所示。

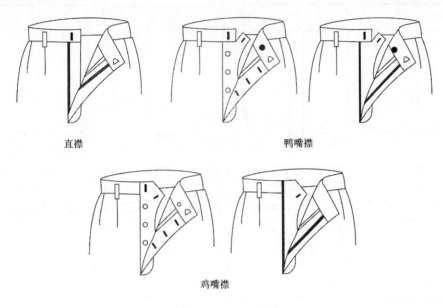

直襟　　　　　　　　　　　　鸭嘴襟

鸡嘴襟

图5-7　裤开口造型

（六）裤口袋款式设计

口袋的款式变化在男装中是最灵活的，不同的口袋形式能衬托出不同裤装的气质。

1. 侧口袋

常用的裤装侧口袋有三种，如图5-8所示。休闲裤的前片可设计不同倾角的挖袋或不同造型的贴袋。

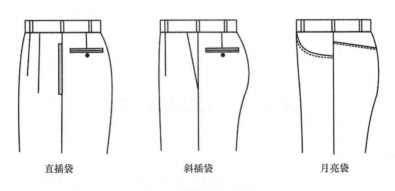

直插袋　　　　　　　　斜插袋　　　　　　　　月亮袋

图5-8　裤装侧口袋样式

2. 后口袋

裤装后口袋的形式比较多，可设计成多种样式，常用在牛仔裤、运动裤等休闲裤中，如图5-9所示。袋口上方可设计袋盖，也可以不用，袋盖造型也可以多种多样，方角、圆角、直线、倾斜等均可，起装饰作用。

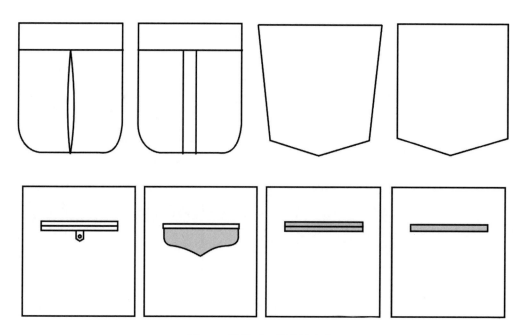

图5-9　裤装后口袋设计变化

（七）脚口款式设计

1. 卷边裤脚

卷边裤脚是将裤脚口的贴边向外翻卷的裤脚形式，一般这种裤脚有装饰的作用，给人活泼的感觉。

2. 普通裤脚

普通裤脚是将裤脚口贴边向内折转的裤脚形式，大部分裤装都采用这种裤脚形式，如西裤的裤脚。

第二节　男裤结构设计

一、男西裤

（一）款式说明

此款裤装为装腰头，裤襻六个，前中门襟处装拉链，前裤片左右各设两个褶裥，后裤片左右各收省两个，侧缝处斜插袋，臀部左右后片上部装一个双嵌线挖袋，裤脚口略收，如图5-10所示。

图5-10　男西裤款式

（二）制图规格

男西裤制图规格见表5-1。

表5-1　男西裤制图规格　　　　　　　　　　　　　　　　单位：cm

号型	裤长（TL）	腰围（W）	臀围（H）	上档（BR）	裤脚口宽（SB）	腰头宽
170/74A	102	74+2	90+12	29	24	4

（三）结构制图

男西裤裤片结构制图如图5-11所示。

二、男裤结构原理

　　裤子是包覆在人体腹臀部、大腿、小腿这些复杂曲面的下体服装，由此，裤装结构必须满足人体腹部、臀部形态，同时也应该满足下肢动、静状态下的变形需要。深入研究人体与裤装的关系及变化规律，能大大提高服装的舒适性、合体性等要求。

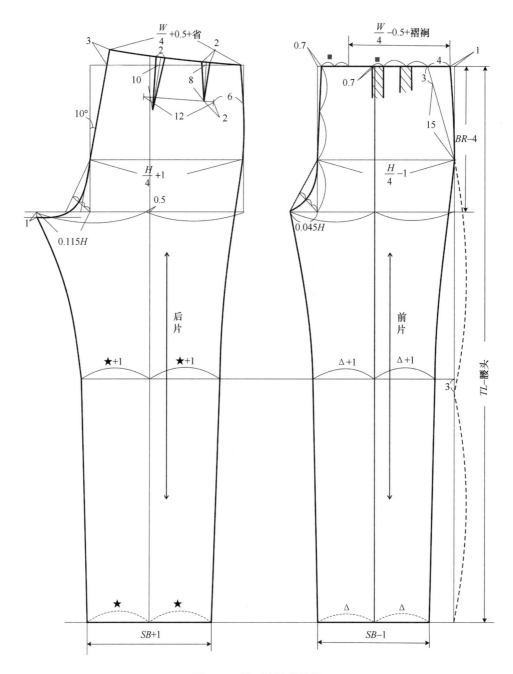

图5-11 男西裤裤片结构

（一）人体下体体表与裤装结构的关系

图5-12所示为人体前身下体体表特征与腰、腹、臀围度的分析。人体腹凸、臀凸与腰围形成的夹角a、b，一般情况下a的平均值为8°，b的平均值为18°。这两个角度是设计裤装前、后中缝撇势与困势的依据；腰围、臀围间的距离是裤装结构制图中决定臀围线的依据；腰围线与腿根线是确定上裆深的依据。

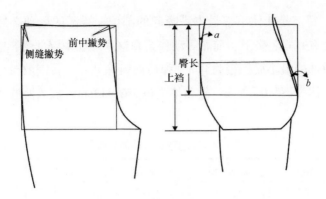

图5-12 下体前身与裤前片的对应

后体体表角度与后裤片的对应关系如图5-13所示。臀凸夹角 b 为18°，臀裂夹角 c 为10°，这是后中缝撇势与困势的设计依据。其中臀凸夹角大小决定后裤片省的大小，臀裂夹角决定后中缝的困势大小。

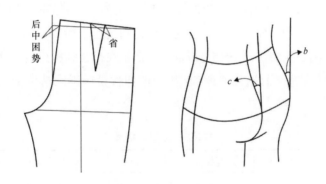

图5-13 下体后身与裤后片的对应

（二）裤装结构要素分析

1. 放松量的确定

人体运动时体表形态发生变化，并且通过人体体表与服装之间的摩擦作用引起服装的变形。人体不同部位运动时体表皮肤变形率不同，所对应服装的松量要求也不同。

（1）横向放松量：横向变化率主要是指围度方向的皮肤变化率，主要包括腰围、臀围、大腿围以及膝围四个部位的皮肤变化率。就裤装版型而言，与动态松量关系最为密切的是腰围和臀围的变化情况。

①腰围松量：腰围尺寸是人体静立自然呼吸状态下的尺寸，当人体运动或坐在椅子上或席地而坐时，腰围就会产生增量，平均增量为1.1～2.9cm。腰围松量过大会影响束腰后的外观美观性，因此一般取0～2cm（弹性面料除外）。同时考虑到款式造型的需要，放松量可适量加以变化，合体型裤装加放0～2cm，宽松型加放2～4cm，见表5-2。当腰位发生变化时，要先定好腰围的具体位置，再测量加放量。

②臀围松量：臀部是人体下部最丰满隆起的部位，臀部的运动必然会引起围度的变化，臀部运动主要有直立、坐下、前屈等动作，在这些运动中臀部受影响围度增加的量为0.6~4cm。因此臀部的最小放松量为4cm（弹性面料除外）。臀围放松量的设计决定了裤装的合体程度，贴体类裤装0~6cm，较贴体类裤装6~12cm，较宽松裤装12~18cm，宽松裤装放松量18cm以上。

表5-2　不同款式裤装的放松量　　　　　　　　　　单位：cm

部位	贴体型	较贴体型	较宽松型	宽松型	备注
腰围	0~1	1~2	2~3	3~4	如内穿毛裤需另加2.5左右
臀围	0~6	6~12	12~18	18以上	

（2）纵向松量：纵向的服装松量在裤装中也是至关重要的，由于蹲、坐和躯干前屈等人体动作，使裤装的臀部伸展。为了减少阻力和臀部下落现象，在增加围度的同时，还必须增加裤装的上裆松量和起翘量。

①上裆松量：据人体下体运动变形量分析，人体后上裆部位的皮肤运动变形率为40%左右，裤装伸展率为17%，两者之差为23%，则按这个标准计算裤装运动变形量约为23%×裤上裆长（约28~31cm）=5.5~6cm。这个量在裤装结构中的处理为：裤装后上裆运动松量=后上裆起翘量+上裆长增量+材料弹性伸长量。不同裤装上裆长增量可参考表5-3中的数值。

表5-3　上裆长增量　　　　　　　　　　单位：cm

款式	裙裤	宽松裤	较宽松裤	较贴体裤	贴体裤
上裆长增量	3及以上	2~3	1~2	0~1	0

②起翘量：后翘实际上是后上裆缝线和后裆弯的总长增加的量，是为臀部前屈时裤子后身用量增大而设计的。但是起翘量过大会使人体站立时后腰部出现布料涌起现象，因此起翘量应控制在一定的范围内，不同裤装起翘量取值见表5-4。

表5-4　起翘量　　　　　　　　　　单位：cm

款式	裙裤	宽松裤	较宽松裤	较贴体裤	贴体裤
起翘量	0	0~1	1~2	2~3	3及以上

2. 前后臀、腰围比例分配

由于人体腹凸小于臀凸，所以臀围一般设计为前小后大。在基本裤型中，前臀围=$\frac{H}{4}$－（0~2）cm，后臀围=$\frac{H}{4}$+（0~2）cm。由于裤装造型或人体体型的变化，也可能引起前身臀围≥后身臀围。当前裤片为多褶宽松款式时，或者肥胖凸肚体型时，前臀围要大于后臀围，前臀围松量很大，后臀围可仍为贴体设计。

腰围由于受臀围前小后大，以及侧缝腰袋的影响，设计时一般也要遵循前小后大的规律。前腰围=$\frac{W}{4}$-（0~1）cm，后腰围=$\frac{W}{4}$+（0~1）cm。对于肥胖凸肚体，腹凸的增加，可能使前腰围≥后身腰围。低腰牛仔裤、休闲裤类，由于腰位的降低，前后腰围可相等，以适应侧缝撇势减小的变化。

3. 上裆长的确定

上裆又称上裆、直裆。上裆尺寸合适与否，直接影响裤装的功能性和合体性。上裆长的确定，通常有两种方法：量取法和间接计算法。

（1）量取法：测量裤长和下裆尺寸，两者相减即可得到上裆尺寸；人体静立时，测量腰部至臀股沟处的长度；坐姿状态下，测量腰部至椅面的距离。三种方法都能得到上裆尺寸的大小。

（2）间接计算法：①对于标准体取$\frac{H}{4}$+调节量（3~5）cm；②身高计算法：上裆长度取$\frac{h}{6}$或$\frac{TL}{10}+\frac{H}{10}$+调节量（8~10）cm（h：身高，TL：裤长）；③测量通裆长，使用公式$\frac{2}{5}$通裆长计算。

根据不同的体型及款式，可使用不同的确定方法。但通常可利用公式$\frac{TL}{10}+\frac{H}{10}$+调节量（8~10）cm，该公式兼顾裤长与臀围对上裆的影响。

4. 总裆宽的确定

总裆宽是由人体臀胯部的厚度决定的，其宽窄幅度的变化决定裤子的适体性和实用性。总裆宽反映了人体臀胯部的厚度，因此可依据臀围的数据计算得到。由人体计测可知，总裆宽是臀围的12%~14%。表5-5是不同裤型的总裆宽设计参考数据，一般的裤装结构设计中，随着裤装造型的变化，总裆宽的大小可以在（0.16~0.21）H之间变化。

表5-5　总裆宽设计参考数据

款式	宽松裤	较宽松裤	较贴体裤	贴体裤
总裆宽	（19%~22%）H	（17%~19%）H	（15%~17%）H	（13%~15%）H

前、后裆在耻骨联合点处分开为前小裆和后大裆，前后裆宽的确定根据人体体型和裤装款式而定。一般情况下，前小裆略大于$\frac{1}{4}$总裆宽，后大裆略小于$\frac{3}{4}$总裆宽。

5. 后上裆缝倾角的确定

后上裆缝倾角的变化与人体特征和裤装造型有关。在一般基本裤装结构中，后上裆缝倾角控制在0°~20°。从人体来讲，后上裆倾角随着臀凸的增加而增加。后裆倾斜角的参考设置见表5-6。

6. 前、后裤片褶（省）的确定

（1）前片褶的设计：男裤前片为解决臀腰差的量，一般设置褶裥，而不用省。对于

表5-6　后上裆倾斜角的设置

款式	裙裤	宽松裤	较宽松裤	较贴体裤	贴体裤
后裆斜倾角	0°	0° ~ 5°	5° ~ 10°	10° ~ 15°	15° ~ 20°

正常体型，褶量一般为2 ~ 4cm，靠近烫迹线的褶量稍大，靠近侧缝处褶量稍小。由于男子体型曲线不像女性明显，臀腰差相对较小，所以侧缝量不易过大，一般为0.7 ~ 1cm，否则会引起侧缝过凸，影响裤装的外观造型。裤褶量受臀腰差大小影响，总褶量为臀腰差值−侧缝撇势−前中撇势$=\dfrac{H-W}{4}-$（0.5 ~ 0.7）−（0.7 ~ 1）cm。褶的个数一般为1个或2个，主要受款式造型和褶量的控制。总褶量为3 ~ 4cm时，可设计成1个褶；总褶量为5 ~ 7cm时，可设计成2 ~ 3个褶。褶位以烫迹线为参考依据，单褶设置在烫迹线上，多褶时设计在烫迹线与侧缝线之间。

（2）后片省的设计：后片省的大小由臀凸及腰臀差决定。男裤的总省量为3.5 ~ 4cm，可以设计成2个省，每个省的大小应控制在2 ~ 2.5cm，最大不能超过3cm。值得注意的是，前片可以设计成无褶造型，但后片一般都有省。对于休闲类牛仔裤可以把省转移至分割线内。后片省的位置由袋位决定，一个省设置在口袋中间，另一个省则在口袋边缘向内2cm处。无口袋的款式，省位由臀凸的位置决定，与裙装省的设置类似。省道的长短与臀凸的高低有直接关系。通常靠近后中线的省大取2 ~ 2.5cm，省长10 ~ 11cm，靠近侧缝省大1 ~ 1.5cm，省长9 ~ 10cm。有口袋时，可参考袋位的高低设计省的长短，将省尖隐藏在后袋嵌线中。

7. 其他规格的确定

（1）裤长：裤长的量可按自己喜好及流行而定。一般按照身高的比例进行设计，取值公式可定为：长裤（0.5H+10）~（0.6H+2）cm；中裤（0.4H+5）cm ~ 0.5H；短裤0.3H−（5 ~ 10）cm；超短裤≤0.3H−（10 ~ 12）cm。

（2）脚口：脚口大小与臀围关联度较高，所以脚口的量可按臀围比例计算得到，参考计算公式为：瘦脚裤≤0.2H−3cm；直筒裤=0.2H ~（0.2H+5）cm，喇叭裤≥0.2H ~（0.2H+5）cm。

（3）中裆：中裆尺寸依裤腿造型及脚口大小而定。

（三）试样与修正

人体下身是大幅度的曲面，裤装的结构不能很好地符合人体腹部、腰部、臀部，就会造成样板的某些疵病。宽松的裤装问题比较少，贴体西裤出现的问题相对较多。

1. 裤身整体疵病补正

（1）裤身肥大或偏窄：当裤身肥大时会产生松垂的纵向褶皱，相反偏窄会使腰腹部产生横向的受力皱褶。这主要是裤装腰、臀部的尺寸过大或过小引起，具体补正方法都应在侧缝、省（褶）、裆宽部位放大或收小，如图5-14所示。裤身肥大的板型修正方法与图5-14相反即可。

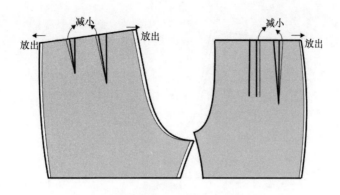

图5-14　裤身窄小的板型修正

（2）挺缝线歪斜：正常裤装的挺缝线应该是一条从腰口垂到脚口的铅垂线，但有的时候会出现挺缝线歪斜的情况，或向外倾斜，或向内倾斜，穿着不舒服。产生挺缝线歪斜的原因很多，可能是面料的丝绺歪斜；也可能是在裁剪排料时前后裤片的丝绺不正；或者是缝制过程中上下片绲缝松紧不一致造成的；有时是熨烫中侧缝和下裆没有对准造成的；也可能是穿着者体型问题引起。挺缝线歪斜的板型修正方法很多，可以在前片修正，也可以在后片修正，也可以修正裆弯弧线，如图5-15所示。如果向外斜，可以将挺缝线向下裆缝移动，或补正裆围；若向内斜，则将挺缝线向侧缝移动。也可以归拔裤片纠正歪斜现象：比如外斜，则将前后裤片中裆线以上10cm左右的侧缝处拔开，下裆缝处归拢，可以纠正

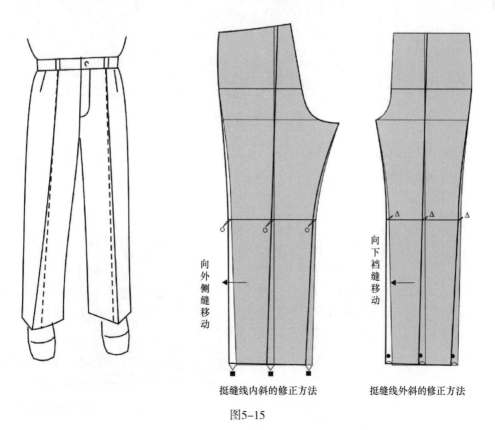

挺缝线内斜的修正方法　　　挺缝线外斜的修正方法

图5-15

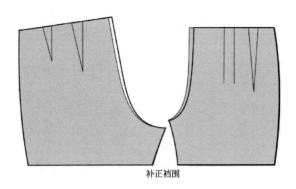

图5-15　挺缝线歪斜的板型修正

挺缝线歪斜现象。

2. **上档部分疵病补正**

（1）兜裆：兜裆是裤子臀部出现紧绷状态的皱褶。出现这种状况主要是因为上裆围长太短，具体解决方法如图5-16所示。

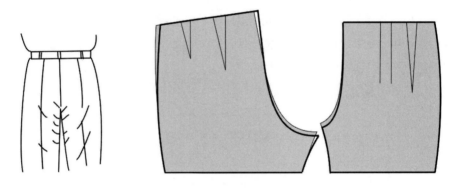

图5-16　兜裆的板型修正

（2）夹裆：后中裆缝夹进臀沟，形成夹裆。可将后片上裆凹势适当增大，下裆缝放出，增大后裆宽来解决这一现象，如图5-17所示。

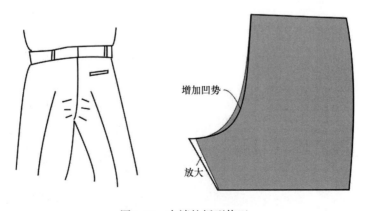

图5-17　夹裆的板型修正

（3）臀围紧绷：裤子臀部出现横向褶皱，侧缝向后裤片偏移，是因为臀部尺寸太小引起；也可能穿着者为凸臀体。其补正方法是将后中缝抬高，侧缝放出，改变腰臀部的尺寸，具体如图5-18所示。

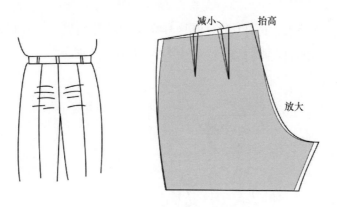

图5-18　臀围紧绷的板型修正

3. 下裆部分疵病补正（裤内侧缝吊起）

裤子下裆缝抽紧，使得脚口向上提，裆底部位不平服。产生的原因主要是后裤身的挺缝线不顺直；侧缝和内侧缝的倾斜度相差比较大；也可能为后上裆缝的倾角过小；后内侧缝的凹势过大；缝制时后裤身内侧缝没有进行归拔熨烫。针对以上情况具体补正方法需根据情况而定，板型补正可参考图5-19所示。

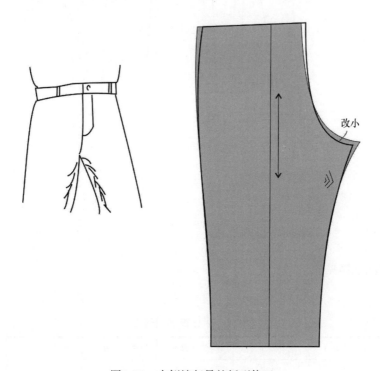

图5-19　内侧缝起吊的板型修正

三、牛仔裤

（一）款式说明

低腰牛仔裤，弯腰头，裤襻6个，前片月亮袋，后片贴袋，有一横向育克，小直筒裤，比较紧身贴体，适合体型修长的男青年穿着，如图5-20所示。

图5-20 牛仔裤款式

（二）制图规格

牛仔裤制图规格见表5-7。

表5-7 牛仔裤制图规格   单位：cm

号型	裤长（TL）	腰围（W）	臀围（H）	上裆（BR）	裤脚口宽（SB）	腰头宽
170/74A	102	74+4	90+4	26	22	4

（三）结构制图

牛仔裤结构制图如图5-21所示。

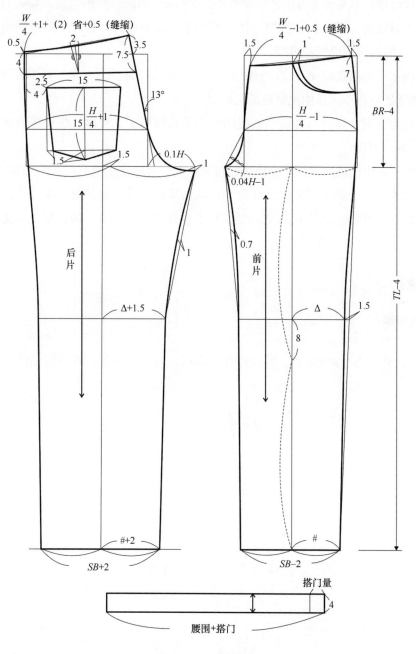

图5-21　牛仔裤结构

（四）结构要点

（1）裤长：根据流行趋势牛仔裤裤长可在一定范围内变化。比如干练的铅笔裤，裤长到脚踝即可；但有时流行裤脚处有堆褶，这样裤长可稍长，堆在脚口，裤长可按0.6h～（0.6h+5cm）取值。

（2）上裆：紧身贴体、低腰牛仔裤，上裆不宜过长。

（3）放松量：紧身裤型臀围放松量要小，为4cm；低腰裤腰围放松量4cm。

（4）前后腰臀分配：由于裤型贴体，结构上宜前小后大，前片不加放松量，将放松量加在后片，同时腰围设置前后差。

（5）裆宽：前裆宽0.04H，后裆宽0.1H，比西裤总裆宽要小一些。对于有弹性的牛仔面料，总裆宽还要再小，具体视面料情况而定。

（6）裆弯弧线：紧身裤的后裆弧线凹势小于其他裤子，可以产生提臀效果。后裆斜线倾斜度较大，为13°。

（7）中裆：中裆位置比普通西裤中裆位置要高，可以使小腿有修长的感觉。

（8）腰头：男士的腰臀差比女性要小，虽然是低腰裤，通常可以配纬纱的直腰头，贴纬纱腰衬，但裤腰上沿要贴1cm宽的经纱牵条，使之不能伸长，而裤腰下沿受力后却可以少许伸长，以提高腰腹部的舒适性。

四、短西裤

（一）款式说明

短西裤，装腰头，裤襻6个，裤前片有一褶裥，后片有一省，裤身较贴体，如图5-22所示。

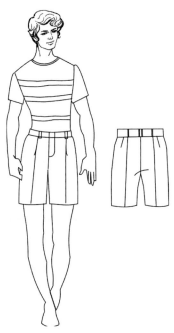

图5-22　短西裤款式

（二）制图规格

短西裤制图规格见表5-8。

表5-8　短西裤制图规格　　　　　　　　　　　　单位：cm

号型	裤长（TL）	腰围（W）	臀围（H）	上裆（BR）	裤脚口宽（SB）	腰头宽
170/74A	45	74+2	90+10	28	27	4

（三）结构制图

短西裤结构制图如图5-23所示。

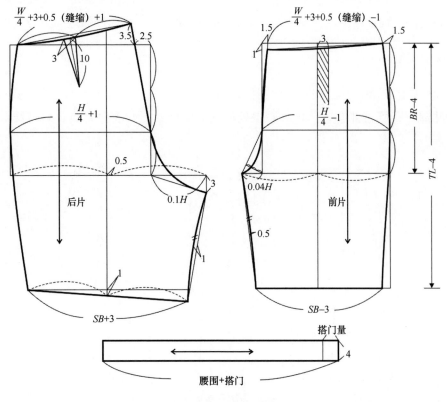

图5-23　短西裤结构

（四）结构要点

（1）裤长：短西裤裤长介于大腿根部和膝围线之间，可根据喜好自由设计。

（2）上裆：按公式$\dfrac{TL}{10}+\dfrac{H}{10}+8\text{cm}=28$，TL为长裤数值。上裆不宜过长或过短，介于男西裤与牛仔裤之间。

（3）放松量：臀围放松量为10cm；腰围放松量2cm。

（4）裆宽：前裆宽0.04H，后裆宽0.1H，比西裤总裆宽要小一些。

（5）落裆量：为了达到后裤口吸腿效果，落裆量增加。

（6）裆弯弧线：紧身裤的后裆弧线凹势小于其他裤子，可以产生提臀效果。

五、运动裤

服装，有的时候不仅仅是满足人体对服装的基本要求，更重要的含义是满足人体在特定工作状态下对服装的特殊要求，比如运动功能的要求、合体度的要求等。不同的活动状态，对服装有不同的合体性要求。有时需要膝部弯曲或经常保持屈曲状态，这就要求膝部有足够的量来满足；有时运动需要腿部叉开，这样裤装裆部的量要足够才能满足；臀部运动时，由于经常突起，所以要求臀部有足够的松量来满足臀部的运动需求。

这里的运动裤指的是一种经功能结构设计后的裤装，它能够满足人体处于运功状态时，比如爬山、跑步、攀岩、骑车等，有更多的活动空间，从而增强运动本身的功能性。

（一）款式说明

比较贴体的裤装；裤腿相对比较宽松；前后片连接在一起，无外侧缝线；裤身整体被分割为几部分；膝盖部有省，扩大膝盖处的活动空间；后片有一育克；装直腰头，如图5-24所示。

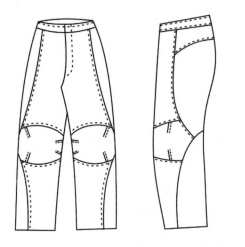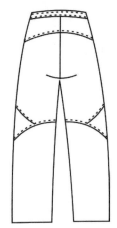

图5-24　运动裤款式

（二）制图规格

运动裤制图规格见表5-9。

表5-9　运动裤制图规格　　　　　　　　　　　　　　　　　　单位：cm

号型	裤长（TL）	腰围（W）	臀围（H）	上裆（BR）	裤脚口宽（SB）	腰头宽
170/74A	100	74+2	90+10	29	28	4

（三）结构制图

1. 绘制基本结构图

运动裤基本结构制图如图5-25所示。

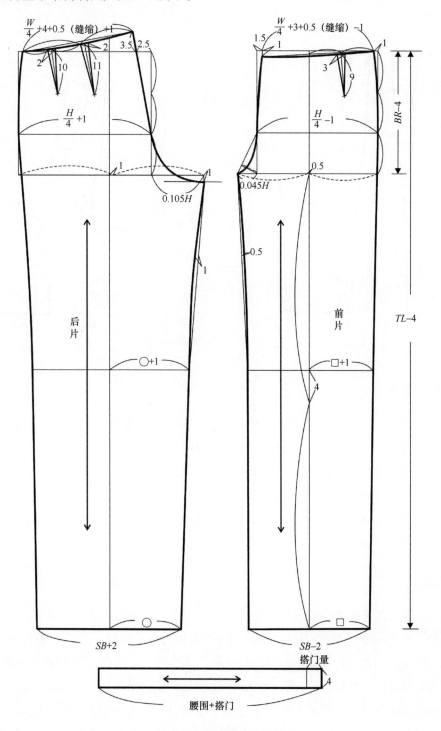

图5-25 运动裤基本结构

2. 设计分割线

绘制完成运动裤结构图后，按照款式图中所表明的分割线，对裤片进行分割，然后将前、后片中的分割部分拼合在一起，如图5-26所示。其中虚线为原来的纸样，纸样合并处理后，适当修正曲线的弧度。

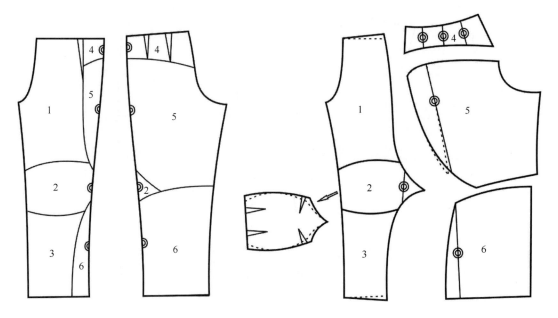

图5-26　运动裤的纸样处理

（四）结构要点

（1）放松量：此款运动裤属较贴体型，故臀围放松量为10cm。

（2）上裆：上裆不宜太深，比较贴体裤装的上裆尺寸略大，为29cm。

（3）裤腿：运动裤的裤腿一般比较宽大，取0.2H+8=28cm；同时，裤腿宽大能使侧缝比较平直，便于前后片纸样的合并处理。

（4）挺缝线：挺缝线向侧缝方向偏移，更加有利于增强裤装的运动性能。

（5）轮廓线：纸样合并后，要适当修正各分割片的轮廓弧度。

六、马裤

马裤，顾名思义，骑马的时候穿的裤子。由于骑马时功能的需要，其裤裆及大腿部位非常宽松，而在膝下及裤腿处逐步收紧，以适合裤腿穿进马靴，形成一种特殊的轮廓外形。有一种专门用以制作马裤的斜纹衣料，称"马裤呢"。现代马裤多用四向弹力面料制作。弹力马裤可以让穿紧身裤的骑手自如地做出大幅度的动作。

现在的马术赛场已经很难见到这种上宽下窄的裤型，它反而在T台上大放异彩。现代马裤有不同种类：紧身马裤、运动马裤、灯笼马裤等，使得马裤应用的领域不断扩大。

（一）款式说明

装腰头，裤前无褶裥，有一挖袋，后片有一省，整体裤型上大下小，臀围比较宽松，裤腿收紧，如图5-27所示。

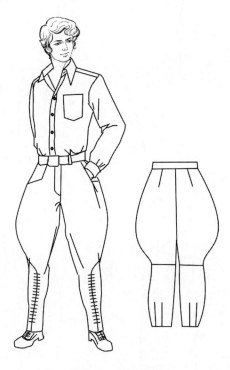

图5-27 马裤款式

（二）制图规格

马裤制图规格见表5-10。

表5-10 马裤制图规格

单位：cm

号型	裤长（TL）	腰围（W）	臀围（H）	上裆（BR）	裤脚口宽（SB）
	102	74+2	90+4	30	27
170/74A	腰头宽	上膝围（A）	下膝围（B）	小腿围（C）	脚踝围（D）
	4	39	34	38	26

（三）结构制图

马裤结构制图如图5-28所示。

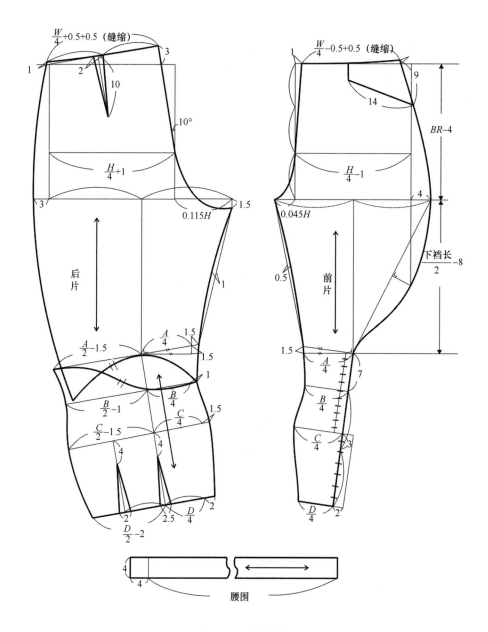

图5-28 马裤结构

（四）结构要点

（1）裤长：因为要穿马靴，所以成品裤长为102-16cm。

（2）上裆：马裤是要骑马时穿着，上裆要长一些，为30cm。

（3）放松量：臀围放松量为4cm，成品臀围在此基础上增加10cm，为夸张造型需要；腰围放松量2cm。

（4）裆宽：前裆宽0.045H，后裆宽0.115H，裆宽要大一些。

（5）裤腿：前裤片 $\frac{1}{4}$，后裤片 $\frac{3}{4}$，采用互补的形式。

七、居家裤

（一）款式说明

裤身宽松，裤腿呈直筒状，腰臀部宽松，腰部用松紧带收紧，是一款舒适、运动性强的居家裤，如图5-29所示。

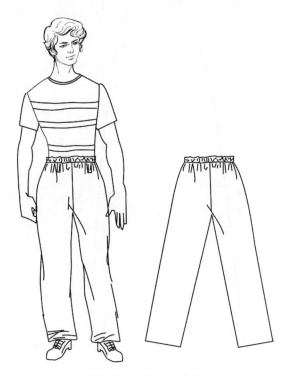

图5-29 居家裤款式

（二）制图规格

居家裤制图规格见表5-11。

表5-11 居家裤制图规格   单位：cm

号型	裤长（TL）	腰围（W）	臀围（H）	上裆（BR）	腰头宽
170/74A	105	74+2	90+18	30	4

（三）结构制图

居家裤结构制图如图5-30所示。

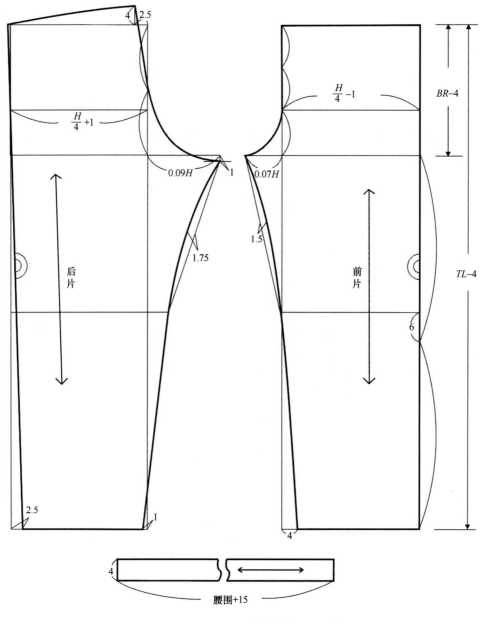

图5-30　居家裤结构

（四）结构要点

（1）放松量：居家服要求宽松，放松量也比较大，本例中臀围加放18cm，根据流行及自己喜好可适当放大或缩小。

（2）上裆：横向放松量比较大，相应纵向放松量也要大一些，上裆长为30cm。

（3）裆宽：前裆宽0.07H，后裆宽0.09H。

（4）裤腿：一片裤结构形式，前后片侧缝连接为一体，裁剪比较容易方便。

八、内裤

（一）款式说明

男式内裤基本款为低腰三角裤，又称象鼻裤。男式内裤侧缝相对较长，前中、后中长度相差不大，紧身贴体，一般采用普通弹力平纹布、平纹针织布，如图5-31所示。

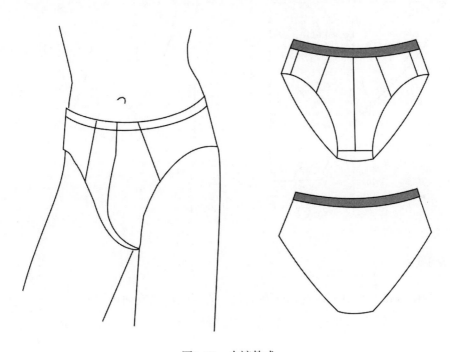

图5-31 内裤款式

（二）制图规格

内裤制图规格见表5-12。

表5-12 内裤制图规格　　　　　　　　　　　　　　单位：cm

号型	腰围（W）	裆宽	前长	后长
170/74A	74-4	9	30	34

（三）结构制图

内裤结构制图如图5-32所示。

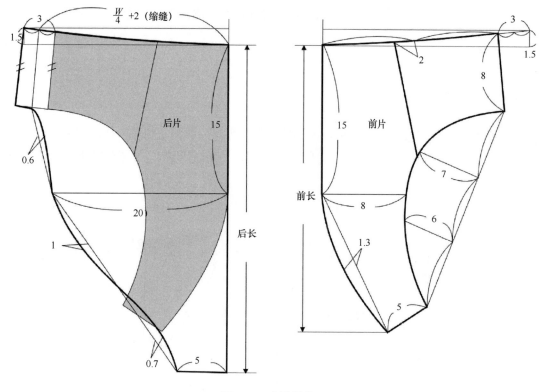

图5-32　内裤结构

（四）结构要点

（1）腰围放松量为负值，使用弹性面料，既能贴体也能满足腰围。

（2）前后片腰头一般存在大小差，侧缝线向前1~2cm，前中象鼻弯度一般为5~6cm。

（3）由于生理原因，前片象鼻一般为双层。

（4）男士内裤重点是前中象鼻弯度的制图以及脚口的处理。

第三节　男裤产品开发实例

本节以男西裤为例，介绍裤装产品开发的主要内容。包括成品尺寸和纸样设计尺寸的确定、面辅料的选用、生产用样板的放缝、排料方案及生产制造单的制订等环节。

一、规格设计

经过打样、试穿、调整、修改后，确定成品规格和容量。表5-13为男西裤各部位加放容量的参考值及成品规格。实际操作时可根据面料性能适当调整。

表5-13　男西裤成品规格与纸样规格　　　　　　　　　　单位：cm

序号	号型／部位	公差	成品规格(170/74A)	加入容量值	纸样规格	测量方法
1	腰围	±1.5	76	1	77	沿边测量
2	裤长	±2	102	1.5	103.5	沿挺缝线测量
3	臀围	±2	102	1.5	103.5	裆上8cm处水平测量
4	上裆	±0.3	29	0.2	29.2	含腰
5	腿根围	±1	62	1	63	裆底测量
6	膝围	±0.5	52	1	53	裆下35cm处测量
7	脚口围	±0.5	48	0.5	48.5	—
8	斜插袋大	±0.2	15	—	15	斜边测量
9	后袋口大	±0.2	12	—	12	—
10	拉链	±0.2	16	—	16	—
11	腰头宽	±0.1	4	—	4	—

二、面辅料的选用

面料：纯羊毛精纺面料，幅宽144cm，用量115cm。

里料：醋纤绸，幅宽144cm，用量35cm。

衬料：无纺布黏合衬，幅宽90cm，用量30cm。

专用腰里：80cm。

袋布：幅宽140cm，用量45cm。

其他：拉链一条，裤钩一副，树脂扣18D3粒（门襟两粒、备用一粒）、15D3粒（后袋两粒、备用一粒）。

三、样衣制作用样板

男西裤的结构图经确认无误后，在净样板的基础上放缝得到样衣生产用面料样板、里料样板、衬料样板、袋布样板。

（一）面料样板放缝

面料样板放缝如图5-33所示。图中未特别标明的部位放缝量均为1cm，样板编号代码为C。

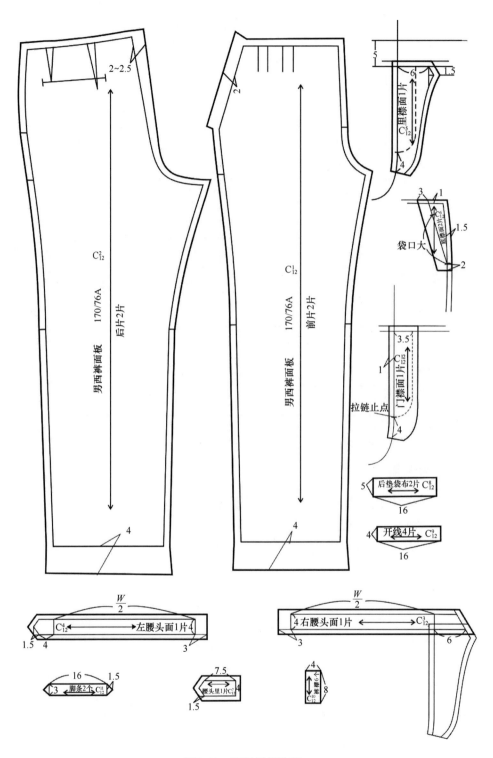

图5-33　面料样板放缝

（二）里料样板放缝

里料样板放缝如图5-34所示，样板编号代码为D。

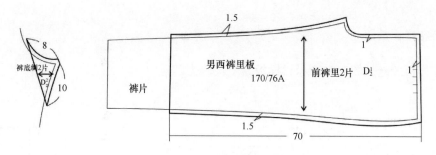

图5-34　里料样板放缝

（三）衬料样板

衬料样板如图5-35所示，样板编号代码为F。

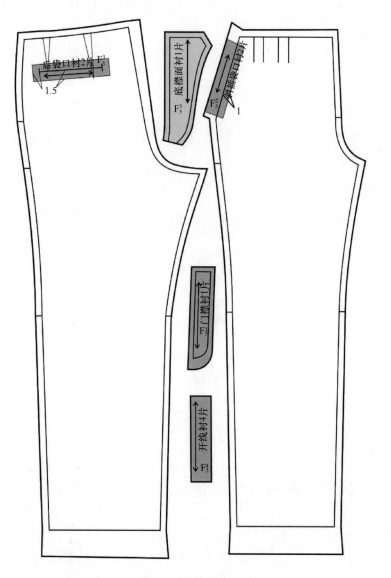

图5-35　衬料样板

（四）袋布样板放缝

袋布样板放缝如图5-36所示，样板编号代码为P。

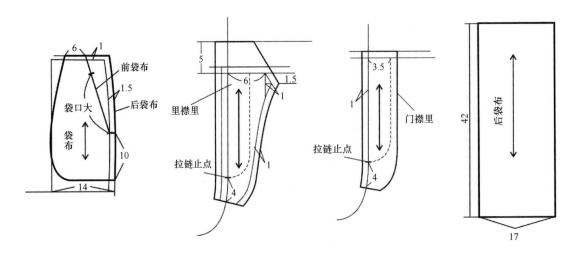

图5-36　袋布样板放缝

（五）腰里样板

腰里样板如图5-37所示，样板编号代码为R。

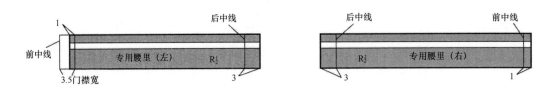

图5-37　腰里样板

（六）样板明细

西裤全套样板明细见表5-14。

四、排料

样板确认无误后，即可进行排料，男西裤的排料主要包括面料排料、里料排料和袋料排料。

表5-14　西裤样板明细

项目	序号	名称	裁片数	标记内容
面料样板（C）	1	前裤片	2	纱向、袋位、臀围线、裤摆净线、褶裥位、膝围线、挺缝线、门襟止口点
	2	后裤片	2	纱向、袋位、臀围线、裤摆净线、膝围线、挺缝线、省位
	3	右腰头	1	纱向、前中线、后中线
	4	左腰头	1	纱向、前中线、后中线
	5	底襟	1	纱向、口止点
	6	垫袋布	2	纱向
	7	腰头里	1	纱向
	8	后垫袋布	2	纱向
	9	开线	4	纱向
	10	裤襻	6	纱向
	11	脚条	2	纱向
里料样板（D）	1	前裤里	2	纱向、褶裥位
	2	裤底绸	2	纱向
无纺布黏合衬样板（F）	1	门襟衬	1	纱向
	2	斜插袋口衬	2	
	3	后袋衬	2	
	4	开线衬	2	
	5	里襟面衬	1	
袋布样板（P）	1	门襟里	1	纱向
	2	里襟里	1	
	3	前袋布	2	
	4	后袋布	2	
腰里样板（R）	1	左腰里	1	纱向、前中心线、后中心线
	2	右腰里	1	

（一）男西裤面料排料

男西裤面料排料如图5-38所示。

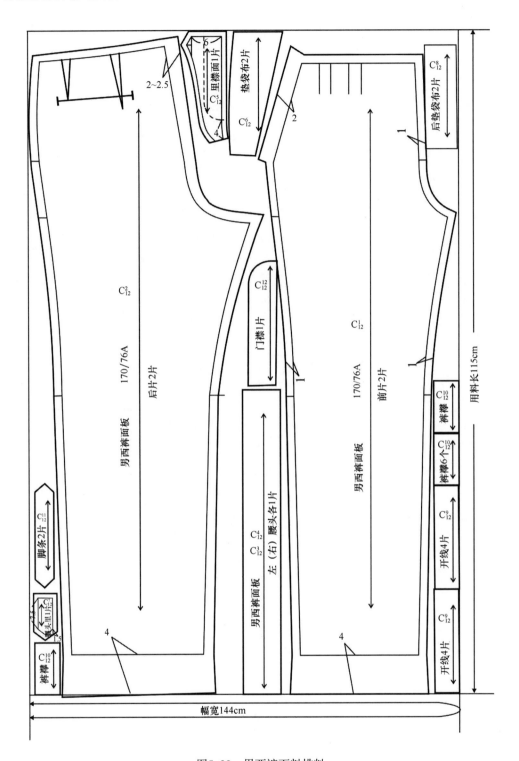

图5-38 男西裤面料排料

（二）男西裤里料排料

男西裤里料排料如图5-39所示。

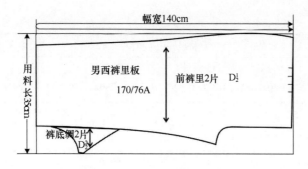

图5-39　男西裤里料排料

（三）男西裤袋料排料

男西裤袋料排料如图5-40所示。

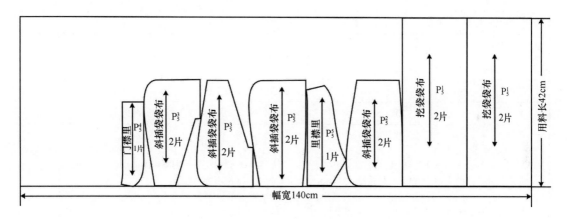

图5-40　男西裤袋料排料

五、生产制造单

在产品开发完成后，制作大货生产的生产制造单，下发成衣供应商。本款男西裤的生产制造单见表5-15。

表5-15　男西裤生产制造单

男西裤生产制造单（一）	
供应商：××	款名：男西裤
款号：XK2012	面料：TX-004 纯羊毛精纺面料
备注：1. 产前板：M 码每色 2 件 　　　2. 船头板：M 码每色 1 件 　　　3. 留底板：M 码每色 2 件	4. 洗水方法：干洗 5. 大货生产前务必将产前板、物料卡、排料图、 　放码网状图到我公司批复后方可开裁大货

续表

序号	号型 部位	公差	XS 160/68A	S 165/72A	M 170/76A	L 175/80A	XL 180/84A	XXL 185/88A	测量方法
					规格尺寸表（单位：cm）				
1	腰围	±1.5	68	72	76	80	84	88	水平测量
2	裤长	±2	96	99	102	105	108	111	挺缝线 测量
3	臀围	±2	95.6	98.8	102	105.2	108.4	111.6	档上8cm水平测量
4	上档	±0.3	27.5	28.25	29	29.75	30.5	31.25	含腰
5	腿根围	±1	58	60	62	64	66	68	档底测量
6	膝围	±0.5	49	50.5	52	53.5	55	56.5	档下35cm处测量
7	脚口围	±0.5	46	47	48	49	50	51	水平测量
8	斜插袋	±0.2			15				
9	后袋口	±0.2			12				
10	拉链	±0.2			16				
11	腰头宽	±0.1			4				

男西裤生产制造单（二）

款号：XK2012	款名：男西裤

生产工艺要求
1. 裁剪：避边中色差排唛架，所有的部位不接受色差。大货排料方法由我公司排料师指导
2. 统一针距：面线11针/3cm，拷边线15针/3cm，所有的明线部位不接受接线
3. 黏衬部位：门襟、里襟、斜插袋口、后袋开袋位、开线粘无纺布黏合衬
4. 纽扣：150 D /3股丝光线钉纽扣，每孔8股线，平行钉
5. 线：缉主标配标底色线，其余缉线为B色

包装要求
□烫法
☑平烫 □中骨烫 □挂装烫法 □扁烫 □企领烫
描述：不可有烫黄、发硬、变色、激光、渗胶、折痕、起皱、潮湿（冷却后包装）等现象。

包装方法
Ⅰ. ☑折装 □挂装
Ⅱ. ☑每件入一胶袋（按规格分包装胶袋的颜色）
　　□其他
描述：每件成品，线头剪净全件扣好纽扣，上下对折，
　　　纽扣在外，大小适合胶袋尺寸，内衬拷贝纸，
　　　包装好后成品要折叠整齐、正确、干净。吊牌
　　　不可串码，顺序不可挂错（如图所示）
注意：价格牌在上，合格证在中，主挂牌在下，备扣
　　　袋在主挂牌下

装箱方法
Ⅰ. 单色单码 __ 件入一外箱
　　□双坑 ☑三坑 □其他
Ⅱ. 尾数单色杂码装箱
描述：
箱尺寸：__cm（长）×__cm（宽）×__cm（高）
　　　　箱的底层各放一块单坑纸板
　　　　除箱底面四边须用胶纸封箱外，再用封箱
　　　　胶纸在箱底面贴十字
　　　　须用尼龙带打十字

图示：此图示仅供参考，包装方法照样衣

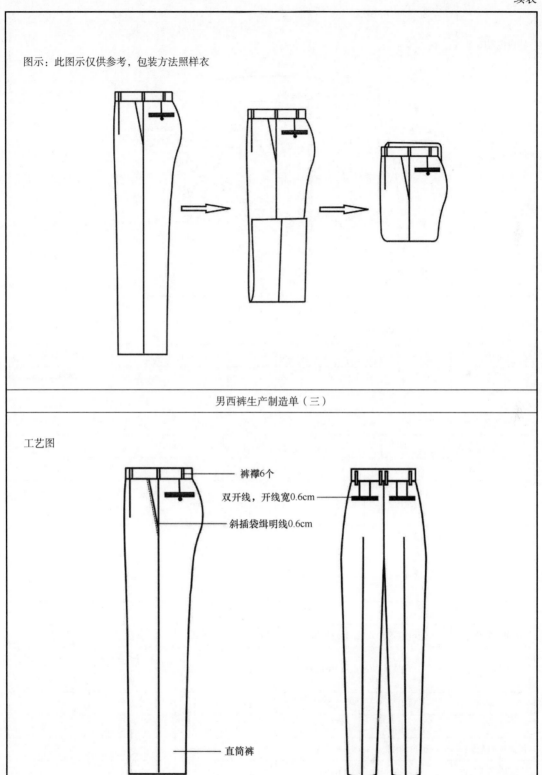

男西裤生产制造单（三）

工艺图

裤襻6个

双开线，开线宽0.6cm

斜插袋缉明线0.6cm

直筒裤

辅料位置图

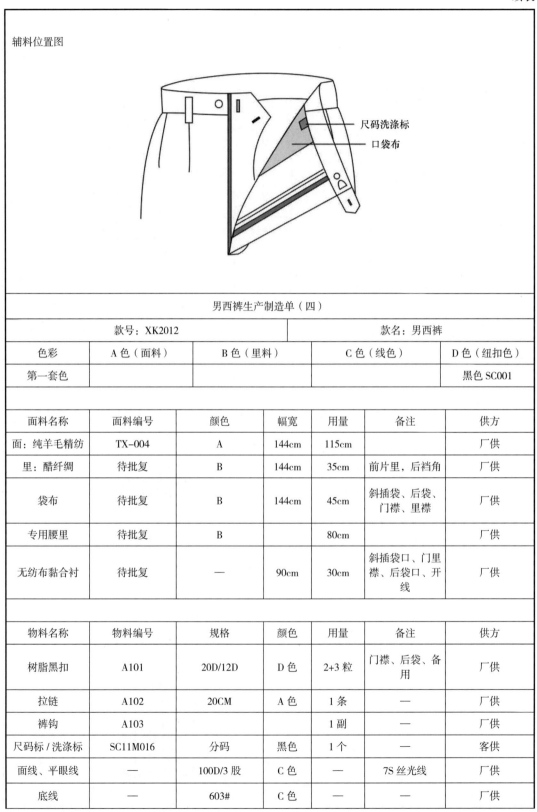

尺码洗涤标

口袋布

男西裤生产制造单（四）						
款号：XK2012				款名：男西裤		
色彩	A 色（面料）	B 色（里料）		C 色（线色）		D 色（纽扣色）
第一套色						黑色 SC001

面料名称	面料编号	颜色	幅宽	用量	备注	供方
面：纯羊毛精纺	TX-004	A	144cm	115cm		厂供
里：醋纤绸	待批复	B	144cm	35cm	前片里，后裆角	厂供
袋布	待批复	B	144cm	45cm	斜插袋、后袋、门襟、里襟	厂供
专用腰里	待批复	B		80cm		厂供
无纺布黏合衬	待批复	—	90cm	30cm	斜插袋口、门里襟、后袋口、开线	厂供

物料名称	物料编号	规格	颜色	用量	备注	供方
树脂黑扣	A101	20D/12D	D 色	2+3 粒	门襟、后袋、备用	厂供
拉链	A102	20CM	A 色	1 条	—	厂供
裤钩	A103			1 副	—	厂供
尺码标 / 洗涤标	SC11M016	分码	黑色	1 个	—	客供
面线、平眼线	—	100D/3 股	C 色	—	7S 丝光线	厂供
底线		603#	C 色	—		厂供

续表

物料名称	物料编号	规格	颜色	用量	备注	供方
拷边线	—	403#	C 色	—	—	厂供
钉组线	—	150D/3 股	C 色	—	7S 丝光线	厂供
挂钩	—	—	—	1 副	—	厂供
主挂牌	—	—	—	1 个	—	客供
价格牌	—	分码	—	1 个	—	客供
合格证	—	—	—	1 个	—	客供
拷贝纸	—	—	—	1 张	—	厂供
胶袋	—	分码	分色	1 个	—	厂供
小胶袋	—	—	—	1 个	备用	厂供
单坑纸板	—	—	—	—	一箱 2 个	厂供
三坑面国产 A 级纸纸箱	—	—	—	—	—	厂供

六、样衣制作工艺流程图

男西裤样衣制作工艺流程如图5-41所示。

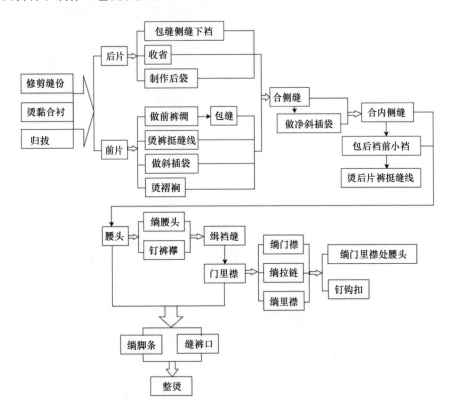

图5-41　男西裤样衣制作工艺流程

本章小结

■男裤作为男装的主要品类之一，款式多样，按照用途可以分为男西裤、牛仔裤、短裤及运动男裤等。

■男裤适合不同年龄、层次男士穿着；整体造型较宽松。裤身结构的重点为放松量的设计、上裆长的确定，掌握不同裤装结构制图的设计要点。

■运动型男裤造型较宽松，款式时尚，富有个性；衣片结构直接在男装原型的基础上进行调整；重点及难点为前后裤片合并后的分割结构。

■男西裤强调实用性，注意零部件的结构制图。

思考题

　　1. 简述男裤款式的主要构成要素。

　　2. 说明男裤结构的制图过程。

　　3. 如何对应款式需要，实现上裆与松量的合理匹配。

　　4. 本章出现的裤装有哪几款？分别说明各种裤型的结构特征。

　　5. 设计一款适合青年穿着的男裤并进行结构设计。

夹克结构设计与产品开发实例

课题名称： 夹克结构设计与产品开发实例

课题内容： 1. 夹克基础知识

2. 夹克结构设计

3. 夹克产品开发实例

课题时间： 12课时

教学目的： 通过教学，使学生了解夹克的分类及其款式设计的构成因素，掌握常见夹克的结构设计及开发程序。

教学方式： 理论讲授、图例示范

教学要求： 1. 使学生了解夹克的相关基础知识。

2. 使学生掌握翻领夹克的制图方法，理解其结构原理并学会运用。

3. 使学生掌握驳领夹克的制图方法，学会用比例法分析款式特征，并确定相应的结构线。

4. 使学生了解工装夹克的实用性设计。

5. 使学生掌握一片式插肩袖的制图方法。

6. 使学生熟悉产品开发的流程及夹克类服装的表单填写。

7. 使学生掌握翻领纸样的处理方法，熟悉面料、里料、衬料的放缝及排料方法。

课前准备： 查阅相关资料并搜集夹克款式及流行信息。

第六章　夹克结构设计与产品开发实例

通常所说的夹克（Jacket）是指造型比较宽松、下摆及袖口收紧的轻便式上衣。与其他男装相比，夹克款式新颖时尚，线条粗犷简练，花色明快柔和，面料适用广，穿着舒适，老少皆宜，四季皆可穿用。

第一节　夹克基础知识

早期的夹克主要作为军服和工作服，但是近年来已经成为男士生活装的重要品种。现在的夹克保留了下摆、袖口收紧的设计，但其他部位的款式与结构都很自由，而且加入了各式各样的装饰配件及装饰性工艺，使得夹克成为款式最丰富的男装。

一、分类

夹克款式丰富，适用广泛，其分类也比较复杂，不便于统一命名。

（一）按照着装者的年龄分类（图6-1）

图6-1　中老年与青年夹克

1. 中老年夹克

中老年夹克一般造型较宽松，款式简洁，稳重大方，强调实用性。

2.青少年夹克

青少年夹克一般造型较合体，款式设计元素丰富，有一定装饰性与功能性，借助新材料，体现新外观，突出个性，体现时尚感。

3.儿童夹克

儿童夹克一般造型较宽松，款式比较简单，多用配件装饰，强调舒适性、美观性。

（二）按照着装场合分类（图6-2）

图6-2 不同场合穿用的夹克

1. 常服夹克

常服夹克为日常生活装，穿着舒适，无拘束感。款式风格多样化，材料选择范围广，满足不同年龄、不同个性的着装者在不同季节的需求。

2. 工装夹克

工装夹克是劳动者在工作期间穿用的服装，强调功能性，既不妨碍工作，又能有效保护着装者，同时具有标识作用，一般通过服装色彩体现工作特征及团队文化。

3. 运动夹克

运动夹克适合于运动休闲的时候穿着，造型较宽松，款式简洁，色彩鲜艳，一般选用弹性好的针织面料，满足运动需要。

4. 风雨夹克

风雨夹克适用于户外作业或运动时穿着，主要借助特殊面料实现挡风、防水的功能，多为连帽设计，采用插肩袖型，袖口及下摆设计可调节的收紧部件，如绳带、带襻。

（三）按照穿着季节分类（图6-3）

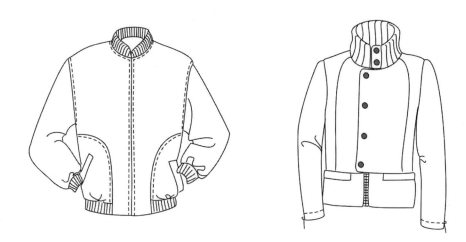

图6-3　不同季节穿用的夹克

1. 春秋夹克

春秋夹克一般为双层，内层多用里料，也可以用另一种面料（双面夹克）。多选用较薄或中厚面料，适应春秋季冷暖度需要。

2. 冬季夹克

冬季夹克以保暖性为主，双层或多层结构。多选用较厚的毛呢类面料和皮革面料，或者在较薄面里料之间加入絮料，增强保暖性。

（四）按照所用面料分类

1. 机织面料夹克

常服夹克大多选用机织面料，从生产的角度来说，可选面料丰富、生产工艺便于掌握；从穿着的角度来说，服装保形性好、耐穿用、方便洗护，但面料弹性较小，比较适合造型较宽松的夹克。

2. 针织面料夹克

针织面料最明显的特征是弹性好，多用于运动型夹克。其缺点是易破损，易脱散，所以成衣加工时必须用针织缝纫设备。

3. 皮革面料夹克

皮革光泽好，韧度高，质地密实，多用于冬季夹克。缺点是洗护不方便，成本高。

4. 组合面料夹克

以上三种面料都有明显的特点，制作服装时可以组合搭配使用，各取优点，以改善服装的可穿性。例如机织面料做衣身和袖片，针织面料做下摆、领子、袖头，既能收紧开口又舒适，如图6-3所示；以针织面料为主，在易磨损的部位另加一层机织面料或皮革面料，有效提高抗磨损性；还可以在不需要拉伸变形的部位拼接机织面料或皮革面料，例如肩部，可以改善服装的保型性。

二、款式设计

夹克的设计无程式化要求，造型与款式富于变化，其部件的设计可参考表6-1，部件的选择与组合应该服从整体造型与款式的风格，如图6-1~图6-3所示。

表6-1　夹克造型与款式的构成要素

造型与款式构成的要素			要　素　的　设　计
贴体程度			较贴身，较宽松，宽松
衣长			短款（至中臀围），中长款（臀围），长款（至臀围下）
领型			立领，翻领，平驳领，青果领等
衣身分割或缉装饰线	位置		横向（肩部，胸部，下摆），纵向（前后身中区，前宽线，背宽线，后中线）
	走向		横向、纵向、斜向
	形状		直线、弧线、折线
门襟	形状		直线，弧线，折线
	搭门宽度		无搭门（左右对合，有挡襟），宽搭门
口袋	位置		胸袋，大袋，袖袋
	工艺特征	贴袋	口袋形状（尖角，圆角，切角），袋盖形状（方角，圆角，尖角），成型状态（平贴，立体）
		插袋	袋口（隐蔽，加袋盖，加袋板）
		挖袋	袋口（拉链，单嵌线，双嵌线，加袋盖），走向（横向，纵向，斜向）
带襻	位置		肩部，下摆，袖口
	形状		尖角，圆角，方角
袖型	绱袖位置		圆装袖，插肩袖，压肩袖
	分割		纵向（与衣身配合，顺便做袖衩）横向（肘部，袖头）

第二节　夹克结构设计

夹克种类较多，款式丰富，外观变化多样，但其结构原理基本一致，只需要在夹克原型衣片的基础上进行调整。本节介绍几种常见夹克的结构设计。

一、翻领夹克

该款夹克是男装中较为经典的款式，造型较宽松，款式简洁，稳重大方，实用性强，适合中老年男士穿着。

（一）款式说明

如图6-4所示，本款夹克造型比较宽松，长及臀围，全挂里。分领座平方领，前中门襟装拉链，左右各一斜板式挖袋，另装下摆；后片横过肩分割，下摆靠近侧缝处左右各收一省；两片袖，袖口收一个裥，方袖头，横向钉两粒扣。

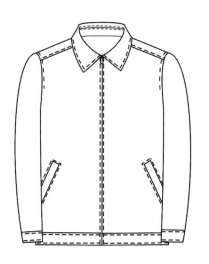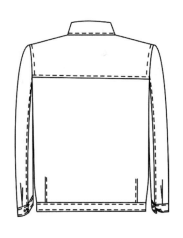

图6-4　翻领夹克款式

（二）制图规格

翻领夹克制图规格见表6-2。

表6-2　翻领夹克制图规格 单位：cm

号 / 型	胸围（B）	后衣长（L）	袖长（SL）	袖口（CW）	底领（a）	翻领（b）
170/88A	88+20	68	55.5+4.5	26	3.5	4.5

（三）结构制图

衣片与领片结构制图，如图6-5所示。

夹克衣片结构采用原型制图法，夹克原型的具体制图方法如第三章第三节图3-14所示。

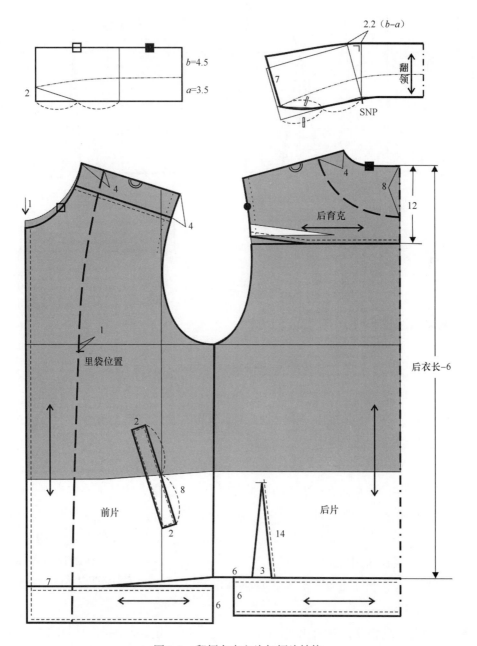

图6-5　翻领夹克衣片与领片结构

袖片结构制图，如图6-6所示。

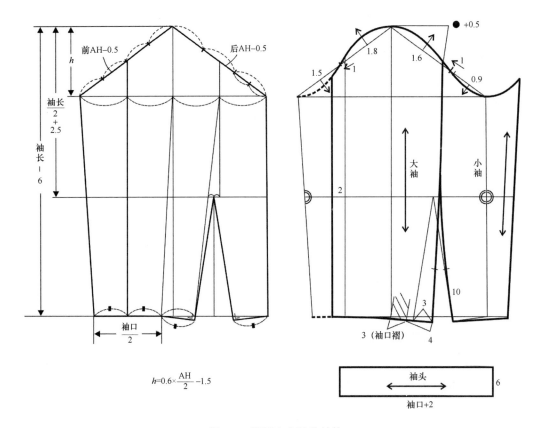

$$h=0.6\times\frac{AH}{2}-1.5$$

图6-6　翻领夹克袖片结构

（四）结构要点

（1）总体：以夹克原型为基础，胸围松量不变；后衣长$=\frac{2}{5}\times$号或根据款式比例确定，衣身下摆与原型的腰线平行。

（2）育克：后肩育克分割，袖窿处收1cm肩省；前肩育克与肩线平行，宽度4cm，前、后育克在肩线处拼合，后中不分开。

（3）大袋：前衣身开贴板式挖袋，大袋的人性化设计需要从袋口大、袋位、袋口方向等方面综合考虑，要求能使着装者的双手方便出入。袋口大的基本要求为：袋口大≥手掌宽+手掌厚度+松量=11+3+1=15cm，袋口大还应该与衣身整体的宽度及长度比例协调，所以本款设为16cm；袋口中点位于腰围线与前宽线的交点，袋口斜度为14°（8：2）。

（4）翻领：翻领前中需要一定的起翘量，一方面，着装状态下领前区造型越贴体，需要的起翘量越大；另一方面，领窝前区的弧度越大，需要的起翘量越大。一般取值为1.5~3cm，常用值为2cm。

领侧开角与领宽相关，开角比例=（$a+b$）：2.2（$b-a$），制作时，领片需要进行分领座处理。具体方法见本章第三节。

（5）袖片分割线：以较贴体的一片袖为基础，袖山高$h=0.6\times\frac{AH}{2}-1.5$cm，其中1.5cm

为肩宽增加量；款式要求袖窿缉明线，所以采用肩压袖的绱袖方式，袖山斜线=袖窿-0.5cm；袖片后分割线的位置要求与后育克分割线顺接，由袖山高点开始，沿袖山弧线量取后育克的袖窿长度+0.5cm，确定分割线上点，并与袖口分割线处圆顺连接；前袖分割线以前袖肥中线为准，平行前移2cm；将分离的前后两部分袖片的侧缝拼接，形成完整的小袖。

（6）袖口褶：沿袖口线，在大袖的后袖口处加出褶量3cm，重新确定大袖袖口点，褶位于袖口偏前4cm。

二、翻驳领夹克

（一）款式说明

如图6-7所示，该款夹克造型较贴体，衣长较短，全挂里。宽大的翻驳领，门襟装拉链；右衣片有纵向分割线，与左门襟造型对应；袖窿前侧至下摆有弧线分割（左右对称），带盖插袋位于分割线中区；另装下摆，侧区钉有箭头状襻带；后片横过肩分割，后身中线分割，背宽处纵向分割；两片袖，肘部区域横向环绕缉线装饰，方袖头。

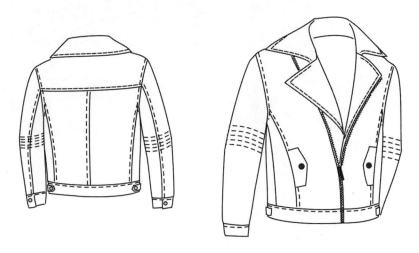

图6-7　翻驳领夹克款式

（二）制图规格

翻驳领夹克制图规格见表6-3。

表6-3　翻驳领夹克制图规格　　　　　　　　　　　　　　　单位：cm

号/型	胸围（B）	后衣长（L）	袖长（SL）	袖口（CW）	底领（a）	翻领（b）
170/88A	88+16	57	55.5+4.5	25	4	5

（三）结构制图

1. 衣身结构

本款夹克衣身结构需要在男装原型（第三章第三节图3-1）基础上调整，如图6-8所示。

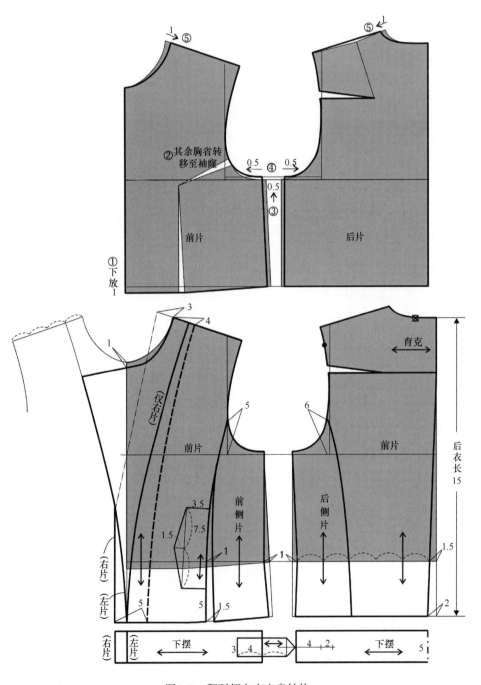

图6-8　翻驳领夹克衣身结构

（1）下放：将原型前片下移，使前腰节线低于后片1cm；部分胸省转移至腰节线，侧缝形成起翘，与后腰节线平齐。

（2）袖窿松量：将其余胸省转移至前袖窿，留作松量。

（3）胸围：前后片侧缝各收进0.5cm，袖窿宽减小，满足夹克较贴体造型。

（4）袖窿深：由于袖窿宽减小，为保持袖窿比值相对稳定，保证袖窿弧线的基本形状，窿底上提0.5cm。

（5）领窝：为满足敞开式翻驳领的需要，前后片的横开领沿肩线同步加大1cm。

2. **领片结构**

翻驳领需要在衣片领窝基础上制图，如图6-9所示。

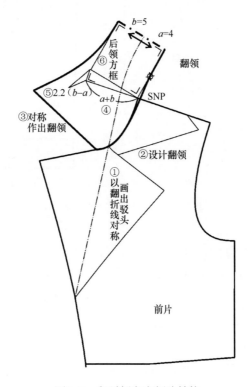

图6-9　翻驳领夹克领片结构

3. **袖片结构**

贴体型袖片结构需要在袖窿基础上制图，如图6-10所示。

（四）结构要点

（1）总体：胸围以男装原型为基础调整，松量=14cm，比原型更加贴体；后衣长=$\frac{2}{5} \times$号－（10~12cm），或根据款式比例确定，后衣长=$\frac{3}{4} \times$背长；衣身下摆与原型的腰线平行。

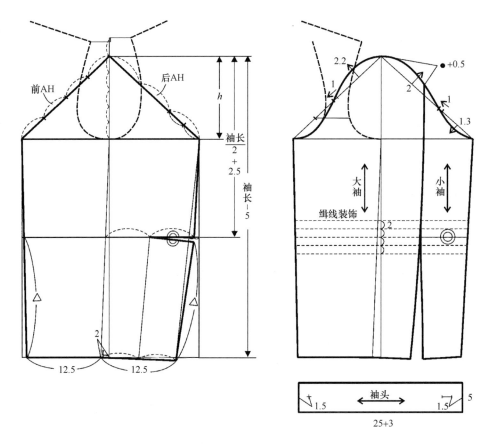

图6-10 翻驳领夹克袖片结构

（2）育克：后肩育克分割，袖窿处收1cm肩省，后中不分开。

（3）驳头：款式要求门襟从下摆的前中心开始，逐渐向上过渡至右衣片肩部，所以左片驳领止口线与右片分割线重合，需要在整个前片的基础上确定。在肩线上的位置用比例法确定，然后根据款式特征，自然过渡至下摆中心点。之后沿肩线画出0.75a=3cm，确定驳头翻折线。

（4）翻驳领：将驳头形状以翻折线为对称轴画在衣片内，根据款式要求设计翻领形状；再将设计好的翻领形状对称画在驳头上方；在前肩线的延长线上取总领宽=$a+b$，控制领侧开角，比例为（$a+b$）：2.2（$b-a$）；拼接后领方框，确定领的基本结构。

（5）前片分割线：前宽线处纵向分割，腰线位收进1cm，下摆收进1.5cm。

（6）前侧缝：以原型衣片的前侧缝为基础，腰线处收进1cm，顺势延伸至下摆。

（7）袖片：以高袖山的一片袖为基础，袖山高h=平均袖窿深$\times\dfrac{5}{6}$；款式要求袖窿缉明线，所以采用肩压袖的缲袖方式，袖山斜线长=袖窿弧线长；前区袖山弧线与前袖窿底弧线完全一致；贴体袖型需要顺手臂弯势向前，所以袖前中线在袖口处前移2cm，此时后袖缝自然形成肘省；款式需要袖片后分割线的位置与后育克分割线顺接，由袖山高点开始，沿袖山弧线量取后育克的袖窿长度+0.5cm，确定分割线上点，分割线下点位于后袖口中点，经过肘线后中点处圆顺连接；分割后的袖片可以完全合并肘省，形成完整的小袖。

三、棉服夹克

（一）款式说明

如图6-11所示，该款夹克造型较贴体，衣长较短，全挂里、带胆料。双层毛线针织立领，前中开口，钉三粒扣（内层一粒）；门襟装拉链，左衣身带搭门，钉四粒扣；前衣身纵向弧线分割，低腰位横向分割，并在其前侧区做贴板式插袋；后身中线分割，低腰位横向分割；两片袖，袖口开衩装拉链。

图6-11　棉服夹克款式

（二）制图规格

棉服夹克制图规格见表6-4。

表6-4　棉服夹克制图规格　　　　　　　　　　　　　　　　单位：cm

号／型	胸围（B）	后衣长（L）	袖长（SL）	袖口（CW）	领高
170/88A	88+20	59	55.5+6.5	26	12

（三）结构制图

1. 衣身结构

本款夹克衣身结构需要在夹克原型（第三章第三节图3-14）的基础上调整，如图6-12所示。

2. 袖片结构

袖片结构为较贴体的一片袖，如图6-13所示。

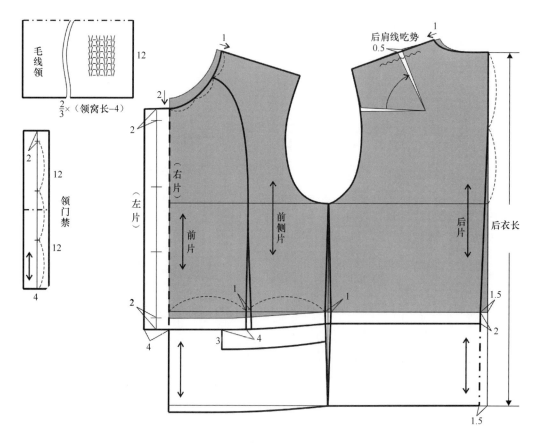

图6-12 棉服夹克衣身结构

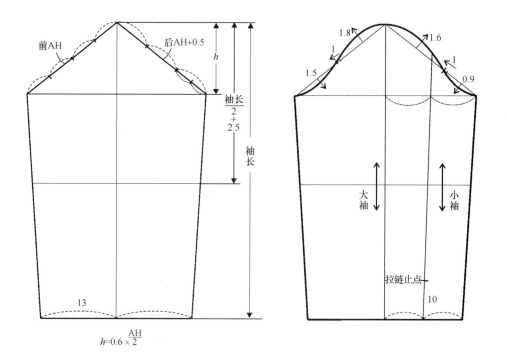

图6-13 棉服夹克袖片结构

（四）结构要点

（1）总体：本款夹克造型较贴体，但因为棉服本身具有一定的厚度，所以需要的松量较大，因此胸围还以夹克原型为基础，松量不变；后衣长=$\frac{2}{5}$×号-（8~10）cm，或根据款式比例确定，衣身下摆与原型的腰线平行。

（2）后片分割线：后片低腰位横向分割，采用比例法定位，后中上半部分断开，下半部分连为整体。

（3）前片纵向分割线：前片由领窝出发，弧线纵向分割，采用比例法具体定位，并在腰线处收进1cm。

（4）毛线针织领：毛线针织领弹性好，一般情况下，其不受力状态的长度=$\frac{2}{3}$×实际需要的长度。

（5）袖片分割线：以较贴体的一片袖为基础，袖山高$h=0.6\times\frac{AH}{2}$；袖片后分割线经过后袖肥中点到后袖口中点顺接，袖口留出开衩。

四、工装夹克

（一）款式说明

如图6-14所示，该款夹克造型较宽松，长至臀下。尖角翻领，门襟装拉链，左侧加挡襟；前衣身肩部横向分割，左右对称的胸贴袋，且中部带有纵向明裥，长方形袋盖，中心钉一粒扣；立体大贴袋，方形袋盖，两角钉扣；另装下摆，侧区由松紧带收紧；后身背部纵向分割，分割线处带有暗裥（便于动作），腰线以上横向分割；两片袖，前袖缝与前身育克顺接，肘部区域加有补强层，方袖头，侧区收松紧。

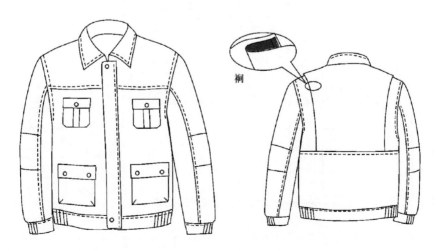

图6-14　工装夹克款式

（二）制图规格

工装夹克制图规格见表6-5。

表6-5 工装夹克制图规格 单位：cm

号/型	胸围（B）	后衣长（L）	袖长（SL）	底领（a）	翻领（b）
170/88A	88+20	68	55.5+4.5	3.5	4.5

（三）结构制图

1. 衣身结构

本款夹克衣身结构需要在夹克原型（第三章第三节图3-14）的基础上调整，如图6-15所示。

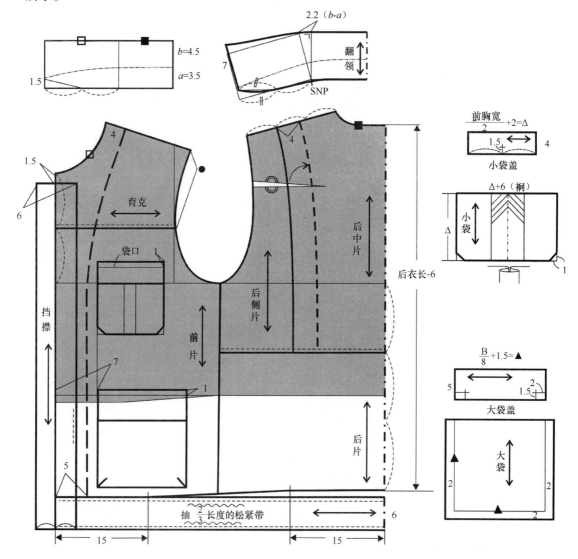

图6-15 工装夹克衣身结构

2．袖片结构

袖片结构为较宽松的一片袖，如图6-16所示。

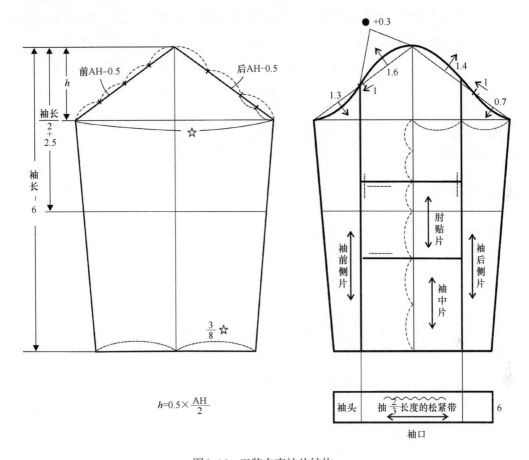

$$h=0.5\times\frac{AH}{2}$$

图6-16　工装夹克袖片结构

（四）结构要点

（1）总体：本款夹克造型较宽松，胸围以夹克原型为基础，松量不变；后衣长＝$\frac{2}{5}\times$号，或根据款式比例确定，衣身下摆与原型的腰线平行。

（2）后片分割线：后片高腰位横向分割，沿袖窿纵向分割，均采用比例法定位，后中不分开。纵向分割线处做褶裥，深度为4cm，便于动作，肩省转移至分割线内。

（3）前片育克：前片育克采用比例法具体定位。

（4）口袋：前身有左右对称的胸袋及大袋，袋口大小及袋位一方面要考虑装取物品方便；另一方面要考虑与衣片大小的比例协调。小袋纵向中心线处设有阴褶，基于实用性考虑，可以调整袋内空间；大袋采用立体造型，同样可以增大口袋容积，满足工作服的要求。

（5）挡襟：考虑工装的保护性功能，门襟处加挡襟。

（6）翻领：翻领前中需要一定的起翘量，一方面，着装状态下领前区造型越贴体，需要的起翘量越大；另一方面，领窝前区的弧度越大，需要的起翘量越大。本款取值为1.5cm。领侧开角比例=（a+b）：2.2（b-a）。

（7）袖片分割线：以较宽松的一片袖为基础，袖山高$h=0.5 \times \dfrac{AH}{2}$；款式要求袖窿缉明线，所以采用肩压袖的绱袖方式，前（后）袖山斜线长=前（后）袖窿弧线长-0.5cm；袖片前分割线的位置要求与育克分割线顺接，由袖山高点开始，沿袖山弧线量取前育克的袖窿长度+0.5cm，确定分割线上点，垂直向下至袖口；后分割线为后袖肥中线；袖中片肘线区域加贴片，增强耐磨性。袖口无开衩，袖头中区抽松紧带，所需长度=$\dfrac{2}{3} \times$实际长度。

五、运动夹克

（一）款式说明

如图6-17所示，该款夹克造型较宽松，衣长过臀。立领，前中门襟装拉链，插肩袖，倾斜的贴板式挖袋；另装的针织下摆与袖口，自然收紧。

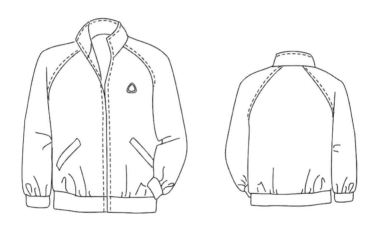

图6-17　运动夹克款式

（二）制图规格

运动夹克制图规格见表6-6。

表6-6　运动夹克制图规格　　　　　　　　　单位：cm

号/型	胸围（B）	净臀围（H*）	后衣长（L）	袖长（SL）	袖口（CW）	领高
170/88A	88+24	90	72	55.5+6.5	32	6

（三）结构制图

本款夹克结构需要在夹克原型（第三章第三节图3-14）的基础上调整，如图6-18所示。

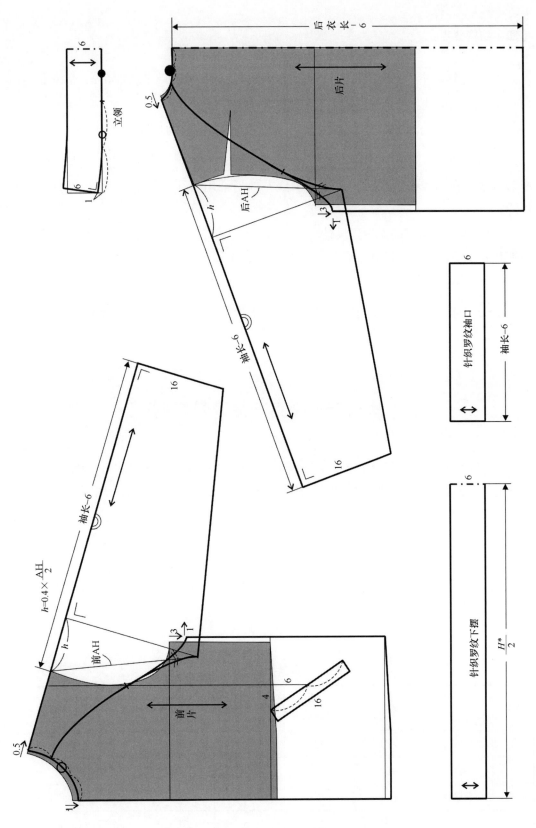

图6-18 运动夹克结构

（四）结构要点

（1）总体：本款夹克造型较宽松，胸围在夹克原型的基础上增加4cm；后衣长=$\frac{2}{5}$×号+2cm，或根据款式比例确定，衣身下摆与原型的腰线平行。

（2）袖窿：与加大的胸围相适应，并配合插肩袖，袖窿加深3cm。

（3）插肩袖：采用前后一体的低袖山插肩袖，袖山高$h=0.4\times\frac{AH}{2}$；为了前后袖片能够拼合，在肩线的延长线上确定袖中线；前后袖山斜线分别对应调整后的袖窿弧线长度。

（4）大袋：口袋的人性化设计，需要从大小、位置、方向等方面综合考虑，要求方便着装者双手的出入。该款外套斜袋口大16cm，上口位于腰围线，袋口中点与原型的前宽线相交，袋口斜度约35°（6∶4）。

（5）下摆：针织罗纹下摆弹性较好，自然状态下长度=净臀围或者取$\frac{2}{3}$×衣身下摆长度。

第三节　夹克产品开发实例

本节以翻领夹克为例，介绍夹克产品开发的主要内容。包括成品尺寸和纸样设计尺寸的确定、面辅料的选用、纸样的调整、生产用样板的放缝、排料方案及生产制造单的制定等环节。

一、规格设计

表6-7提供了翻领夹克各部位加放容量的参考值。实际操作时可根据面料特性及工艺特征适当调整。

表6-7　成品规格与纸样规格　　　　　　单位：cm

序号	项目部位	公差	成品规格(170/88A)	加入容量值	纸样规格	测量方法
1	后中长	±1.0	68	1.0	69	后中测量
2	肩宽	±0.8	47	0.6	47.6	水平测量
3	前胸宽	±0.8	20.2	0.5	20.7	肩点下13cm水平测量
4	后背宽	±0.8	21.7	0.5	22.2	后中下10cm水平测量

续表

序号	项目 部位	公差	成品规格 (170/88A)	加入容量值	纸样规格	测量方法
5	胸围	± 2.0	108	1.5	109.5	袖窿底点下 2.5cm 测量
6	胸围	± 2.0	108	1.5	109.5	袖窿底点测量
7	腰节线	± 0.5	42.5	0.5	43	后中向下测量
8	底边围	± 2.0	102	1.5	103.5	水平测量
9	袖长	± 0.8	60	0.5	60.5	肩顶点起测量
10	袖肥	± 0.8	40	0.7	40.7	袖窿底线下 2.5cm 处测量
11	袖肥	± 0.8	40.5	0.7	41.2	袖窿底线处测量
12	袖口围	± 0.8	26	0.5	26.5	水平测量
13	领围	± 0.7	45	0.6	45.6	沿领口缝线部位测量
14	领高	3.5+4.5				后中测量
15	袖头宽	6				—
16	袖衩	10				—

二、面辅料的选用

面料：涤粘混纺织物，用料长约150cm。

里料：涤丝纺，用料长约130cm。

衬料：机织布黏合衬，幅宽90cm，用料长约70cm。

无纺布黏合衬，幅宽90cm，长度约100cm。

其他：树脂纽扣7粒（袖口用扣4粒，里袋用扣2粒，备用1粒），分离式拉链一条（长度60cm），圆头软垫肩1副，主标、尺码标、洗涤标各一个。

三、样衣制作用样板

样衣生产用样板包括：面料裁剪样板、里料裁剪样板、衬料裁剪样板及生产用模具。制作裁剪用样板之前，需要对净样板的纸样进行必要的调整，确认纸样无误后加放缝份与贴边，得到毛样板。

（一）纸样处理

1. 翻领纸样

翻领纸样需要经过分片处理，具体方法如图6-19所示。

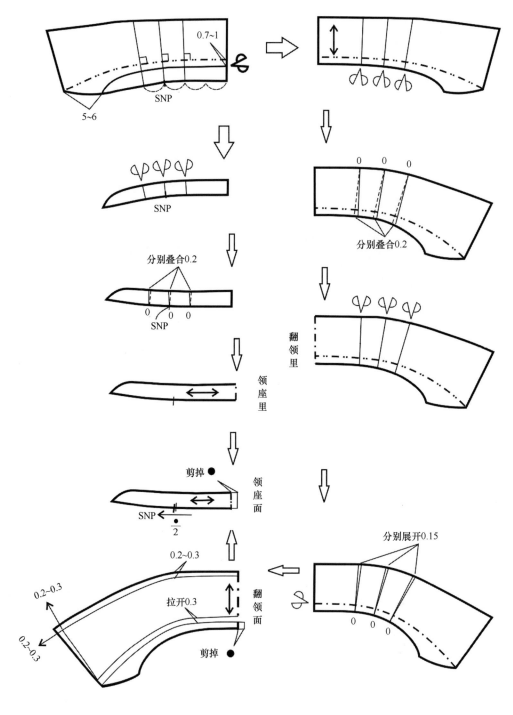

图6-19　翻领纸样调整

2. 里子纸样

里子纸样需要在净样板的基础上进行调整，具体方法如图6-20所示。其中袖里分割线位置的调整是为了做袖衩方便。

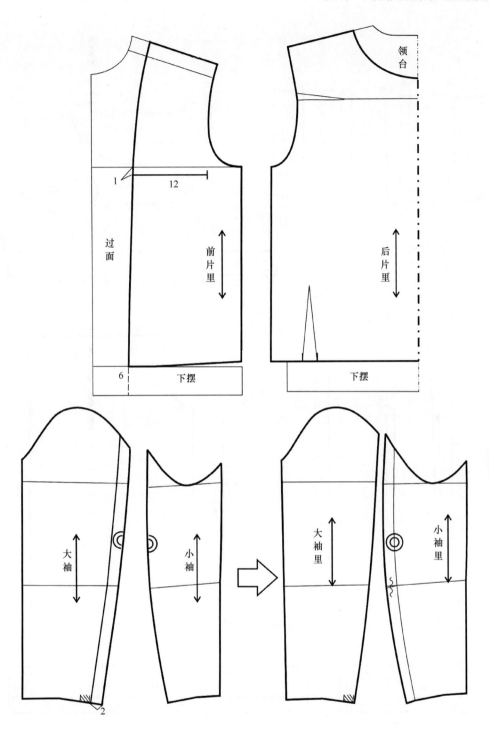

图6-20　里子纸样调整

（二）面料样板放缝

面料样板放缝如图6-21和图6-22所示。图中未特别标明的部位放缝量均为1.2cm，样板编号代码为C。

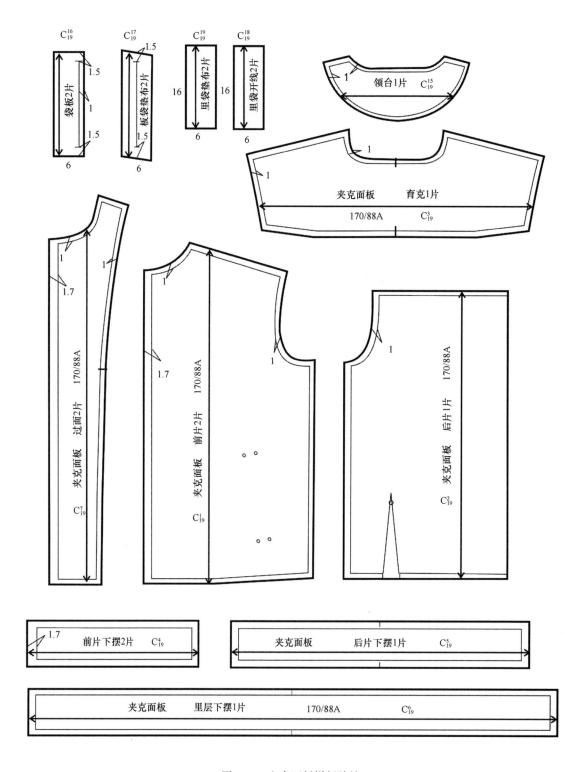

图6-21　衣身面料样板放缝

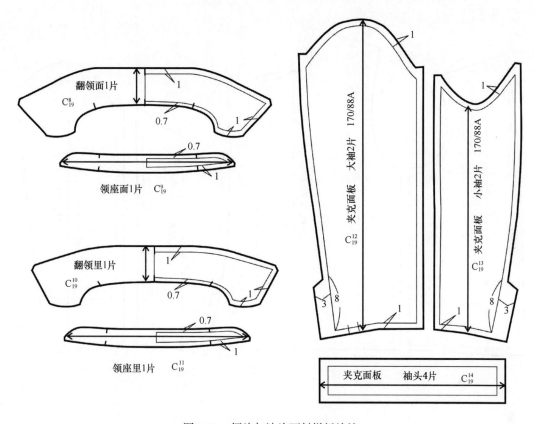

图6-22　领片与袖片面料样板放缝

（三）里料样板放缝

里料样板放缝如图6-23所示。图中未标明的部位放缝量均为1.5cm，样板编号代码为D。

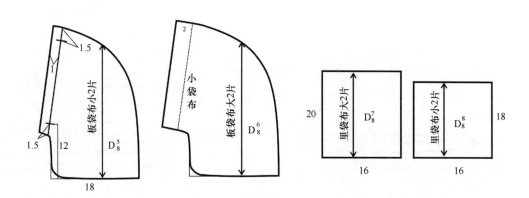

图6-23

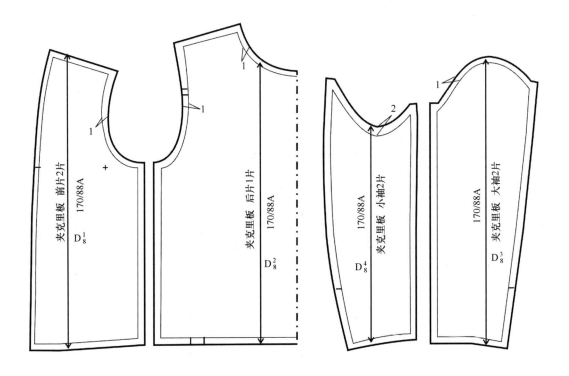

图6-23 里料样板放缝

（四）衬料样板

衬料样板如图6-24所示。机织布黏合衬编号代码为E，无纺布黏合衬编号代码为F。

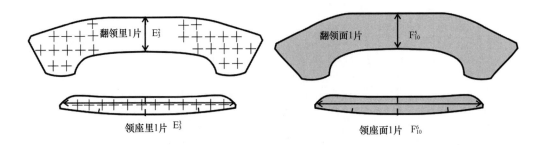

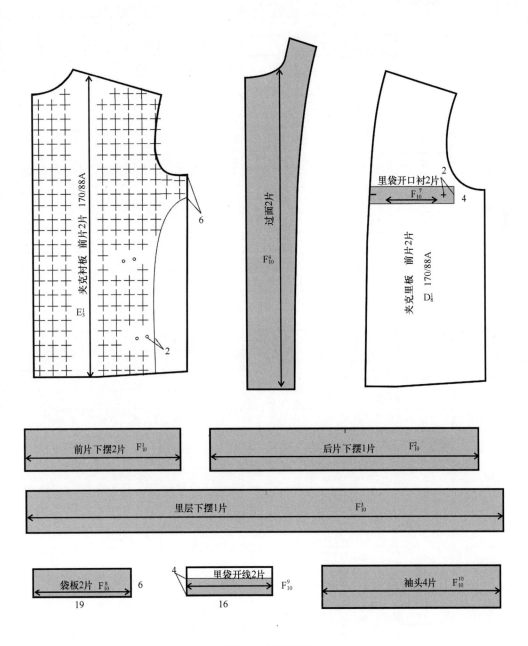

图6-24 衬料样板

（五）样板明细

样板制作完成后，应填写样板明细表（表6-8），并对照表格检查样板是否有遗漏，以确保生产的正常进行。

表6-8 翻领夹克样板明细

项目	序号	名称	裁片数	标记内容
面料样板（C）	1	前衣片	2	纱向、袋位
	2	后衣片	2	纱向、省位、后中
	3	育克	1	纱向、后中
	4	前片下摆	2	纱向
	5	后片下摆	1	纱向、后中
	6	里层下摆	1	纱向、后中
	7	过面	2	纱向、里袋位
	8	翻领领面	1	纱向、颈侧点、领后中点
	9	领座面	1	纱向、颈侧点、领后中点
	10	翻领领里	1	纱向、颈侧点、领后中点
	11	领座里	1	纱向、颈侧点、领后中点
	12	大袖片	2	纱向、袖口褶裥位
	13	小袖片	2	纱向
	14	袖头	4	纱向
	15	领台	1	纱向、后中
	16	袋板	2	纱向
	17	垫袋布	2	纱向
	18	里袋开线	2	纱向
	19	里袋垫布	2	纱向
里料样板（D）	1	前衣片	2	纱向、里袋位
	2	后衣片	2	纱向、肩省位、腰省位、后中
	3	大袖片	2	纱向、褶裥位、开衩位
	4	小袖片	2	纱向、褶裥位、开衩位
	5	板袋小袋布	2	纱向
	6	板袋大袋布	2	纱向
	7	里袋小袋布	2	纱向
	8	里袋大袋布	2	纱向
机织布黏合衬样板（E）	1	前衣片衬	2	纱向
	2	翻领里衬	1	
	3	领座里衬	1	
无纺布黏合衬样板（F）	1	前下摆衬	2	纱向
	2	后下摆衬	1	
	3	里层下摆衬	1	
	4	过面衬	2	
	5	翻领面衬	1	
	6	领座面衬	1	
	7	里袋口衬	2	
	8	袋板衬	1	
	9	里袋开线衬	2	
	10	袖头衬	4	

四、排料

排料时，要求样板齐全，数量准确，严格按照纱向要求，尽可能提高材料利用率。

（一）翻领夹克面料排料

翻领夹克面料排料如图6-25所示。

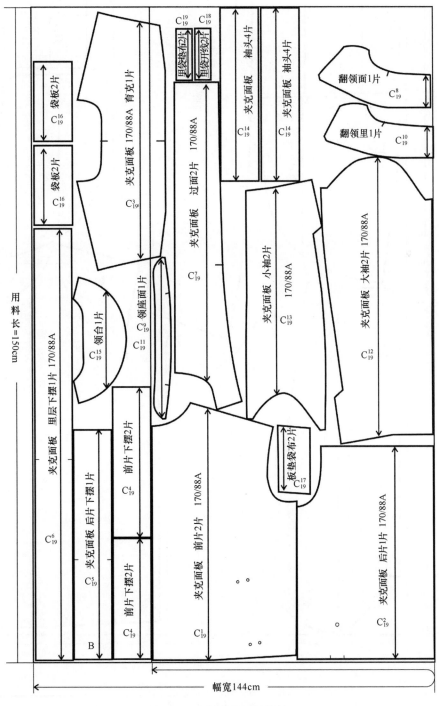

图6-25 翻领夹克面料排料

（二）翻领夹克里料排料

翻领夹克里料排料如图6-26所示。

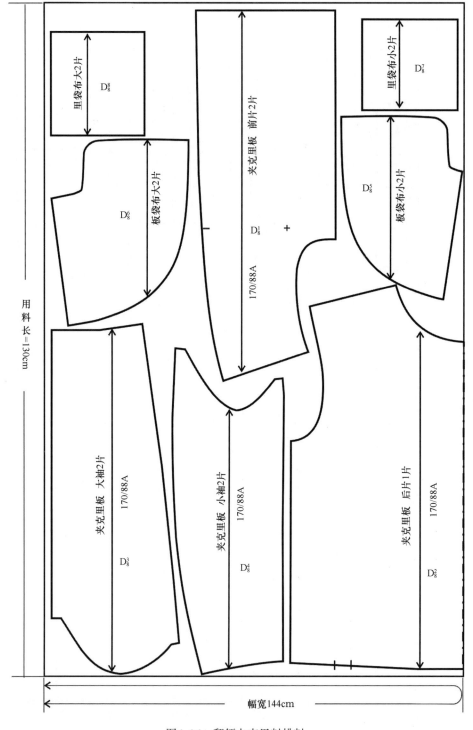

图6-26 翻领夹克里料排料

（三）翻领夹克衬料排料

机织布黏合衬料排料如图6-27所示。无纺布黏合衬料排料如图6-28所示。

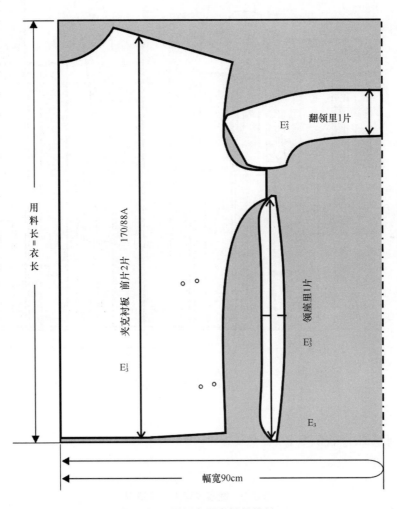

图6-27　机织布黏合衬料排料

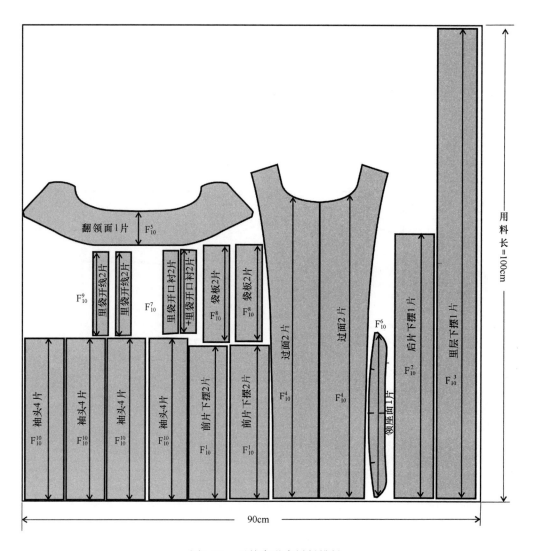

图6-28　无纺布黏合衬料排料

五、生产制造单（表6-9）

表6-9　翻领夹克生产制造单

翻领夹克生产制造单（一）	
供应商：××	款名：男式翻领夹克
款号：JKS2012	面料：涤黏混纺面料
备注：1. 产前板：M 码每色 2 件 　　　2. 船头板：M 码每色 1 件 　　　3. 留底板：M 码每色 2 件	4. 洗水方法：普洗 5. 大货生产前务必将产前板、物料卡、排料图、 　　放码网状图到我公司批复后方可开裁大货

续表

序号	号型 部位	公差	XS 160/80A	S 165/84A	M 170/88A	L 175/92A	XL 180/96A	XXL 185/100A	测量方法
1	后中长	±1.0	64	66	68	70	72	74	后中测量
2	肩宽	±0.8	44.6	45.8	47	48.2	49.4	50.6	水平测量
3	前胸宽	±0.8	19.0	19.6	20.2	20.8	21.4	22.0	肩点下13cm
4	后背宽	±0.8	20.5	21.1	21.7	22.3	22.9	23.5	后中下10cm
5	胸围	±2.0	100	104	108	112	116	120	袖窿底点下2.5cm测量
6	腰节线	±0.5	40.5	41.5	42.5	43.5	44.5	45.5	后中向下测量
7	底边围	±2.0	94	98	102	106	110	114	水平测量
8	袖窿弧长	±1.0	44.5	46.5	48.5	50.5	52.5	54.5	弧线测量
9	袖长	±0.8	57	58.5	60	61.5	63	64.5	肩顶点起测量
10	袖肥	±0.8	38.4	39.2	40	40.8	41.6	42.4	袖窿点下2.5cm测量
11	袖口围	±0.8	24.8	25.4	26	26.6	27.2	27.8	水平测量
12	领围	±0.7	42.6	43.8	45	46.2	47.4	48.6	沿领口缝线测量
13	领高	—	3.5+4.5						后中测量
14	袖头宽	—	6				—		
15	袖衩	—	10						

规格尺寸表（单位：cm）

翻领夹克生产制造单（二）

款号：JKS2012	款名：男式翻领夹克

生产工艺要求

1. 裁剪：避边中色差排唛架，所有的部位不接受色差。大货排料方法由我公司排料师指导
2. 统一针距：面线11针/3cm，所有的明线部位不接受接线
3. 粘衬部位：前片及领底粘机织布黏合衬，过面、下摆、袖头、领面、袋板、里袋开口补强及开线粘无纺布黏合衬
4. 纽扣：150D/3股丝光线钉纽扣，每孔8股线，平行钉
5. 线：缉主标配标底色线，其余缉线为B色

包装要求

1. 烫法

☑平烫　　□中骨烫　　□挂装烫法　　□扁烫　　□企领烫

描述：不可有烫黄、发硬、变色、激光、渗胶、折痕、起皱、潮湿（冷却后包装）等现象。

2. 包装方法

Ⅰ.☑折装　　□挂装

Ⅱ.☑每件入一胶袋（按规格分包装胶袋的颜色）

　　□其他

描述：每件成品，线头剪净全件扣好纽扣，上下对折，纽扣在外，大小适合胶袋尺寸，内衬拷贝纸，包装好后成品要折叠整齐、正确、干净。吊牌不可串码，顺序不可挂错（如图所示）

注意：价格牌在上，合格证在中，主挂牌在下，备扣袋在主挂牌下

3. 装箱方法

Ⅰ.单色单码__件入一外箱

　□双坑　　☑三坑　　□其他

Ⅱ.尾数单色杂码装箱

描述：

箱尺寸：__cm（长）×__cm（宽）×__cm（高）

　　　　箱的底层各放1块单坑纸板

　　　　除箱底面四边须用胶纸封箱外，再用封箱胶纸在箱底面贴十字

　　　　须用尼龙带打十字

图示：此图示仅供参考，包装方法照样衣

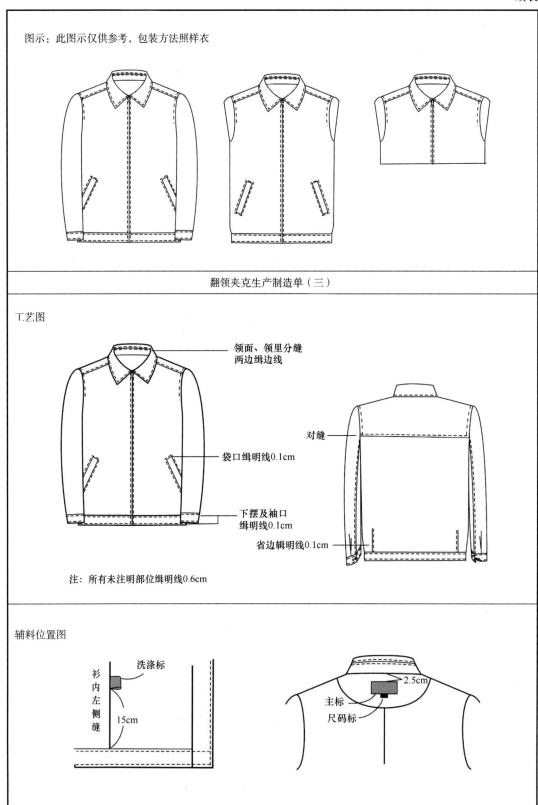

翻领夹克生产制造单（三）

工艺图

领面、领里分缝
两边缉边线

对缝

袋口缉明线0.1cm

下摆及袖口
缉明线0.1cm

省边缉明线0.1cm

注：所有未注明部位缉明线0.6cm

辅料位置图

洗涤标

衫内左侧缝

15cm

2.5cm

主标

尺码标

续表

翻领夹克生产制造单（四）						
款号：JKS2012			款名：男式翻领夹克			
色彩	A色（面料）	B色（里料）		C色（线色）		D色（纽扣色）
第一套色						黑色SC001

面料名称	面料编号	颜色	幅宽	用量	备注	供方
面料：涤黏混纺	待批复	—	144cm	150cm		厂供
里料：涤丝纺	待批复	—	144cm	130cm		厂供
机织布黏合衬	待批复	—	90cm	70cm	前片及领底	厂供
无纺布黏合衬	待批复	—	90cm	100cm	过面、下摆、袖头、领面、袋板、里袋开口补强及开线	厂供

物料名称	物料编号	规格	颜色	用量	备注	供方
四孔树脂扣	A101	1.5D	D色	6+1粒	袖口、里袋、备用	厂供
圆头软垫肩	A102	0.8H	B色	1付	—	厂供
铜齿拉链	A103	60CM	A色	1条	—	厂供
主标	SC11M005	—	黑色	1个	后中	客供
尺码标	SC11M016	分码	黑色	1个	—	客供
洗涤标	—	—	—	1个	—	厂供
面线	—	100D/3股	C色	—	7S丝光线	厂供
底线	—	603#	C色	—	—	厂供
主标线	—	150D/3股	C色	—	7S丝光线	厂供
主挂牌	—	—	配标底色	—	—	客供
价格牌	—	—	—	1个	—	客供
合格证	—	分码	—	1个	—	客供
吊粒	—	—	—	1个	—	厂供
拷贝纸	—	—	—	1张	—	厂供
胶夹	—	分码	分色	1个	—	厂供
胶袋	—	—	—	1个	备用	厂供
小胶袋	—	—	—	—	一箱2个	厂供
单坑纸板	—	—	—	—	—	厂供

六、样衣制作工艺流程框图

翻领夹克样衣制作工艺流程如图6-29所示。

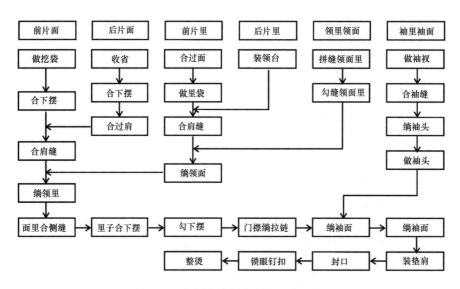

图6-29　翻领夹克样衣制作工艺流程

本章小结

■夹克作为男装的主要品类之一，造型一般都比较宽松，款式多样，按照用途可以分为常服夹克、工装夹克、运动夹克及风雨夹克等。

■翻领夹克作为简约风格的代表性男装，适合中老年男士穿着；整体造型较宽松，衣长过臀，衣身结构在夹克原型的基础上进行调整；重点为翻领结构及口袋的设计，难点为较贴体的一片袖结构（有肘省）。

■翻驳领夹克造型较贴体，款式时尚，富有个性；衣片结构直接在男装原型的基础上进行调整；重点及难点为驳领结构。

■工装夹克强调实用性，注意口袋的设计。

■运动夹克造型宽松，重点为一片式插肩袖结构。

思考题

1. 简述夹克款式的主要构成要素。

2. 说明翻领结构的制图过程。

3. 如何对应款式需要，实现育克与袖缝的顺接。

4. 说明对称制图在驳领结构中的意义。

5. 举例说明"比例法"在款式分解中的应用。

6. 本章出现的袖型有哪几种？分别说明各种袖型的结构特征。

7. 设计一款适合青年穿着的夹克并进行结构设计。

男西服结构设计与产品开发实例

课题名称： 男西服结构设计与产品开发实例

课题内容： 1. 男西服基础知识

2. 男西服结构设计

3. 男西服产品开发实例

课程时间： 20学时

学时分配： 1. 西服基础知识　1学时

2. 西服结构设计　15学时

3. 产品开发实例　4学时

教学目的： 通过教学，使学生了解西服的分类及其款式设计的构成因素，掌握常见西服的结构设计及开发程序。

教学方式： 1. 理论讲授

2. 市场调研

3. 实践操作

4. 实物讲评

教学要求： 1. 使学生系统地学习关于男西服的基础知识。

2. 使学生掌握西服结构设计的知识和具备较强的结构设计能力；包括如何审视款式图，依据款式特征进行成品规格设计，熟练利用西服原型及变化原理进行结构设计。

3. 使学生通过开发实例的学习，掌握西服开发的程序和方法。

4. 使学生把握西服的流行因素，并能利用这些因素进行创新设计。

5. 使学生具备较全面的服装材料的知识和选用能力。

课前准备： 复习已学的服装结构、人体构成、服装材料和服装市场营销方面的知识；查阅男西服设计、结构和搭配等方面的有关资料；了解西服市场情况，收集有关西服市场信息。

第七章　男西服结构设计与产品开发实例

第一节　男西服基础知识

一、分类

男西服是指用同一种面料制成的套装，由上装、马甲和裤子组成，称为三件套（西服套装），它诞生于19世纪50年代的英国，由产生于18世纪到19世纪初的礼服派生而来。当时，男装款式趋向简洁、庄重和考究，所以，三件套西装就成为男士们的日常着装和礼服。在造型上上装基本延续了晨礼服的形式。从它诞生到现在经历了200多年的历史，始终在不断地流行和完善，在20世纪20～30年代形成了现代套装的原型，成为日常装中的正统装束。由于套装提供了广泛的搭配和各种形式组合的可能，从正式到非正式场合几乎都能穿用，因此从欧洲影响到国际社会，成为国际公共场合指导性的服装，所以也可把西服称作国际服。

1. 三件套的基本外形结构形式

如图7-1所示，三件套的上装衣身廓型呈X型，单排两粒扣，平驳领，圆下摆，左胸设一手巾袋，腰下部左右对称各设一个带盖双开线挖袋，左右各设一腰省，后中破缝，下设开衩（或无开衩），衣身为三开身，袖子为两片式合体美观圆装袖，后袖缝袖口处设一

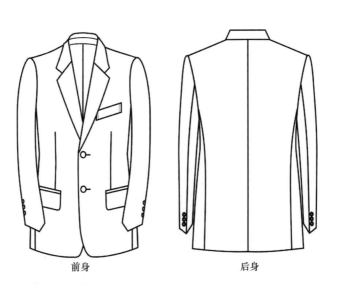

前身　　　　　　　后身

图7-1　西服上衣的基本结构形式

袖衩，在大袖片一侧钉三粒装饰扣。马甲的前襟钉五粒或六粒扣，胸部和腰部左右各对称设一板式挖袋。裤子为单脚或翻脚裤，前身侧缝腰部左右各设一斜插袋，后身臀部左右各对称设一单开线或双开线挖袋，只在左边口袋上设一粒扣。该套西装给人以张弛有度的外观廓型，设计简约，显得亲切温和，浪漫而有风度，在经典中散发着文化氛围和时尚气息，并恰到好处地突出精致装饰，是男西服的基本型。

2. 西服变化系列

在基本型的基础上，根据礼仪规格、穿着习惯、市场流行和个人爱好进行组合和结构上的变通。如单排两粒扣可改成一粒扣、三粒扣、四粒扣，着装效果仍不失其优雅风格，如图7-2所示。也可改成双排四粒扣或六粒扣戗驳领或半枪驳领，方平下摆，下袋为无盖双开线挖袋结构形式，另外戗驳领还可与单排扣组合，如图7-3所示。从这类西服中可感觉到礼服的影子，因而他们具有礼服型的着装风格，但与典型的礼服相比，它又不受时间

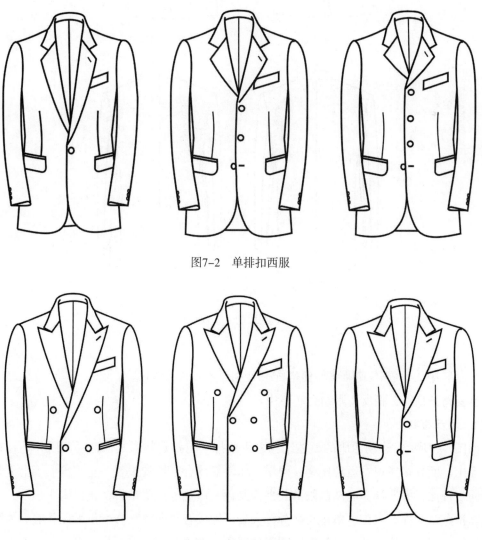

图7-2　单排扣西服

图7-3　戗驳领西服

和搭配限制，可作为日常礼服穿着。西服的袖衩装饰扣可设一粒到四粒，扣数越多，礼仪度越高。后开衩可设成中开衩、明开衩、侧开衩和无开衩，如图7-4所示。

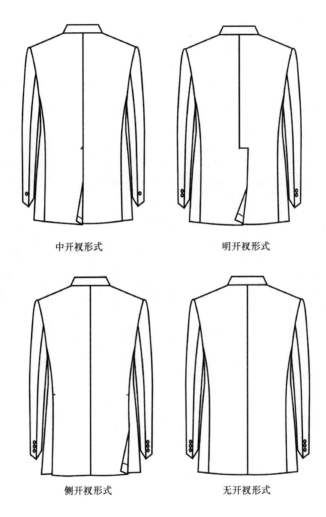

中开衩形式   明开衩形式

侧开衩形式   无开衩形式

图7-4　西服的后开衩形式

在套装中无论整体或局部如何搭配和变通，有一个原则是不变的，即套装越趋向礼服，越要整齐划一，相反，则组合越自由。

3. 运动西服

如图7-5所示，运动西服的整体结构采用单排三粒扣套装形式，运动西服并不是在运动时穿用，而是多在观看运动比赛、娱乐、休闲等场合穿用的服装。它不拘泥于上下装必须用同一种面料的选择。运动西服上装多为蓝色及白色等，明贴袋，止口缉明线是其工艺的基本特点，式样有双排、单排扣之分，大袋可做成有袋盖的贴袋，也可无袋盖，为增加运动气氛，纽扣多选用带有专门设计图案的铜扣，袖衩装饰扣以两粒为准，在以上程式要求下的局部变化和普通西装相同，但在风格上强调亲切、愉快和自然的趣味，因此运动西服形成了从礼服到便装的系列装。

运动西服的另一个突出特点是它的社团性，他经常作为体育团体、俱乐部、职业公关人员、学校和公司职员的制服，军服也是在这个基础上确立的。其象征性的主要表达方式是：不同的社团采用不同标志的徽章，通常设在衣片的左胸部或左袖上部。徽章的设计和配置是较讲究的，不得乱用，如对称、大面积使用都会破坏它的功能。徽章的图案主要采用桂树叶做地纹，这是根据古希腊在竞技中用桂树叶编制的王冠奖励胜利者，以象征胜利者举世无双而来。社团的标志或文字作为主纹样，格调要高雅，要有一种团结奋进的精神，文字以拉丁文为准。徽章的造型分

图7-5 运动西装

为象形型和几何型两类。象形型有甲胄、盾牌、马首等形状，几何型有长方形、圆形和组合形。造型的选择要根据社团性质和特点而定，一般竞技、对抗性强的采用象形型徽章较多，职业性、公关性强的多选用几何型徽章，同时，金属扣的图案也要和徽章统一起来。如组图7-6所示。

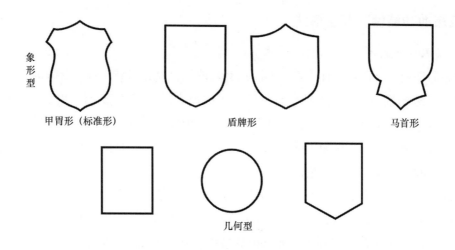

图7-6 运动西服徽章的基本形式

4. 轻便西服

还有一类西服是轻便西服（休闲西服），如图7-7所示。其上下装可由不同面料及式样组合穿用，轻松便捷，不受场合、时间的约束，很适合我国国情。该类西服程式化的限制很少，能充分体现穿着者的个性。它的上装款式为单排两粒、三粒或四粒扣宽平驳领，大袋和胸袋可改为贴袋，前后肩部可断开，后片腰部可设装饰腰带。后背侧胁缝可做成活

褶，袖肘部可贴皮革补丁，止口缉明线，后中部可设开衩，也可在两胁设侧开衩，局部式样可随喜好进行设计。轻便西服也可做成基本型西服的式样，但面料要选择格料或其他图案的面料。下装可替换不同种类的裤子，如普通西裤、牛仔裤或高尔夫球短裤等。

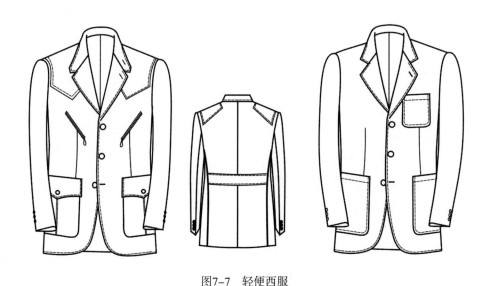

图7-7 轻便西服

二、西服的功能性和穿着形式

1. 西服的功能性

男装的任何一个局部设计，都不能脱离其功能性，这是男装区别于女装的一个重要方面，也是男装的魅力所在。有些设计尽管已失去原有的使用功能，但却以一种潜在的功能，揭示着历史和文化，我们可以从西服中任何一个局部的设计寻找出其原始的依据。从西服整体表面上看，原纯属使用的结构，几乎都不以使用作为目的而存在着，它的目的在于表现使用的美和保证外观的整体潇洒。

胸部的手巾袋，事实上并不是装手帕用的，而是为使整体色调协调。装饰巾在结构上和套装没什么联系，但和胸袋结合便成为一个整体。装饰巾的颜色应和领带相同，也可采用与整体色调同色系偏艳的颜色。装饰巾的暴露形状，如图7-8所示。可根据场合的气氛选择六种之一。

西服的两个大袋在结构上完全具备使用功能，但在一般情况下为保持外观平整是不使用的。有时左侧大袋上边设一个小袋，原是作为放小钱的，现在也成为一种运动型西服的异趣。在领型中，无论是平驳领还是戗驳领，原来可以扣合用以保暖，驳角的扣眼迹就是这种功能的残留，双排扣的驳角都有扣眼迹，说明在里襟也要扣合固定。现在其用途虽不复存在，但没有它似乎结构就不够完整。另外还有一种带领襻的领型，常用在运动西服上，也是这种功能的遗留。袖衩的装饰扣和扣眼迹、后开衩等都是为当时使用的方便和安

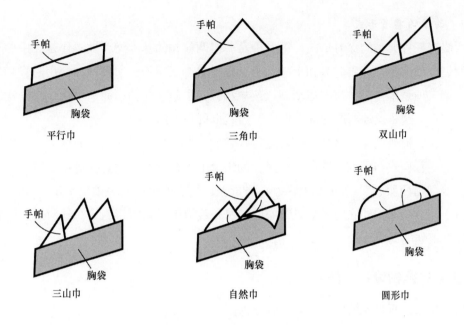

图7-8　装饰巾的基本装饰形式

全舒适而设计的。今天它们都已成为一种男西服的造型方法和设计语言，是在穿着上区别于女装的标志。

　　然而，西服并不因为人为地将其外部部件功能剥夺而不需要这些功能。从造型美学来考虑，西服外观的功能之美在于不破坏穿着者的整体气质和风度。因此，凡外表具有使用功能的结构，都不使用其应有的功能，而将使用功能设计在服装内部，如西装内设的几个不同用途的内袋。现代男装追求简洁、轻便，内部的实用结构有所简化，如一些休闲西服的里子由全夹里设计成半夹里结构，如图7-9所示。

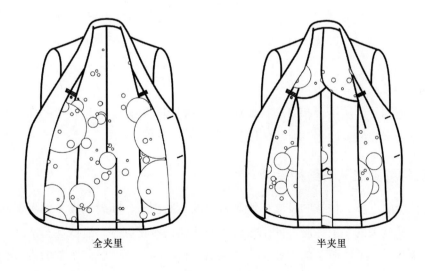

图7-9　西装夹里

2. 西服的穿着形式

西服有三种典型的穿着形式，第一种是单排两粒扣的基本型，被看作是"中性"装，使用的场合最广泛，穿着时只扣上扣；第二种是单排三粒扣的便装型，使用时只扣最上两粒扣；第三种是单排三粒扣的运动型，三粒扣只扣中间一粒扣，而上下两粒扣的实用功能已名存实亡。这是运动西服的标准形式，当然也可扣上两粒扣。

除上述三种典型穿法之外，还可进行各种趣味的搭配，但无论如何变化，它们都有一个共同的穿着程式和标准。在套装与衬衫的组合上，衬衫的下摆要塞进裤子里，整装后，衬衣领要高出西服领1~2cm（从后中心测量），衬衣袖口比西服袖口长出1~2cm。这主要是出于礼节和保护外衣的考虑。背心的前身长度以不暴露腰带为宜。这对这些服装的结构设计有很强的约束性。

三、西服的结构设计方法

归纳起来，西服的结构设计方法有三种。

1. 平面设计法

是指把人体与服装的三维立体关系用平面的方法制出纸样来。目前最常用的比例式裁剪就属于平面设计法。而在比例式裁剪中应用较普遍的是胸度法，它是基于标准人体的横向部位尺寸与胸围存在着较固定的比例关系，而把胸围尺寸作为决定衣片各横向部位尺寸的基准，把身高（号）的尺寸作为衣片某些纵向尺寸的基准进行衣片制样。这样可达到整体与部位的协调与连接。制得的纸样做成服装更接近人体的标准型。原型法也是目前应用较广泛的一种比例式裁剪法。它比我国以前使用的比例式裁剪法更科学，更合人体，体现了服装结构以人为本的设计思想。该方法的优点是比较简便、快捷。缺点是准确度不够，纸样很难达到一次性到位的要求，往往要经过多次试样来修正和完善。

2. 立体裁剪法

是用白布或面料覆盖在人体或人台上，按款式要求直接进行裁剪。其特点是立体直观，准确度高，易修改调整，且能较好解决在平面设计中难于处理的技术问题。缺点是较费时费料。

3. 平面—立体结合法

是将上述两种方法结合起来进行使用，以达到相互补充、取长补短的理想效果。这种方法尤其适合服装的个性化一对一的服务。

四、西服的缝制工艺与结构设计

随着社会的进步，科技的发展，服装材料的不断创新，新缝制设备的不断问世，服装缝制工艺已从过去的手工缝制发展到今天很发达的机械化缝制，有些甚至达到自动化、智能化缝制水平。这就给服装的工业化生产创造了很好的条件，缝制工艺的进步必然要求结构设计做出相应的创新和变化，如结构设计如何适应由过去的裁缝店量体裁衣向工业化、标准化、优质高产的转变。过去西装所用面料都是毛料，而现在可用各种纤维制作的面料，它们的缝制性能、熨烫性能各不相同，同样所用的辅料也非常丰富，其工艺方法和性能也各不相同。加之我国劳动力成本不断上升，服装加工者队伍不稳定，缝制技术参差不齐，服装行业又具有劳动密集型的特点。如何适应上述变化和未知的一些变化也是结构设计所面临的重大课题。所以服装结构设计理论和技术必须与服装工艺、服装材料、服装市场与时俱进。

五、西服的面辅料与结构设计

随着社会的快速发展，现代男士着装观念已发生重大改变，他们对服装的外观造型和服装的品质要求越来越高。要满足人们不断提高的欲望和追求，单从一方面入手是不可能达到的。除上述的设备、工艺之外，很重要的一个方面就是面料和辅料的选配。如现代西服追求软、薄、轻、挺、圆、顺、匀等标准。要达到这样的要求，就必须研究面料和辅料的配伍和加工方法，并把它们与结构设计结合起来。面料要选择重量较轻、手感柔顺、富有弹性、悬垂性良好的面料。辅料要选手感更柔、更轻盈、保型好、透气吸湿好的衬料。选触感好、柔滑、吸湿透气、卫生性能好的里料。同时还要兼顾材料成本。

六、西服的创新点

创新是服装界永久的课题，那么如何创新又是个操作难题。笔者认为，服装创新包括四个方面。

（一）款式创新

对于有200多年历史的男西服来说，这方面创新难度确实很大，西服是国际性服装，外形创新要想得到认可，需具备很强的设计实力和高的世界知名度，但也不是高不可攀的，只要你所面对的消费市场认可接受就行。款式创新要尊重西服原有的程式化的元素。如衣身廓型，胸袋和大袋，领子和袖子的设计，三开身结构等。在这个前提下，可以从合体度、腰线位置、驳头的宽窄与高低、肩的宽窄与倾斜程度等进行变化。这种变化更适合于休闲西服。

（二）功能创新

对于西服，其实用功能更多是在衣服内部做文章，如口袋的设计。

（三）结构创新

结构是为款式和工艺服务的，有什么样的款式和工艺要求就要有相应的结构设计方法。

（四）材料创新

款式的造型色彩创新还必须通过合适的材料选配、结构设计和工艺措施来实现。

（五）工艺创新

对于新款式、新结构、新材料，必须用适合的设备和相应的工艺措施来实现。

款式设计创新是龙头，结构创新是桥梁，材料创新是关键，工艺创新是保证。

第二节　男西服结构设计

一、标准男西服

（一）款式说明

如图7-10所示，这是一款经典式的男西服，被认为是标准男西服。衣身轮廓呈X型，较贴体，吸腰且后身强于前身，单排两粒扣，平驳头，圆角下摆，左胸部设一板式胸袋，腰下部两侧各设一双嵌线夹袋盖挖袋，左右胸腰部各设一腰省。后中破缝，整个衣身由后片、前片和侧片构成（称三开身结构），肩部内衬薄垫肩，袖子为两片式美观合体圆装袖，袖口开衩，袖口门襟侧钉装饰扣三粒，全夹里。

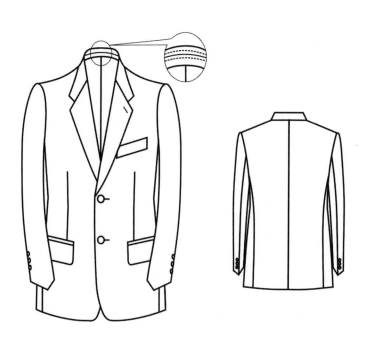

图7-10　标准男西服的款式

（二）制图规格

标准男西服制图规格见表7-1。

表7-1　标准男西服的制图规格　　　　　　　　　　　　　　　　单位：cm

号/型	后衣长（L）	背长	胸围（B）	肩宽（S）	袖长（SL）	袖口（CW）	底领（a）	翻领（b）
170/88A	75	42.5	104	46	59	14.5	2.5	3.5

（三）结构制图

标准男西服衣身结构如图7-11所示，西服原型见本书图3-15。

标准男西服袖片结构如图7-12所示。

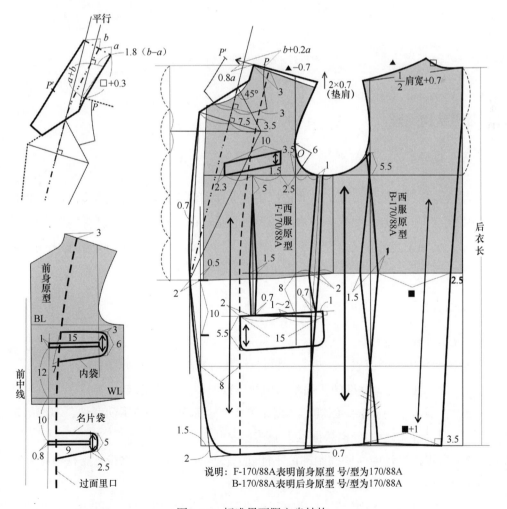

说明：F-170/88A表明前身原型 号/型为170/88A
　　　B-170/88A表明后身原型 号/型为170/88A

图7-11　标准男西服衣身结构

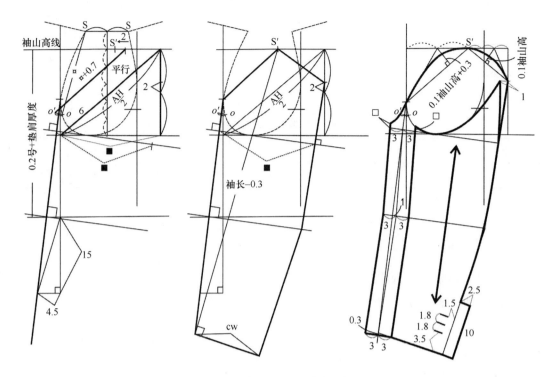

图7-12　标准男西服袖片结构

二、西服结构原理

（一）原型处理

原型法结构设计的方法是，先要依据不同人体用科学方法制出男装原型，再根据不同类别的服装的不同特点和要求，对男装原型进行适当的处理，制出该类服装的原型。如对于男西服，就要先制出男西服原型，再以该原型为基础按一定的原理进行变化制出各类款式的西服。西服原型的处理及原理在本书的第三章已讲述，这里不再介绍。

（二）成品规格设计

1. 规格设计原则

对于工业化生产的西服，在进行规格设计时要遵循以下几点原则：

（1）国家服装号型标准中已确定的中间体数据不能随意更改。

（2）在服装号型标准中已规定号型系列为5·4系列和5·2系列两种，不能另定别的系列。同时服装各部位的分档数据也不能随意变更。

（3）在规格设计中一些控制部位不能随意变动，但由于规格设计方法有多样性，因此，控制部位可以有所调整。

但对于个体服务对象则不受上述限制，当然可以参考国家号型标准中的一些数据。

2. 男子中间体西服规格设计

男子中间体西服规格设计主要是依据服装款式图中服装各有关部位与人体相关部位的比例关系来进行，具体方法以参照物不同而不同。总结起来有以下几种方法。

（1）按头长与身长的比例来设计：男子的中间身高为170cm，将其分成7.3个头长，头长是23.3cm。通过估算服装某部位与头长的比例关系对其规格进行大致的估算。一般来说，这种方法适于通过估算服装某个部位的长度与头长的比例估算其长度规格值。

（2）按与人体腰围线的相互关系进行设计：在服装款式图中，将腰围线的位置标出，估算出其在服装中与其他部位的比例而设计出其他部位的规格尺寸。

（3）按与身高或体高和净胸围的相互关系进行设计：通过用服装相关长度与身高的比例关系设计各部位的长度规格，用净体胸围与服装横向相关部位的比例关系设计围度及宽度规格。

3. 规格设计举例

（1）后衣长（L）

方法1. $L=0.4 \times$ 号+（6~8）cm

方法2. $L=\dfrac{FL}{2}+（3~4）$cm

式中FL为总体高（颈椎点高），可在国家号型标准中查到，男子中间体（170/88A）的总体高是145cm。

方法3. $L=2 \times$ 背长$-\dfrac{1}{2}$腋深值+（2~3）cm，如图7-13所示。

背长=颈椎点高-腰围高（国家号型标准），腋深值=0.1×号+8cm。

（2）袖长（SL）　$SL=0.3 \times$ 号+（7~8）cm+垫肩有效厚度（垫肩有效厚度=实际厚度×0.7）

（3）胸围（B）　较贴体型：$B=B*$+内衣容纳量+（12~16）cm

较宽松型：$B=B*$+内衣容纳量+（16~20）cm

（$B*$——净体胸围，内衣容纳量=2cm）

（4）胸腰差　较吸腰型：$B-W=8~12$cm

宽腰型：$B-W=0~8$cm

（5）臀围（H）　$H=B+2$cm　（X造型）

（6）肩宽（S）　$S=0.3B*$+17.6+（2~4）cm放

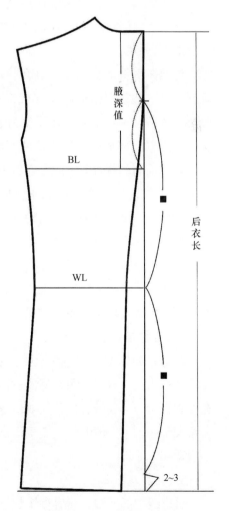

图7-13　后衣长确定方法三

松量（较贴体、较宽松造型）

（7）袖口（*CW*）*CW*=0.1（B*+内衣容纳量）+（4～5）cm

（8）肩斜度　平均肩斜度为20°，前肩斜18°，后肩斜22°。

（三）部位尺寸计算及制图原理

1. 后袖窿深

后袖笼深=0.1号+8cm，是纵向尺寸，与号成一定比例，且增减与号型同步变化，也与人体同步，这样经推板得到的结构图造型准确、美观。

2. 横领宽、直领深

后横领宽=$\dfrac{B*}{12}$+0.9cm，后直领深=$\dfrac{后横领宽}{3}$；前横领宽=后横领宽−0.3cm,前直领深=后横领宽+0.5cm。选择*B**为基准进行比例计算，符合人体围度与胸围比例较稳定的规律，其增减也符合服装领围增减。后领宽大于前领宽：目的是为消除前领圈在领窝处的松量，一般后横领宽大于前横领宽0.3～1cm，这样处理后，当肩缝缝合后，前领宽被拉向后领宽，从而达到消除前领圈不平的目的。领圈服帖为装领后领子平服打好结构基础。

3. 肩斜线

标准体肩斜是20°，本书肩斜线是按横向与纵向垂直比例值来确定肩斜线斜度的。前肩斜度22°，按横纵向比15：6确定；后肩斜度18°，按横纵向15：5确定。而西装肩部一般要加垫肩，一般垫肩有效厚度为0.7cm。从视觉原理方面考虑，为减小肩缝对视觉的干扰，给人以肩部平挺的视觉效果，加之考虑前后肩对条需要，肩缝要后置，结构处理方法就是，前肩斜提高1cm，后肩斜下落1cm。即使这样，制得的服装立体肩斜应比人体实际肩斜小1°左右，这是肩部的松量，便于肩部活动。

肩部是西服衣身最难处理的部位之一，肩部造型关系到西服的美观与舒适，肩部周围是承受整件衣服重量的主要部位，尤其是肩斜线更是承受衣服重量最多的部位，肩部处理合适，重量分布均匀，就不会有压迫感。如肩斜小，重量集中在颈部周围，压力增大，穿着不舒适，后背腋下还会出现斜皱；如肩斜增大，重量集中在肩部，肩头有压迫感，穿着不舒适，且后背领肩部还会出现横向水纹皱。

4. 肩宽与背宽

西服肩宽与背宽不是各自独立的关系，是相互制约，相互协调，与人体肩、背宽尺寸关系密切相关。对于西服，肩宽=净宽+（2～3）cm（净宽为0.3*B**+17.6），而肩宽大于背宽控制在3.5～4cm较合体且美观。据此，后冲肩宽为2cm左右较合适，这样后肩斜与袖窿夹角大于90°（一般95°左右）。加之后肩斜会有0.7～1cm省（缝缩量），前小肩宽按后小肩宽−0.7而定。

5. 肩斜线形状

后肩线中部下凹，前肩直线状。这样处理的目的：

（1）服装制成后肩缝合乎人体肩部呈弓形状特征；

（2）缝制加归拔处理后，前肩区中部下凹，后肩背部凸起，这样使得服装前肩部下凹，正合人体前肩部下凹的形体特征。服装肩部服帖合体，更显高雅。

6. 后背缝线

后中线是由圆润的曲线与直线组成的，没有过多的尺寸要求，但画起来不太容易。那么，这条线是怎么得来的？是很值得探讨的问题。

如图7-14所示，我们用角尺测量后背，将尺的短臂搭放在SNP处，长臂过背部高点，与地面垂直。可看到，SNP与角尺之间的间隙，称之为颈入（标准体一般为6cm），腰位、臀位与角尺之间的间隙称为腰入（标准体为5cm）和臀入（标准体为1.5cm）。

考虑到衣片在缝制过程中，后肩部归缩，后袖窿归烫和背高线处归烫和加垫肩的需要，及颈部要留有一定量的空隙，腰臀同样要留有部分空间。在画后中线时，颈入量为 $\frac{1}{6}$ 颈入值，腰入量为 $\frac{1}{5}$ 腰入值（考虑松量和拔烫后收缩），臀入量为 $\frac{1}{3}$ 臀入值（稍归短）。

考虑到衣片排料、外观效果，常常将颈窝至背高线区后中线画成直线。为此，将后中竖直线以背高线与后中线交点为圆心，到颈窝点距离为半径，向外旋转1cm。就得到现在我们所看到的后中线。但要注意，要达到后中部符合背部体型，加工时需施加工艺归拔手段。

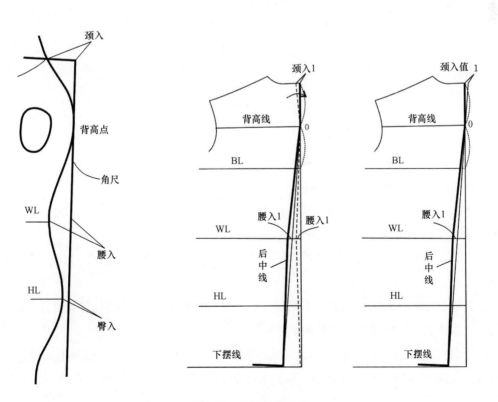

图7-14 西服的后中线

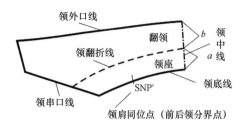

图7-15 翻折领结构线名称

7. 领子的制图原理

（1）翻折领：如图7-15所示，西服领属翻折领。因它与衣身驳头缝合后连为一体，故称翻驳领；又因驳头在衣身上，所以在衣身领圈上进行领和驳头的制图实用而科学。

领座与翻领两部分在翻折线处是连为一体的，翻折线是两部分的公用线，又是领的关键线。翻折线画得准确与否是领子制图的关键，而翻折线的形状是决定领型的关键之一。

领翻折线分为前后两部分，后领翻折线基本是直线，而前领翻折线可为直线形、弧线形，也可为直—弧线混合形。在前后分界点SNP′前后一定是弧线形的。如图7-15所示图中的SNP′称领肩同位点，缝缀领子时与衣身的SNP对位。

（2）颈侧部位的领座状态：如图7-16所示，以衣身颈肩点SNP为界，装在前领圈的领为前领，装在后领圈的为后领。该处的领座状态对领子准确制图尤为重要。其状态可用领座与垂向线之间夹角的大小来表达，据此可将其分为三种情况：

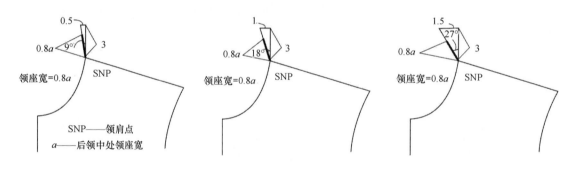

图7-16 颈侧部位的领座状态

①较合体领（领座与垂向线间夹角为9°，称9°领）。

②合体领（领座与垂向线间夹角为18°，称18°领）。

③过度合体领（领座与垂向线间夹角为27°，称27°领）。在制27°领时，为使领折线不压迫颈部，应适当增加横领宽0.5~1cm左右。

（3）翻折基点（驳基点）的确定：设后领中处领座宽为a，翻领宽为b。以合体领为例：

①确定衣身SNP处领座斜度与高度，该处领座高度为后领中处领座高的0.8倍。此时，领座在立体状态下的高点即为该处的翻折点。

②以翻折点为圆心，以此处翻领宽为半径画弧（该处的翻领大于后领中处翻领宽，一般为$b+0.2a$）与肩斜线交于P点，该点实际就是在穿着状态下，翻领在肩斜线上的位置点。

③再以P为圆心，以翻领宽为半径画弧，交于肩斜线延长线上，设为P′，P′点即为所要求的翻折基点。可以把它理解为领子P点位置不变，将立体的领子在肩部铺成平面的状态。如图7-17所示。

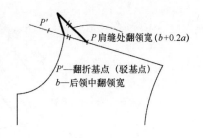

P肩缝处翻领宽（b+0.2a）
P′—翻折基点（驳基点）
b—后领中翻领宽

图7-17　翻折基点的确定

可以想到，领座斜度不同，P点位置不同（夹角越大，P距SNP越近，夹角越小，P距SNP越远），P′点到SNP距离也不同。实际制图时，不需这么烦琐，只要将肩斜线向SNP方向延长，从SNP向外量取一定距离便可定此点。总结起来，该值在合体领为0.8a，过分合体领小于0.8a，较合体领时大于0.8a。

（4）前领及前领圈确定：如图7-18所示，找到P′点，将驳口点N与P′点直线连接，所成线为前领和驳头的翻折线。过SNP向下作翻折线平行线为前纵向领圈基础线。根据设计，确定前领的形状、位置、尺寸大小和驳头。过P点做翻折线垂线，定出P的对称点P″，以翻折线为对称轴，将翻领和驳头翻转至翻折线另一侧，使领子、驳头在串口线完全对合状态下处于平面状。画出前领和驳头，延长串口线与纵向领圈相交，成为完整的领圈线。然后以P′为圆心，以N为半径画弧，交肩斜线为SNP′（该点实际就是领座的领肩同位点，也就是领座的前后领分界点）。

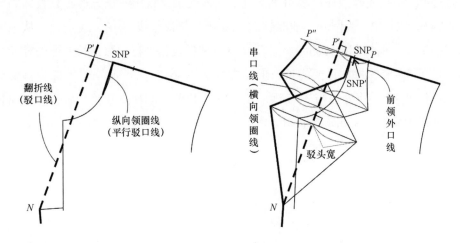

图7-18　前领及前领圈确定

（5）画后领：如图7-19所示，按照在肩斜线上确定前领座方法，在后衣身肩斜线上定领座、翻领、找P点。在后中线上找D点，画出翻领外口线，领座底线和后领翻折线，量取P—D的弧长和后领圈长。

（6）前后领整合：如图7-19所示，以前领座SNP′点为圆心，后领圈长为半径画弧，以P″为圆心，以翻领外口（P-D）弧长为半径画弧，两弧相交，作两弧的公切线。分别过SNP′、P″点引公切线的垂线，使两垂线间切线长为a+b，该段线为后领中线。另两垂线分别为后领外口线和后领座底线，在后领中线上找到翻折点与翻折基点连接、弧线

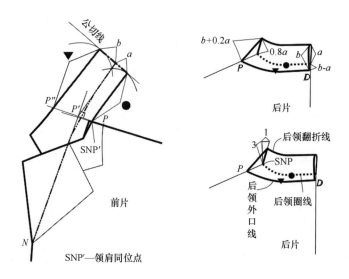

图7-19 画后领和前后领整合

修顺，为后领翻折线。过SNP′与前领圈拐点连顺，在P″点将前后领外口线连顺。完整的翻折领就完成了。

（7）制领原理：实际制领时，不必这样烦琐。如图7-20所示，从上述方法制的领子图中，过SNP′做垂线与领外口线相交（也垂于该线），得出一长方形，其长即为后领座长，宽为a+b。以SNP′为圆心，逆时针向上旋转，使得垂线与PP″线重合，从中可以发现，后领翻折线与前领翻折线同线、后领底线与翻折线相平行，只是长方形的外长边比后领外口线短了▼-●的量。只要将长方形（虚线）以SNP′为圆心顺时针旋转，使得长方形外边长加长▼-●，将外边与P″连顺；过SNP′与前领圈拐点连顺；后折线与前翻折线连顺。即可得到后领，完成领子制图。

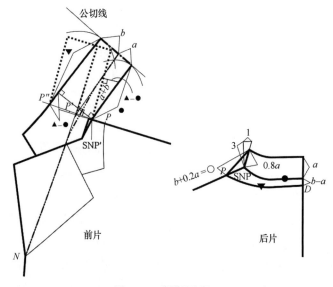

图7-20 制领原理

（8）领子的实用制图方法：综上所述，得到后领实用制图法。如图7-21所示。延长前领翻折线，过SNP′向上引一条翻折线平行线（称驳平线），从SNP′沿驳平线向上取$a+b$值定点，过该点向右作垂线，长度为1.8（$b-a$）定点，连接SNP′与该点，并适当延长，该线被称作后领松斜线，它与驳平线的夹角称后领松斜度。这是决定领子准确与否的关键线。从SNP′点沿松斜线上取后领圈长+0.3cm（领子松于领圈的要求），定点为后领中点。过该点向左作垂线，定长为$a+b$，该线为后领中线。把该线与P''直线连接并修顺，即为后领外口线。在后领中线上取定翻折点，与前翻折线接连画顺，即为后领翻折线，过SNP′与前领圈拐点连顺。至此，整个领子制图即完成。需要说明的是，后领松斜度并不是固定不变的，而是与b-a（称翻底领差）、肩缝处P点位置的变化密切相关，实验得知：合体翻折领，松斜度为$\dfrac{a+b}{1.8(b-a)}$；过分合体领，松斜度为$\dfrac{a+b}{1.5(b-a)}$；较合体领，松斜度为$\dfrac{a+b}{2(b-a)}$。

用此方法画得的领子称连领座翻折领，从结构上，该领存在不足，它对领子的合体美观度和缝制的工艺影响很大，须对领子进行进一步处理。由于篇幅所限，原理就不深入讨论。

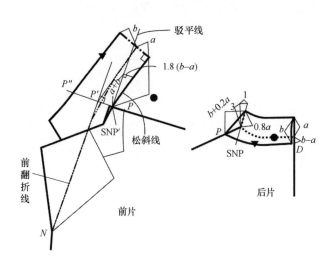

图7-21　领子的实用制图方法

8. 袖子的结构原理

（1）袖窿：西服结构设计最棘手的问题之一就是袖子处理。要做成穿着舒适又造型美观的袖子，首先前后袖窿的结构要合理，所谓合理就是袖窿的形状与尺寸要合理。对于较合体的西服，其前后身袖窿的尺寸（AH）以规格胸围作基数，达到$\dfrac{B}{2}\pm1cm$。袖窿形状要与人体相符且美观，袖窿的前部最宽处在前袖窿深的$\dfrac{1}{3}$左右（也就是袖窿的拐点），

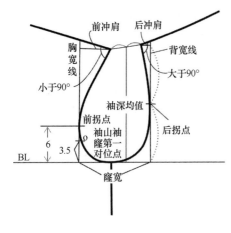

图7-22 西服袖窿形态特征

而后袖窿最宽处为后袖深中部（袖窿的后拐点）。由于前衣身存有撇胸，前袖窿冲肩量远大于后冲肩量。此外，后肩缝与后袖窿夹角要大于90°，而前袖窿与前肩缝夹角则小于90°。$\dfrac{窿宽}{窿深}$均值=0.65～0.7之间，如图7-22所示。

（2）袖子：上述的袖窿要配以与袖窿相协调美观的袖山和与手臂相协调的袖身。袖身要有与手臂相符的弯势，需将袖身分割成两片，并在缝制加工中给予归拔处理。决定袖山美观的因素：袖山形状，袖山吃势及袖山吃势的合理分配及与袖窿的装配关系。

（3）袖子制图方法及原理：为使袖子与衣身装配合理可控，直接在衣身袖窿上配袖是较科学合理的。

①定袖山高与袖肥：决定袖山有两个关键值，一是袖山高，二是袖肥。袖山高依据袖深值得到。实践得知：美观袖的袖山高为窿深均值的$\dfrac{5}{6}$为宜。如过高，绱袖后袖山附近会出现横向水波皱，袖肩部鼓起过高；过低会出现袖肩部过平无鼓起，产生纵向辐射状皱波。如图7-23所示。

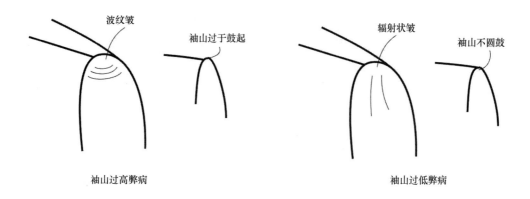

图7-23 袖山过高或过低导致的弊病

袖肥是通过控制袖山斜线的长度来得到的。袖山斜线长与袖窿AH大小密切相关。袖山斜线长=$\dfrac{AH}{2}$+调节数（c）。影响c的因素是袖山吃势（Q）。袖山吃势的大小与AH大小、垫肩厚度（h）、面料厚度(t)、袖斜线斜度(x)等因素均有关。在制袖之前，应先确定袖山吃势量，选定面料和垫肩。这些因素中，面料、垫肩、袖斜线斜度均可预先确定，唯有吃势不能随便定出，需通过公式进行计算。公式为：$Q=0.001AH$（$10h+3x\pm5a$），其中Q——袖山吃势量；AH——袖窿弧长；h——垫肩有效厚度（一般为0.7cm）；X——袖斜线斜度，取13；a为面料厚度系数，若缝份倒向衣身a取负值，倒向袖子a取正值，分缝取0。薄面料，a取1；稍薄面料，a取2；中厚料，a取3；厚料，a取4；很厚料，a取5。根据已知可算出Q值。调节数$c=\frac{1}{2}$（$Q+1-0.3x$）。通过袖山斜线可求得袖肥，如图7-24所示。先定前袖折线位。很显然，前袖折线应与袖窿前最宽处同线（前胸宽线），且袖山拐点（即大小袖袖山弧线的转折点）应与前袖窿拐点等高。袖山深线与袖窿深线（BL）同位。以前袖折线（胸宽线）与袖山深线交点作为袖斜线起点。按$\frac{AH}{2}+c$定其长度，与袖山高线交于一点。过该点向下做垂线与BL垂直相交，该垂线即为后袖折线，它与前袖折线间水平距离为袖肥。该袖肥应校对一下，以免过小或过大。一般情况下，夏季控制在0.2B-（1～2），春秋季0.2B-（0～1），冬季0.2B+（0～1）。若过小，说明袖窿深过浅，应加深之；若过大，袖窿过深，应减浅之。详细制图参见图7-24（a）。

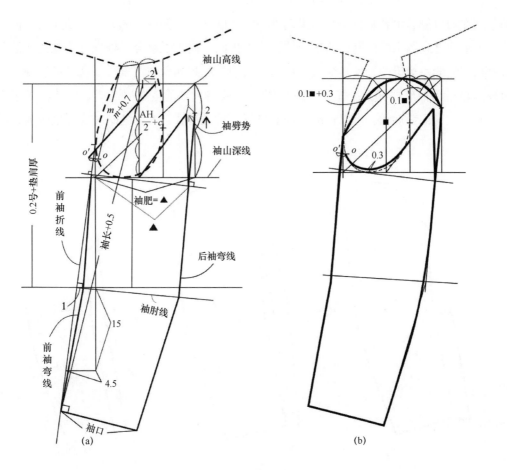

图7-24　袖子制图

②画袖身：a.定袖肘线；b.画前袖折线。过前肘点垂直下量15cm定点，过该点垂直向前4.5cm定点，将前袖窿拐点与4.5点连起来，即为前袖折直线；c.定袖长、袖口：在袖山高线上定肩缝点位。方法是量取袖窿O点至前肩端点直线长（m），按图示找到前袖山上的O'点（与O对位缩袖）。以该点为圆心，以m+0.7~1cm为半径画弧与袖山高线相交，从交点向前袖方向移2cm定点即为肩缝点；以该点为圆心，以袖长为半径画弧与前袖折直线相交，将该交点与肩缝点连成直线，同时过该交点向后袖方向作该直线的垂线，取长为袖口尺寸。该线称为袖口线；d.画后袖折线　按图示确定新袖山深线（因为袖山深线与袖折线是垂直关系，前袖折线向前偏，所以原袖山深线需要修改）；新袖肘线；在新袖山深线上定袖肥大点；定后袖山拐点；按图示画后袖折线。画前袖弯线。至此袖身的前袖弯线、袖口线、后袖折线即告完成。

③画袖山弧线：说明：后袖缝劈势：为使后袖缝上部饱满圆润，常在后袖拐点处，将袖缝劈进1~1.5cm，这样做还可起到调整内袖弧的吃势。内袖弧弧底形状与对应的袖窿底相符，但稍高出0.3cm左右。目的是稍抬高小袖身长，便于袖子上举。

④偏袖处理：原理如图7-25所示。理论上讲，将前后袖缝放在袖折线上，最利于袖身的弯势造型，但袖缝露于视野，破坏袖子整体效果。所以常将前袖缝偏离前袖折线（称偏袖）藏在袖里侧。也就是将小袖向里偏进一定宽度开缝。偏进的部分与大袖连为一体。如将其展平会遇到图示的问题：两部分袖折线因折向不同难以重合。处理方法就是在袖肘处将大袖前偏缝一边折叠，使其缩短，折向与前袖折线相同而与之重合。这时可发现，大袖前袖缝短于小袖前袖缝。在缝合这两个袖缝时，要将大袖前袖缝在肘部拔长，使其等于小袖缝。同时改变袖缝形状。可以理解：偏袖量越大折叠量就越大，缝制时拔开量越大，但面

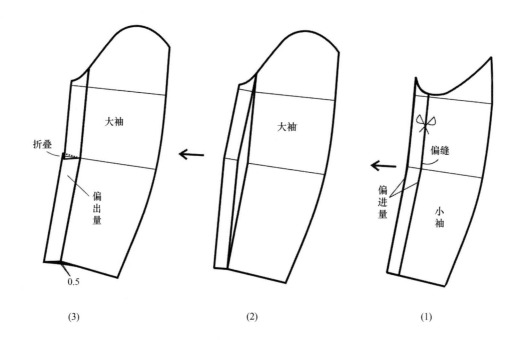

(3)　　　　　　　　　　　(2)　　　　　　　　　　　(1)

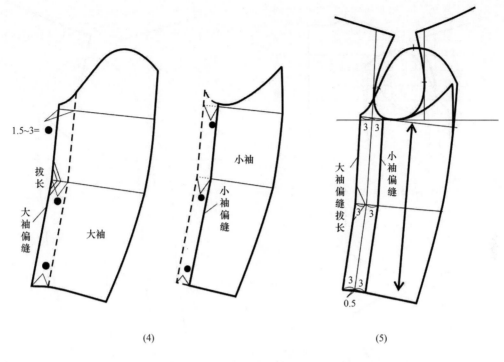

(4)　　　　　　　　　　　　　　　　(5)

图7-25　偏袖原理

料的拔量是有限的，所以实验知，偏袖量在1.5～3cm范围为宜，不能过大。后袖缝就设在后袖折线上，原因是后袖缝袖口处开衩，需钉装饰扣。再者该缝处于后身，对视觉影响小于前袖。

　　⑤袖山与袖窿对位点确定：只把袖子、袖窿图制好，任务还没有完成，还必须考虑如何使袖子与袖窿准确缝合；使袖型、袖位达到设计要求，袖与衣身相得益彰且穿着美观，活动方便。因为袖山与袖窿长度不等，袖山长于袖窿，称长出量为袖山吃势（前已述）。这些吃势在袖窿上的分配不是等量均匀那么简单的，所以，需要科学合理分配，采取方法就是合理设置袖窿与袖山的对位点。

　　如图7-26（a）所示，将后腋深分六等分，将等分线延长，可从中看出袖窿与袖山之间的对位关系，特别是前袖与前袖窿。为缝制方便，根据袖山与袖窿之间的对位关系和袖子造型，综合考虑，选六对对位点，它们的对位关系及吃势分配如图7-26（b）所示。大小袖身之间的对位关系确定如图7-26（c）所示。

三、单排三粒扣西服

（一）款式说明

　　如图7-27所示，衣身廓型、合体度、领、袖与标准西服同，只是驳口点较高，门襟多钉一粒扣，大袋上方增设一较小袋盖挖袋，增加情趣。

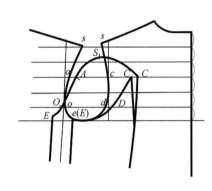

(a) 袖山袖窿对位

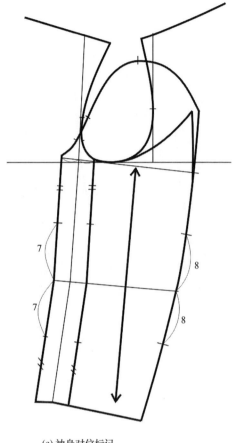

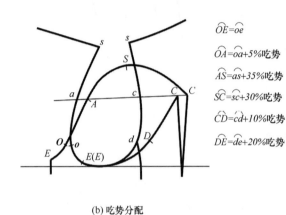

$$\overparen{OE}=\overparen{oe}$$

$$\overparen{OA}=\overparen{oa}+5\%吃势$$

$$\overparen{AS}=\overparen{as}+35\%吃势$$

$$\overparen{SC}=\overparen{sc}+30\%吃势$$

$$\overparen{CD}=\overparen{cd}+10\%吃势$$

$$\overparen{DE}=\overparen{de}+20\%吃势$$

(b) 吃势分配

(c) 袖身对位标记

图7-26　袖片对位

（二）制图规格

单排三粒扣西服制图规格见表7-2。

（三）结构制图

1. 原型的调整

三粒扣西服的撇胸量需要调小，一般控制原型前片上平线的撇势为1~1.5cm，其余省量转移至袖窿作松量。后身不做调整。

2. 结构制图

在调整后的西服原型基础上确定衣身结构，如图7-28所示。袖片结构参考标准西服。

图7-27　单排三粒扣西服款式

表7-2 单排三粒扣西服制图规格 单位：cm

号/型	后衣长（L）	肩宽（S）	胸围（B）	袖长（SL）	袖口（CW）	底领（a）	翻领（b）
170/88A	75	46	104	59	14.5	2.5	3.5

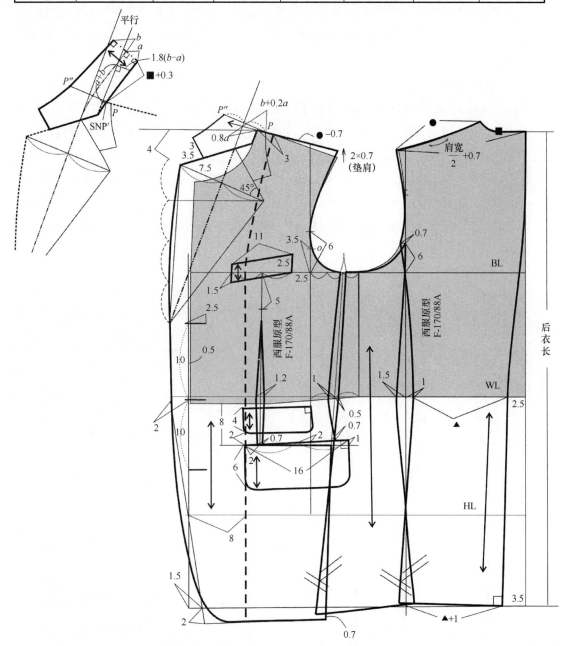

图7-28 单排三粒扣西服衣身结构

（四）结构要点

1. 原型的调整

由于三粒扣西服的扣位提高，驳头缩短，不再覆盖胸高区，不需要较大的层势，所以撒胸量需要调小，一般控制上平线的撒势为1~1.5cm，其余省量转移至袖窿作松量。当扣位更高（四粒扣）时，撒胸量应该进一步调小，一般控制上平线的撒势为0.7~1cm。

2. 过面处理

由于过面与衣身是双层结构，要求在穿着状态下，过面止口要偏出0.1~0.2cm，尤其是驳口点附近，加之驳头翻折线要考虑层势因素。要对过面进行专门处理，处理方法如图7-29所示。

3. 领面处理

由于直接制出的领子为连领座翻领。前面已提及，领子翻折线偏长，所以穿起来后领离颈部较远，既不美观，也不抱脖，过去常采用高档毛料加之严格的工艺归拔使翻折线缩短，但工业化流水线生产很难做到每个领子归拔程度都能达到要求，现代面料非常丰富，熨烫性能相差很大，为适应工业化生产和可选面料面广的要求，同时还要考虑领子翻折后领面外口、领头止口要偏出0.1~0.2cm，与过面相似也要考虑翻折线处层势。需对连领座领子进行处理，主要是将连领座翻领从翻折线附近分成领座和领里两部分，具体处理如图7-29所示。

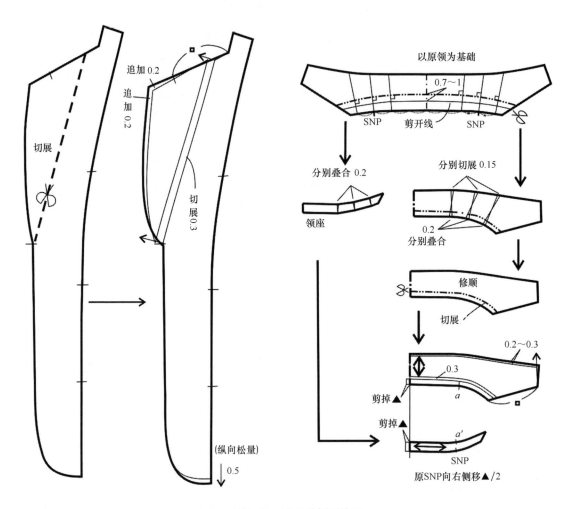

图7-29 过面及领面处理

需要提醒的是，经处理得到的领子是用作领面，领里是用变形较易、较大的领底呢为原料的，领里板是依据连领座翻领进行简单变化即可（参考图7-42）。

四、双排扣西服

（一）款式说明

如图7-30所示，衣身轮廓呈H型，较宽松，吸腰程度较轻，双排六粒扣，戗驳头，方角平下摆，左胸部设一板式胸袋，腰下部两侧各设一双嵌线夹袋盖挖袋，左右胸腰部各设一腰省。后中破缝，整个衣身由后片、前片和侧片构成（称三开身结构），肩部内衬薄垫肩，袖子为两片式美观合体圆装袖，袖口开衩，袖口门襟侧钉装饰扣三粒，全夹里。

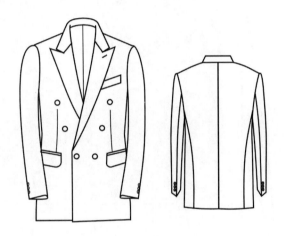

图7-30 双排扣西服款式

（二）制图规格

双排扣西服制图规格见表7-3。

表7-3 双排扣西服制图规格　　　　　　　　单位：cm

号/型	后衣长（L）	肩宽（S）	胸围（B）	臀围（H）	袖长（SL）	袖口（CW）	底领（a）	翻领（b）
170/88A	76	47	110	108	60	14.5	2.5	3.5

（三）结构制图

制图时以西服原型为基础进行变化，因为衣身较宽松，原型侧缝之间要拉开3cm，肩宽腰加宽，这时袖窿宽增大，窿宽与窿深比值偏大，袖窿形状及尺寸（AH值）不符合美观实用和相配的要求，需将窿深加深，加大的值按"$\frac{1}{4}$胸围加大的量"而定，当然袖窿形状也要加以改变，具体如图7-31所示。袖片制图参考标准西服。

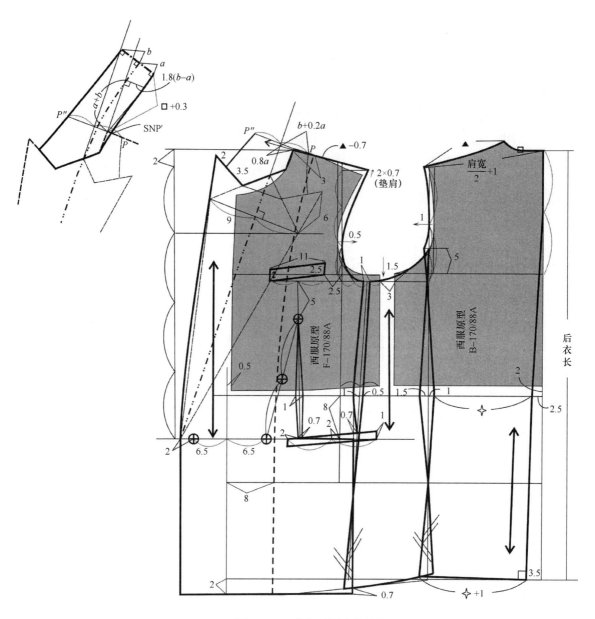

图7-31 双排扣西服衣身结构

五、休闲西服

（一）款式说明

如图7-32所示，衣身较合体，廓型呈弱X型，肩部造型自然，单排三粒扣，平驳头。左胸设一圆角明贴袋，腰腹两侧各设一大圆角贴袋。袋边、驳头、门襟止口、领外口缉明线，圆角下摆。后身肩部设一横向分割缝，缝边缉明线，破缝下部中间破缝。横破缝以下至腰节的袖窿及侧缝设一隐性活褶，便于手臂向前活动。领子与袖子与三粒扣西服同。

图7-32　休闲西服款式

（二）制图规格

休闲西服制图规格见表7-4。

表7-4　休闲西服制图规格　　　　　　　　　　　　　　单位：cm

号/型	后衣长（L）	肩宽（S）	胸围（B）	袖长（SL）	袖口（CW）	底领（a）	翻领（b）
170/88A	75	47	104	59	14.5	2.5	3.5

（三）结构制图

如图7-33所示，衣身结构以170/88A西服原型为基础，将撇胸量调整为1~1.5cm，其余省量转移至袖窿作松量。在后片横向破缝时，要将后肩吃势转移至分割缝处，使前、后肩缝等长。前片肚省要被大袋盖住。袖片结构参考标准西服。

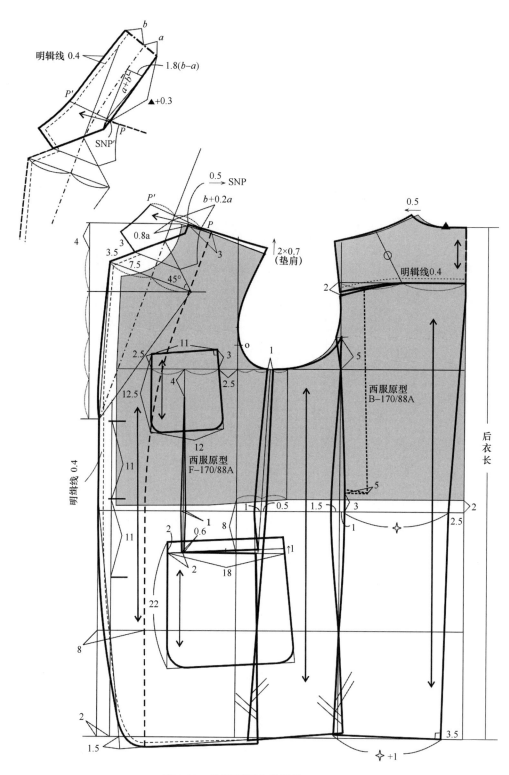

图7-33 休闲西服衣身结构

六、准礼服

（一）款式说明

准礼服实际是准夜礼服，它与夜礼服的区别主要是去掉了燕尾部分。有简洁、洒脱之感。如图7-34所示，衣身呈较显著X型，其衣长刚过腰线，双排六粒装饰扣，左胸部设一板式袋，门襟无搭门，腰部收省，前身长于后身，戗驳领，类似背心的尖角下摆，后身中心破缝，左右对称设弧形分割缝，平下摆。过面及胸袋采用真丝缎料。袖子仍为两片式合体袖，袖口钉四粒装饰扣。多用于夏季，面料选白色，配黑色领结及黑色裤子。有些场合可选红色面料。

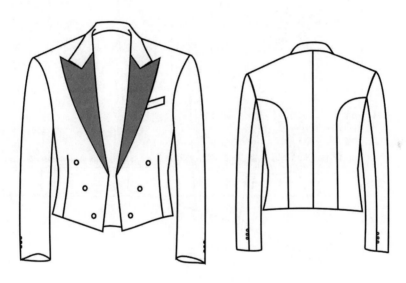

图7-34　准礼服款式

（二）制图规格

准礼服制图规格见表7-5。

表7-5　准礼服制图规格　　　　　　　　　　　　　　　　　单位：cm

号/型	后衣长（L）	背长	肩宽（S）	胸围（B）	袖长（SL）	袖口（CW）	底领（a）	翻领（b）
170/88A	46	42.5	46	104	58	14.5	2.5	3.5

（三）结构制图

衣身结构以西服原型为基础进行变化，如图7-35所示。袖片制图参考标准西服。

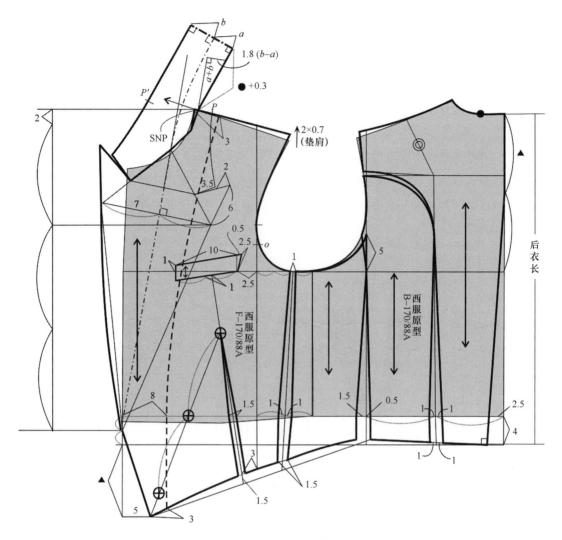

图7-35　准礼服衣身结构

七、燕尾服

（一）款式说明

如图7-36所示，衣身呈显著X造型，前身衣长至腰腹部，设双排六粒装饰扣，不系扣，所以结构上不设搭门。与标准西服相同，左胸设一板式手巾袋，戗驳领或青果领。与西服背心相似的尖下摆。后身衣长远大于前身，可达约2.5倍后背长，后中破缝。腰线以下部分设明开衩。中缝两侧各设一刀背缝，在腰节以下附近侧片横向断缝，腰部吸腰明显。从肩、腰到臀部非常贴体，呈优美的S形。后下摆形似燕尾。袖子为两片合体美观袖，袖口装钉礼节最高的四粒扣。燕尾服穿着限于夜间（指18时以后）的婚礼、葬礼、重大礼仪及团体的重大活动及交谊舞会、酒会等，颜色为黑色、藏青色及浅灰色精纺毛料。驳头、胸袋及装饰扣选用丝缎面料。

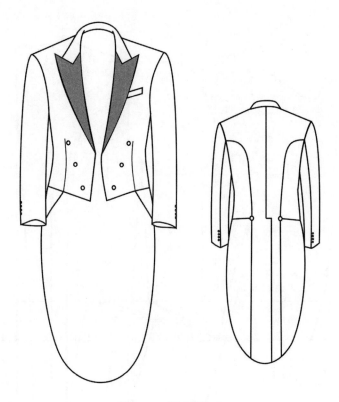

图7-36　燕尾服款式

（二）制图规格

燕尾服制图规格见表7-6。

表7-6　燕尾服制图规格　　　　　　　　　　　　　　单位：cm

号/型	后衣长（L）	背长	胸围（B）	肩宽（S）	袖长（SL）	袖口（CW）	底领（a）	翻领（b）
170/88A	103	42.5	104	46	58	14	2.5	3.5

（三）结构制图

在西服原型的基础上确定燕尾服的衣身结构，如图7-37所示。袖片结构参考标准西服。

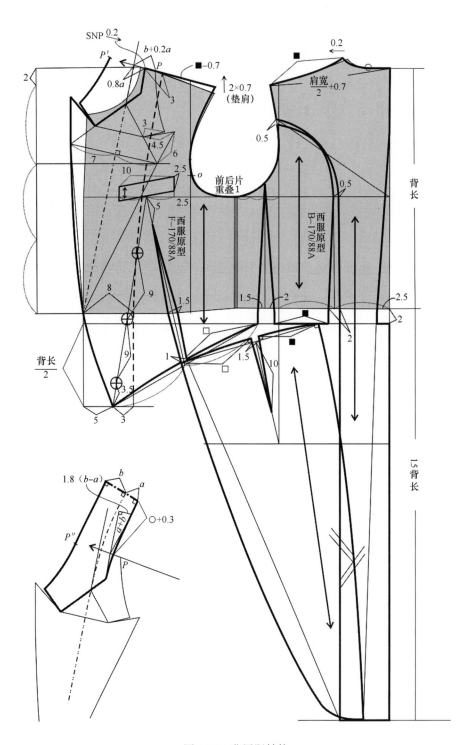

图7-37 燕尾服结构

八、骑马装

（一）款式说明

如图7-38所示，该款服装源于英国绅士骑马时穿用的服装。现用于赛马时穿用，衣身廓型呈弱X型，衣长较一般西服长，左胸仍设一板式胸袋，腰节处做横向断缝，断缝下腰腹部左右各设一斜板式插袋，斜下摆。单排四粒扣，平驳领。袖子仍为两片合体美观袖，袖口三粒装饰扣。后身结构线与燕尾服相似，但下摆是平的。面料选烟色、深蓝色、黑色及深灰色毛料，有时可选红色。领面选黑色。

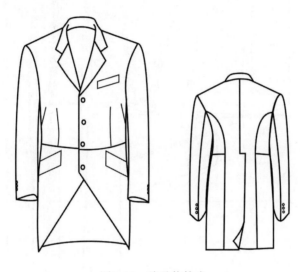

图7-38 骑马装款式

（二）制图规格

骑马装制图规格见表7-7。

表7-7 骑马装制图规格 单位：cm

号/型	后衣长（L）	背长	胸围（B）	肩宽（S）	袖长（SL）	袖口（CW）	底领（a）	翻领（b）
170/88A	78	42.5	106	46	59	14.5	2.5	3.5

（三）结构制图

如图7-39所示，衣身结构以170/88A西服原型为基础，将撇胸量调整为1~1.5cm，其余省量转移至袖窿作松量。袖片结构参考标准西服。

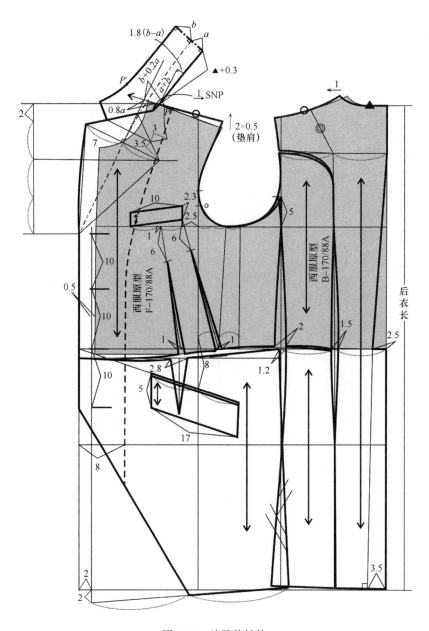

图7-39　骑马装结构

九、猎装

（一）款式说明

如图7-40所示，这是一款注重实用功能的西服，其衣身廓型类似休闲西服，前身肩部左右各贴缝一片加强皮革，作为平衡，后肩部也设有皮革。胸部偏下各设一个双嵌线挖袋并装有金属拉链，腹腰部各装一个带盖褶裥大贴袋，并钉装扣子，圆角下摆，单排三粒扣，平驳领。领头设有领襻并锁扣眼。后身后中破缝，腰部设一腰带形横向分割，从外观看，袖子仍为两片式美观合体袖，袖口开衩，并设三粒装饰扣，为强化其举枪功能，里袖谷底与衣身侧片窿底连为一体，也可将后片袖窿至腰线侧缝增设隐形活褶或后中腰线以上设成可开合的活褶。袖肘部也可贴缝皮革补丁。领外口、驳头和门襟止口均缉明线。这款服装源于英国贵族去郊外狩猎时穿用的猎装，一些设计因素已失去原有的功能，但作为一种男装的程式化设计语言仍被保留，但材料的选择就不拘泥于最初的限制，根据设计需要可灵活选择。

图7-40　猎装款式

（二）制图规格

猎装制图规格见表7-8。

表7-8　猎装制图规格　　　　　　　　　　　　　　　　单位：cm

号/型	后衣长（L）	背长	胸围（B）	肩宽（S）	袖长（SL）	袖口（CW）	底领（a）	翻领（b）
170/88A	76	42.5	104	47	59	14.5	2.5	3.5

（三）结构制图

如图7-41所示，衣身结构以170/88A西服原型为基础，将撇胸量调整为1～1.5cm，其余省量转移至袖窿作松量。

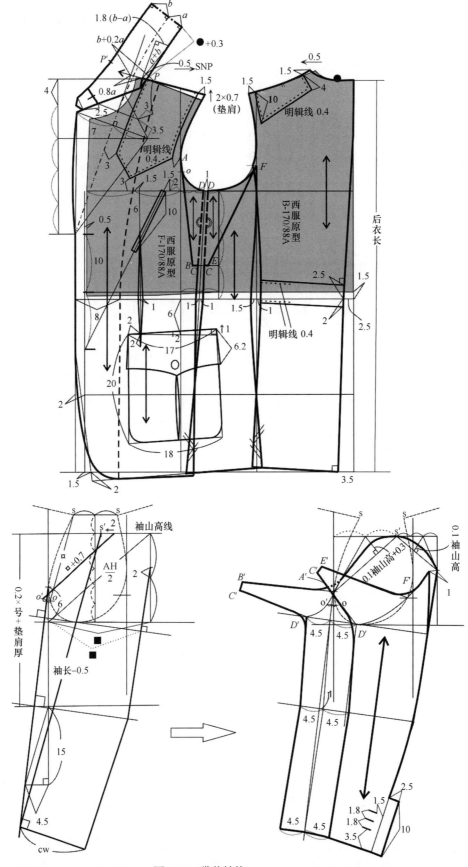

图7-41　猎装结构

第三节　男西服产品开发实例

一、规格设计

表7-9提供了西服各部位加放容量的参考值。实际操作时可根据面料特性及工艺特征适当调整。

表7-9　成品规格与纸样规格　　　　　　　　　单位：cm

序号	项目\部位	公差	成品规格 (170/88A)	加入容量值	纸样规格	测量方法
1	后衣长	± 1.0	75	0	75	后中测量
2	肩宽	± 0.8	46	0.6	46.6	后领窝至袖肩点测量
3	前胸宽	± 0.8	19.5	0.5	20	肩点下 15cm 水平测量
4	后背宽	± 0.8	20.5	0.5	21	后中下 12cm 水平测量
5	胸围	± 2.0	104	1.0	105	袖隆底点下 2.5cm 测量
6	胸围	± 2.0	104	1.0	105	袖隆底点测量
7	腰节线	± 0.5	42.5	0.5	43	后中向下测量
8	底边围	± 2.0	110	1.0	111	水平测量
9	袖长	± 0.8	60	0.5	60.5	肩顶点起测量
10	袖肥	± 0.8	20	0.4	20.4	袖隆点下 2.5cm 处测量
11	袖肥	± 0.8	20.4	0.4	20.8	袖隆底线测量
12	袖口围	± 0.8	29	0.5	29.5	水平测量
13	领宽		2.5+3.5			后中测量

二、面辅料的选用

面料：毛哗叽或贡丝锦，幅宽144cm，用料长约165cm。

里料：黏胶美丽绸或涤丝美丽绸，幅宽144cm或150cm，用料长约140cm。

衬料：1. 机织布黏合衬，幅宽90cm，用料长约150cm。

　　　2. 黑炭衬，幅宽90cm，用料长约70cm。

　　　3. 针刺棉，幅宽150cm，用料约50cm。

　　　4. 机织牵条衬，宽1cm,斜纱向，用料1卷；直纱向，用料1卷。

　　　5. 无纺布黏合衬，幅宽90cm，长度约50cm。

其他：树脂纽扣12粒（门襟用扣，Φ2.2cm，2粒，备用1粒，袖衩用扣，Φ1.5cm，6

粒；里袋用扣，Φ1.5cm，2粒，备用扣1粒）；1cm厚垫肩1副；主标、尺码标、洗涤标各一个；领底呢50cm。

三、样衣制作用样板

样衣生产用样板包括：面料裁剪样板、里料裁剪样板、衬料裁剪样板及生产用模具。制作裁剪用样板之前，需要对净样板的纸样进行必要的调整，确认纸样无误后加放缝份与贴边，得到毛样板。

（一）纸样处理

1. 领子纸样处理

领面纸样需要经过分片处理，具体方法如图7-42所示。

2. 过面处理（图7-43）

（二）纸样检验

在制裁剪板之前，必须按要求对净样板进行检验，确认无误后方可进行放缝。检验内

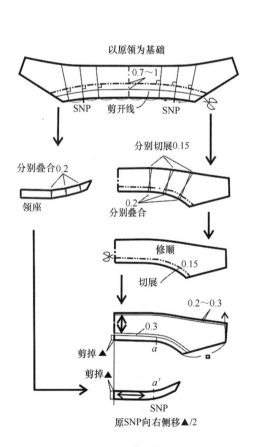

图7-42 领面处理

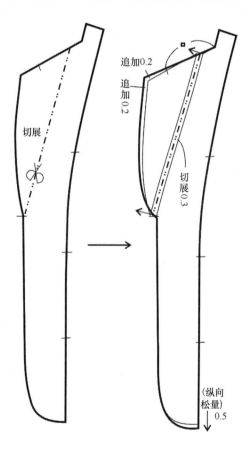

图7-43 过面处理

容如图7-44所示。

1. 检验衣片侧缝

检验前后片、侧片对应纵向缝之间的相应对位符号及符号间缝的长度和形状，检验前后片、侧片及后片形成的袖窿是否圆顺，如图7-44所示。

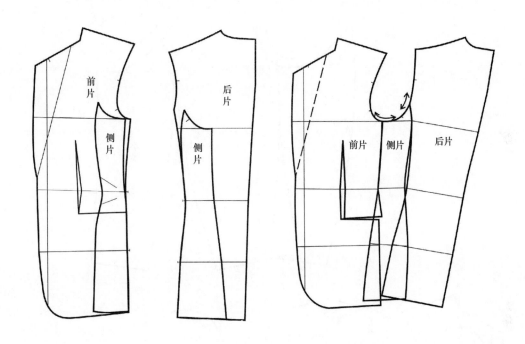

图7-44　衣片侧缝的检验

2. 检验袖窿及下摆

检验肩缝对合后袖窿是否圆顺，检验前后片、侧片合缝后下摆是否平顺。如图7-45所示。

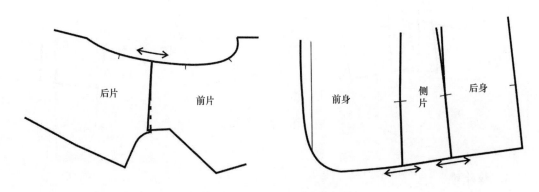

图7-45　衣片袖窿及下摆的检验

3. 检验袖片

检验袖山弧是否圆顺，检验袖窿与袖山的缝合对位关系及吃势是否符合设计要求，检验大小袖片前后袖缝的对位关系是否符合设计要求，如图7-46所示。

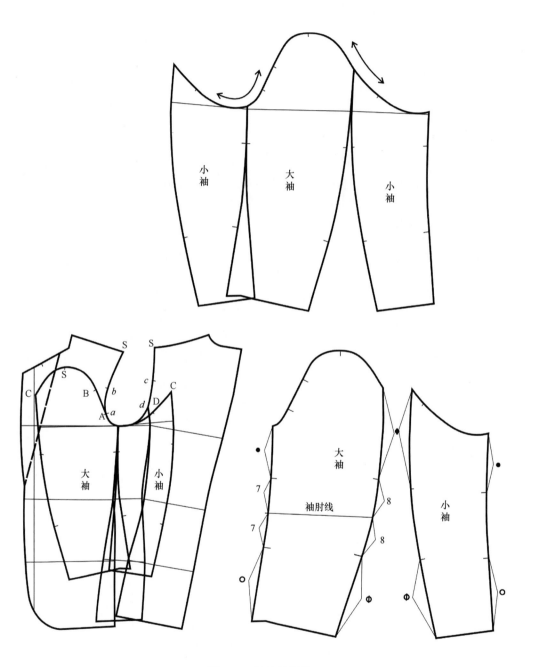

图7-46　袖片的检验

4. 检验领片

检验领子与领圈之间的对位符号及对位关系是否符合设计要求，如图7-47所示。

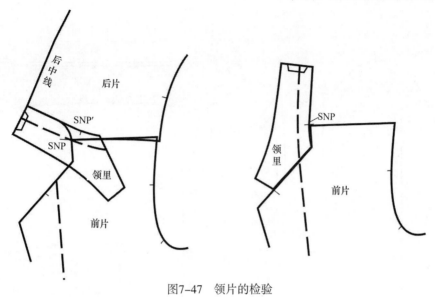

图7-47 领片的检验

（三）面料及相配裁剪板制作

　　裁剪板包括面料板、里料板和衬料板。由于考虑到要用面板进行假缝并进行试样修改，所以面料衣片放缝在原放缝（括号内的数字）基础上都加放了0.5~0.8cm，以便假缝和修改，如图7-48所示。里板和衬板要到面板裁剪、假缝试样、修改后，以修改后的

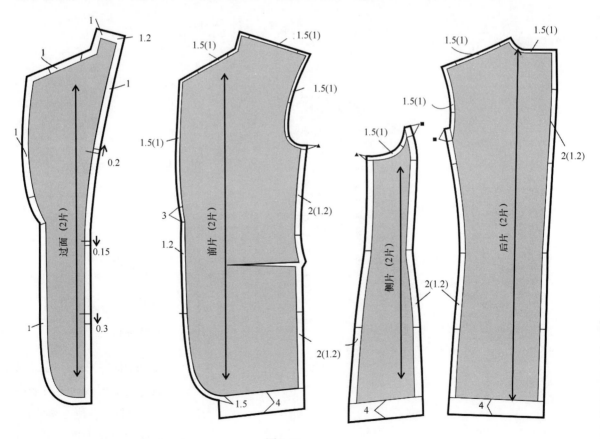

图7-48

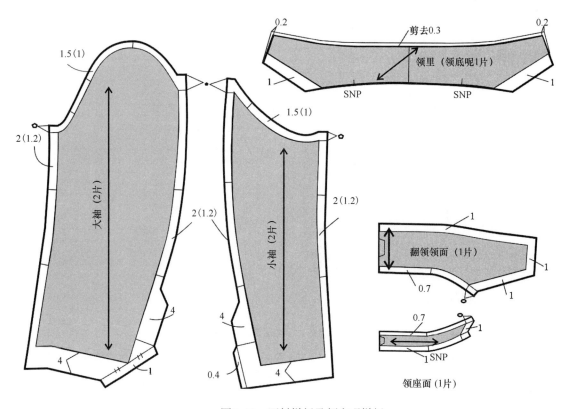

图7-48　面料样板及领底呢样板

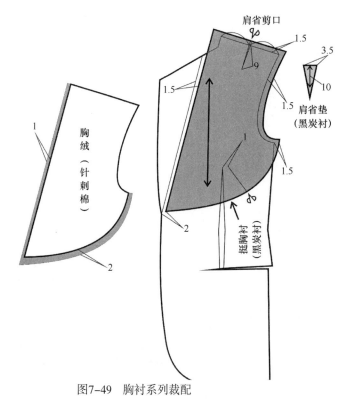

图7-49　胸衬系列裁配

面板为基础再制。但胸衬板可以面板为基础制作，如图7-49所示。

四、男西服面料排料

男西服面料排料如图7-50所示。

五、假缝试样

（一）假缝流程（图7-51）

（二）假缝准备

假缝所用试样最好用白棉布。在假缝之前用双面复写纸将净缝线、省缝、袋位、纱向及缝合对位标记印在衣片的正反面

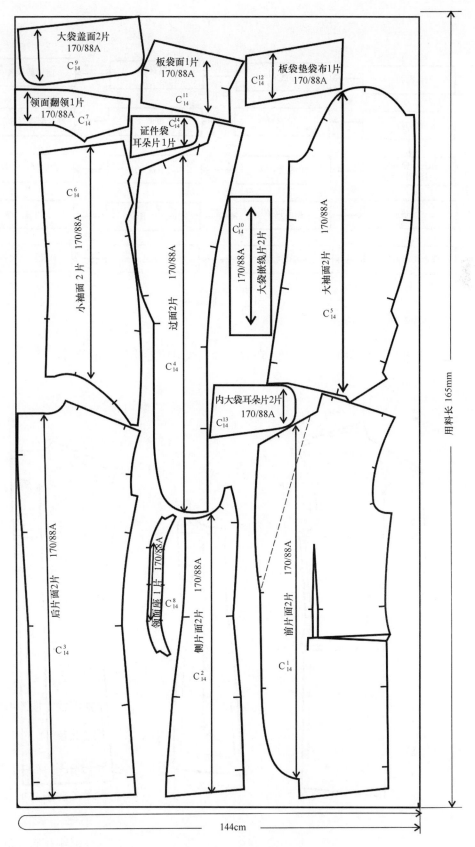

图7-50　男西服面料排料

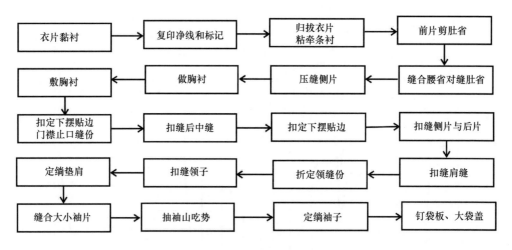

图7-51 假缝流程

上。之后如图7-52所示将衣片归拔，在驳口线、驳口门襟止口粘牵条衬。

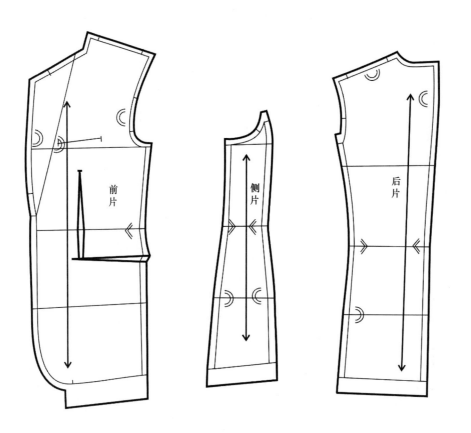

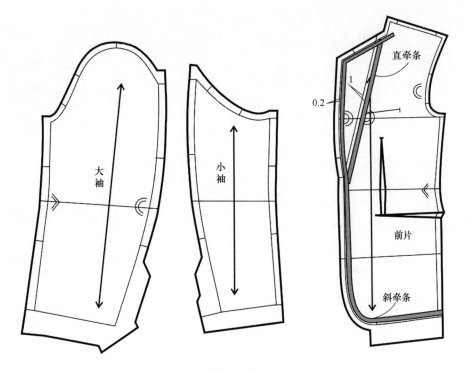

图7-52　划线、归拔、粘牵条

（三）假缝

1. 假缝前衣片

剪肚省、缝腰省、合前侧缝，如图7-53所示。

2. 缝合胸衬

做胸衬，如图7-54所示。

3. 敷定胸衬

敷定胸衬，如图7-55所示。

4. 假缝袖片

扣袖口、袖缝，合前后袖缝，抽袖山吃势，如图7-56所示。

5. 假缝衣身

合后中缝、后侧缝、肩缝，定门襟止口、下摆贴边，如图7-57所示。

6. 绱领子

折定领止口、缝份，绱领子，

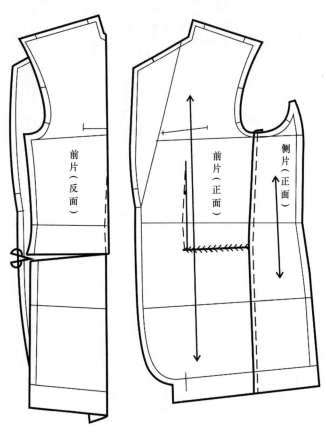

图7-53　假缝前衣片

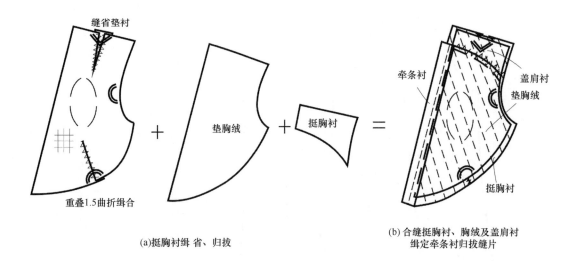

缝省垫衬

重叠1.5曲折缉合

垫胸绒

挺胸衬

牵条衬

盖肩衬

垫胸绒

挺胸衬

(a)挺胸衬缉 省、归拔

(b) 合缝挺胸衬、胸绒及盖肩衬
缉定牵条衬归拔缝片

图7-54　缝合胸衬

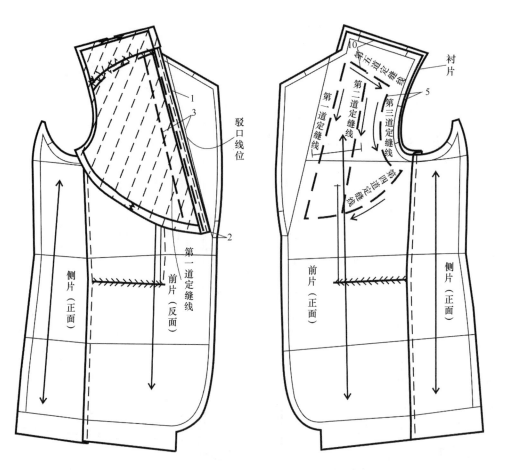

图7-55　敷定胸衬

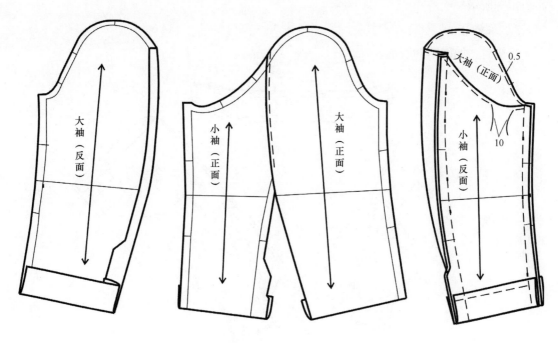

大袖（反面）

小袖（正面）

大袖（正面）

大袖（正面）　0.5

小袖（反面）

10

图7-56　假缝袖片

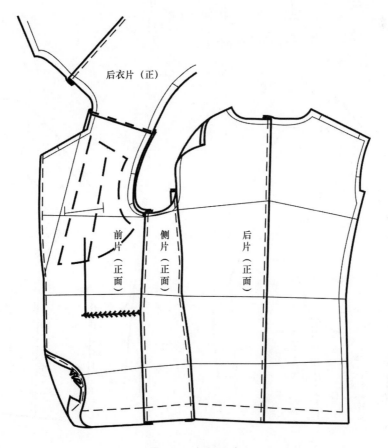

后衣片（正）

前片（正面）

侧片（正面）

后片（正面）

图7-57　假缝衣身

如图7-58所示。

7. 绱垫肩

绱垫肩，如图7-59所示。

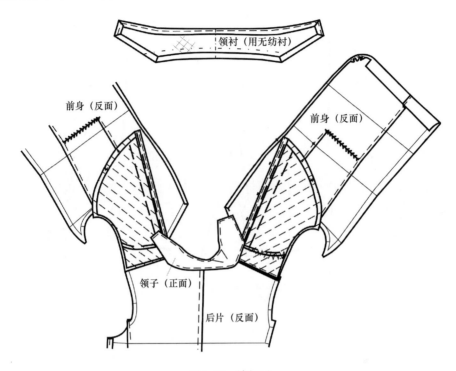

图7-58　绱领子

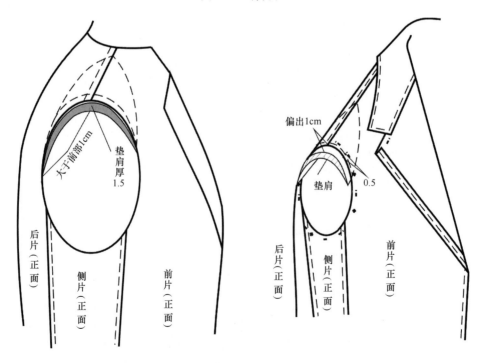

图7-59　绱垫肩

8. 完成假缝

定胸袋、定大袋、袖口定装饰扣，如图7-60所示。

（四）试样、弊病分析与样板修正

1. 着装要求

内穿衬衫，穿上样衣，从不同角度、不同距离进行观察。具体要求如下。

（1）后领圈应与颈部服帖，无余量，领子后部贴于颈部，前部平服于胸部，肩部斜度自然美观。

（2）袖窿线应与设定一致，前后有一定松量，无压迫感。窿底离腋窝最下端2cm。

（3）从侧面观察，腰线位置处于水平状态，吸腰与设计相符。

（4）胸围大小呈较贴体状态，背宽、胸宽、侧宽平衡且吻合于体型，前后腋点处布的经向不斜。

（5）水平正视，肩缝线应观察不到或不明显，肩缝形状呈与肩棱的弓形相符的方形，前肩中部下凹，背部饱满，呈外凸状。

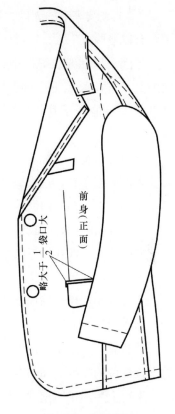

图7-60　完成假缝

（6）袋位、尺寸及形状合适美观。

（7）从正面、侧面和后面观察，下摆呈水平状态或前部稍偏下，摆角圆顺美观，有窝势。

（8）袖山饱满圆润，前圆后蹬，前袖盖住大袋盖$\frac{1}{2}$左右，袖口前部稍上斜，弯势自然。

（9）整体上看没有局部皱纹、牵吊，经纱顺直而合体。

如以上各项符合，可以认为服装是合乎设计要求的。如不符，就要分析原因，找到问题所在，进行修改和调整。

2. 弊病分析

一旦发现服装弊病后应如何纠正，这里着重分析有关具有皱纹特征的一类服装弊病。以往纠正皱纹弊病基本上限于就事论事且过多依赖经验。本讨论是从新的角度探讨分析皱纹弊病，揭示纠正皱纹弊病的规律。

（1）何为皱纹弊病：服装过肥过宽会产生竖直状皱纹，衣料过分柔软轻薄也会产生各种自然皱纹。人体正常活动服装一些部位也会产生各种动态性皱纹，甚至连各种褶裥、皱缩、波浪等本身就是工艺性皱纹。但对于一些使人感觉不舒服的皱纹可视为皱纹弊病，如对于面料挺括舒展、规格合体、结构严谨的合体服装，在显眼区域出现几条静态皱纹就属此类，应当分析原因，予以消除。在服装的各个部位，凡是除宽松过度、运动、设计需要的以外因素产生的服装皱纹均为服装皱纹弊病。

（2）皱纹弊病的起因：通过对皱纹弊病服装的大量观察总结分析，可发现它的起因主要有以下两点。

起因一，在皱纹弊病中，若形成一条或若干条具有同一方向的皱纹，则表明皱纹方向的某个部位长度可能短于其相应部位的人体表面长度，或表明与皱纹相垂直的方向的某部长度可能长于其相应部位的人体的表面长度，两者必居其一，也许两种可能同时存在。

起因二，在皱纹弊病中，若形成由某一点散向四周的皱纹，则表明该部位与其相应的人体表面形态不符，这类弊病往往产生于人体的球面部位（胸、肩胛、后臀等）及双曲面部位（侧腰、颈跟、前肘等），且弊病部位的放松量较小。

（3）纠正原理：如果产生由原因一所致的弊病，可在皱纹受力或支撑的一端增加皱纹方向的长度，或在接近皱纹的一段，缩短与皱纹相垂直方向的长度。

若产生由原因二所致的弊病，可按两种情况解决。

①若弊病产生于球面部位，则皱纹末端处收省（或加大省量）或施以归烫手段（或增加归缩程度）。如图7-61（a）、（b）、（c）所示实例。

②若弊病产生于双曲面部位，则应在皱纹起点施以拔烫手段（或增加拔开程度），或放大该部位的松量。如图7-61（d）所示实例。

采用上述纠正原理的方法，能基本解决产生于任何部位的皱纹弊病。

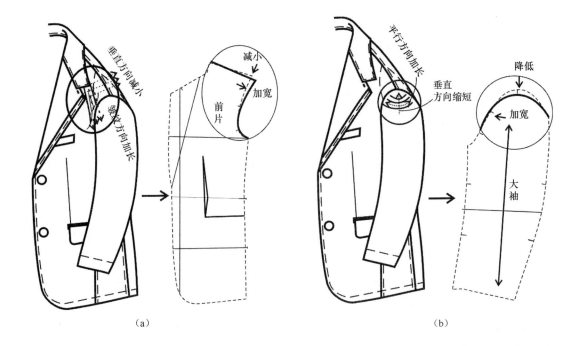

（a）   （b）

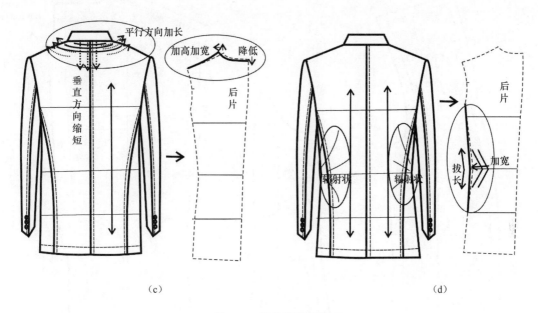

图7-61　皱纹弊病的修正

六、里料与衬料样板

如图7-61所示，以修正后的面板为基础进行里板和衬板制作。

（一）里板制作

（1）衣身里样板制作，如图7-62所示。

（2）袖里样板制作，如图7-63所示。

在袖里放缝前，先要将袖面净样板进行调整，之后再对净样板进行放缝处理。

（二）衬板制作

以修改后的裁剪面板为基础进行制作，如图7-64所示。其中领里衬用无纺布黏合衬，其余部位用机织布黏合衬。

（三）零部件板制作

胸袋裁剪系列板如图7-65所示。

大袋裁剪系列板如图7-66所示。

里袋系列板如图7-67所示。

证件袋板如图7-68所示。

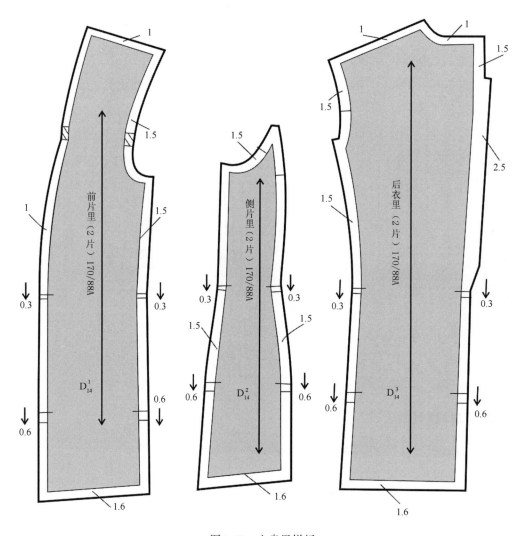

图7-62 衣身里样板

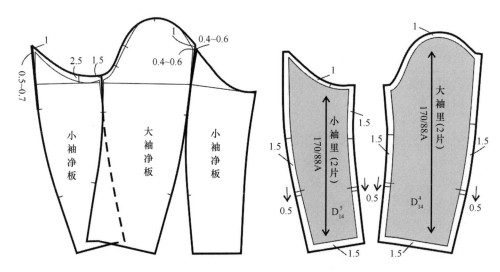

图7-63 袖里样板

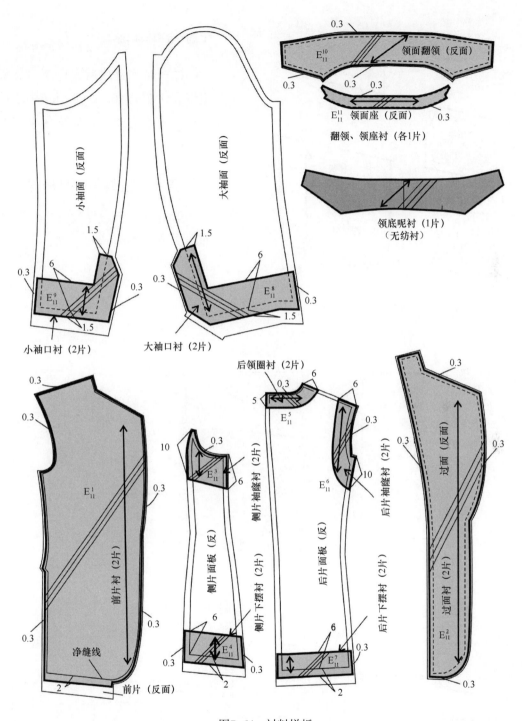

图7-64　衬料样板

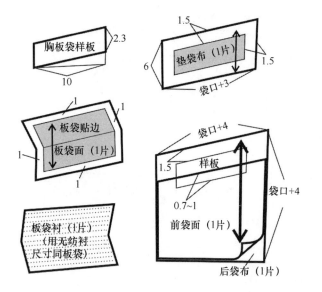

图7-65 胸袋裁剪系列板

（四）样板明细

样板制作完成后，应填写样板明细表（表7-10），并对照表格检查样板是否有遗漏，以确保生产的正常进行。

七、男西服里料与衬料排料

排料时，要求样板齐全，数量准确，严格按照纱向要求，尽可能提高材料利用率。

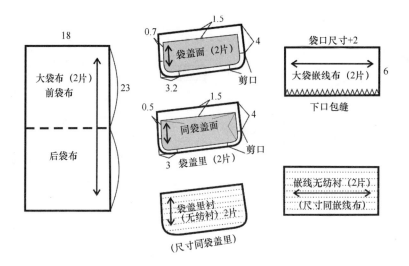

图7-66 大袋裁剪系列板

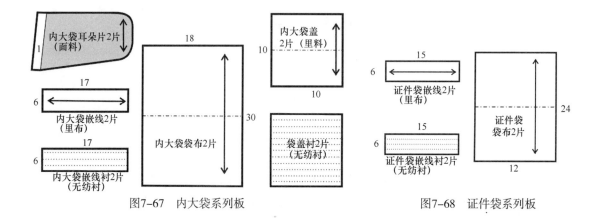

图7-67 内大袋系列板

图7-68 证件袋系列板

表7–10　男西服样板明细

项目	序号	名称	样板数	裁片数	标记内容
面料样板（C）	1	前衣片	1	2	纱向、省位、袋位、对位标记
	2	后衣片	1	2	纱向、对位标记
	3	侧片	1	2	纱向、对位标记
	4	大袖片	1	2	纱向、对位标记
	5	小袖片	1	2	纱向、对位标记
	6	翻领面片	1	1	纱向、对位标记
	7	领座面	1	1	纱向、对位标记
	8	过面片	1	2	纱向、对位标记
	9	胸袋板	1	1	纱向
	10	袋盖面	1	2	纱向、对位点
	11	胸袋垫袋布	1	1	纱向
	12	大袋嵌线条	1	2	纱向
	13	大袋耳朵片	1	2	纱向
	14	证件袋耳朵片	1	2	纱向
里料样板（D）	1	前衣片	1	2	纱向
	2	后衣片	1	2	纱向、对位点
	3	侧片	1	2	纱向、对位点
	4	大袖片	1	2	纱向、对位点
	5	小袖片	1	2	纱向、对位点
	6	胸袋前袋布	1	1	纱向
	7	胸袋后袋布	1	1	
	8	大袋盖里	1	2	
	9	大袋袋布	1	2	
	10	内大袋袋布	1	2	
	11	内大袋袋盖	1	2	
	12	内大袋嵌线条	1	2	
	13	证件袋袋布	1	2	
	14	证件袋嵌线条	1	2	

续表

项目	序号	名称	样板数	裁片数	标记内容
机织布黏合衬样板（E）	1	前衣片衬	1	2	纱向
	2	翻领面	1	1	
	3	领座衬	1	1	
	4	过面衬	1	2	
	5	侧片下摆衬	1	2	
	6	后片下摆衬	1	2	
	7	侧片袖窿衬	1	2	
	8	后片袖窿衬	1	2	
	9	大袖口衬	1	2	
	10	小袖口衬	1	2	
无纺布黏合衬样板（F）	1	领里衬	1	1	纱向
	2	板袋衬	1	1	
	3	大袋里衬	1	2	
	4	大袋嵌线衬	1	2	
	5	里袋嵌线衬	1	2	
	6	里袋盖衬	1	2	
	7	里袋嵌线衬	1	2	
	8	证件袋嵌线衬	1	2	
黑炭衬	1	挺胸衬	1	2	纱向
	2	盖肩衬	1	2	
针刺棉	1	胸衬	1	2	

（一）男西服里料排料

男西服里料排料如图7-69所示。

（二）男西服衬料排料

机织布黏合衬排料如图7-70所示，无纺布黏合衬排料图省略。

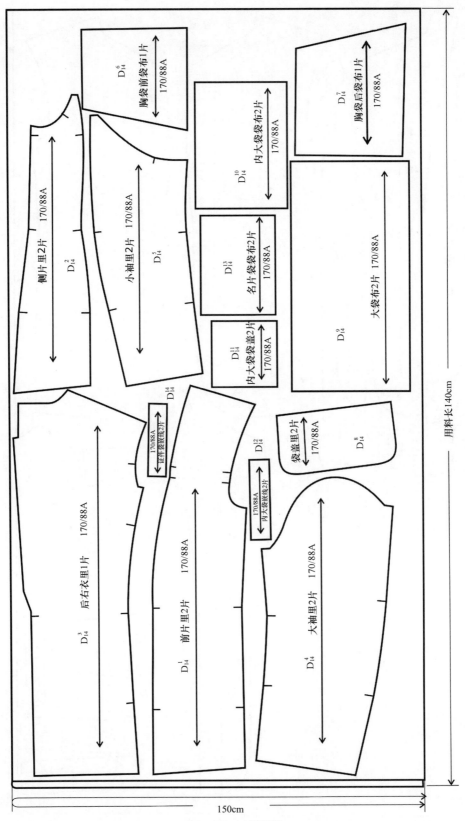

图7-69　里料排料

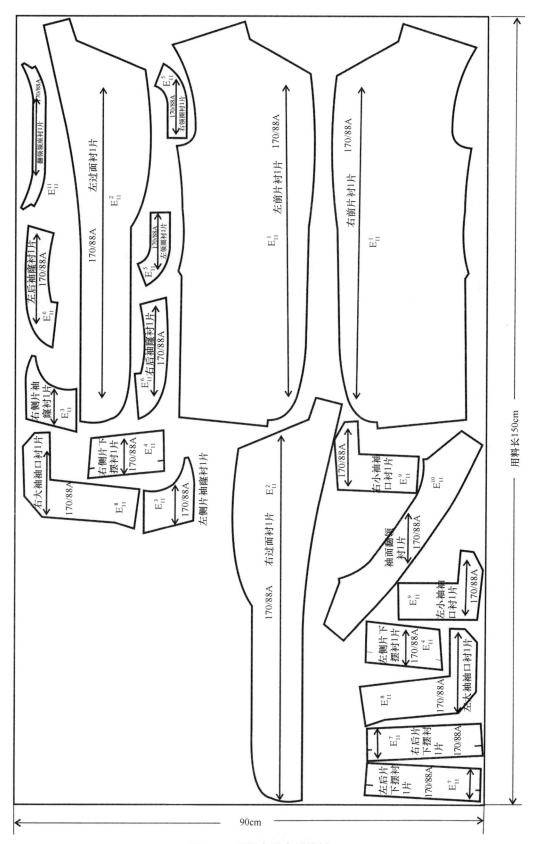

图7-70　机织布黏合衬排料

八、生产制造单

在产品开发完成后，制作大货生产的生产制造单，下发给成衣供应商。本款西服的生产制造单见表7-11。

表7-11　男西服生产制造单

男西服生产制造单（一）								
供应商：××				款名：单排2粒扣平驳领男西服				
款号：XZ2012				面料：纯毛贡丝锦				

备注：1. 产前板：M码每色2件 　　4. 洗水方法：干洗
　　　2. 船头板：M码每色1件 　　5. 大货生产前务必将产前板、物料卡、排料图、
　　　3. 留底板：M码每色2件 　　　 放码网状图到我公司批复后方可开裁大货

规格尺寸表（单位：cm）

序号	部位　号型	公差	XS 160/80A	S 165/84A	M 170/88A	L 175/92A	XL 180/96A	XXL 185/100A	测量方法
1	后衣长	±1.0	71	73	75	77	79	81	后中测量
2	肩宽	±0.8	43.6	44.8	46	47.2	48.4	49.6	水平测量
3	前胸宽	±0.8	18.3	18.9	19.5	20.1	21.7	22.3	肩点下13cm水平测量
4	后背宽	±0.8	19.3	19.9	20.5	21.1	22.7	23.3	后中下12cm水平测量
5	胸围	±2.0	96	100	104	108	112	116	袖窿底点下2.5cm测量
6	腰节线	±0.5	40.5	41.5	42.5	43.5	44.5	45.5	后中向下测量
7	底边围	±2.0	102	106	110	114	118	122	水平测量
8	袖窿弧长	±1.0	47	49	51	53	55	57	弧线测量
9	袖长	±0.8	57	58.5	60	61.5	63	64.5	肩顶点起测量
10	袖肥	±0.8	17.9	18.7	19.5	20.3	21.1	21.9	袖窿点下2.5cm处测量
11	袖口围	±0.8	27.4	28.2	29	29.8	30.6	31.4	水平测量
12	领宽				3.5+4.5				后中测量

男西服生产制造单（二）	
款号：XZ2012	款名：单排2粒扣平驳领男西服

生产工艺要求
1. 裁剪：避边中色差排唛架，所有的部位不接受色差。大货排料方法由我公司排料师指导
2. 统一针距：面线11针/3cm，所有的明线部位不接受接线
3. 粘衬部位：前衣片、侧片下摆、后片下摆、侧片袖窿、后片袖窿、过面、袖口、领面及后领圈粘机织布黏合衬，
　　领底呢、袋板及开袋部位粘无纺布黏合衬
4. 纽扣：150 D/3股丝光线钉纽扣，每孔8股线，平行钉
5. 线：缉主标配标底色线，其余缉线为B色

续表

1. 包装要求
烫法
□平烫　　　　□中骨烫　　　☑挂装烫法　　　□扁烫　　　　□企领烫
描述：不可有烫黄、发硬、变色、激光、渗胶、折痕、起皱、潮湿（冷却后包装）等现象

2. 包装方法
□折装　　　　☑挂装
描述：吊牌不可串码，顺序不可挂错
注意：价格牌在上，合格证在中，主挂牌在下，备扣袋在主挂牌下

3. 装箱方法
Ⅰ. 单色单码__件入一外箱
□双坑　　☑三坑　　　□其他
Ⅱ. 尾数单色杂码装箱
描述：
箱尺寸：__cm（长）×__cm（宽）×__cm（高）
　　　　箱的底层各放一块单坑纸板
　　　　除箱底面四边须用胶纸封箱外，再用封箱胶纸在箱底面贴十字
　　　　须用尼龙带打十字

图示：此图示仅供参考，包装方法照样衣

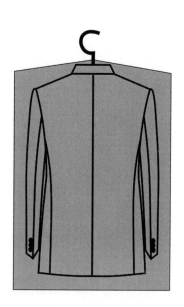

续表

男西服生产制造单（三）

工艺图

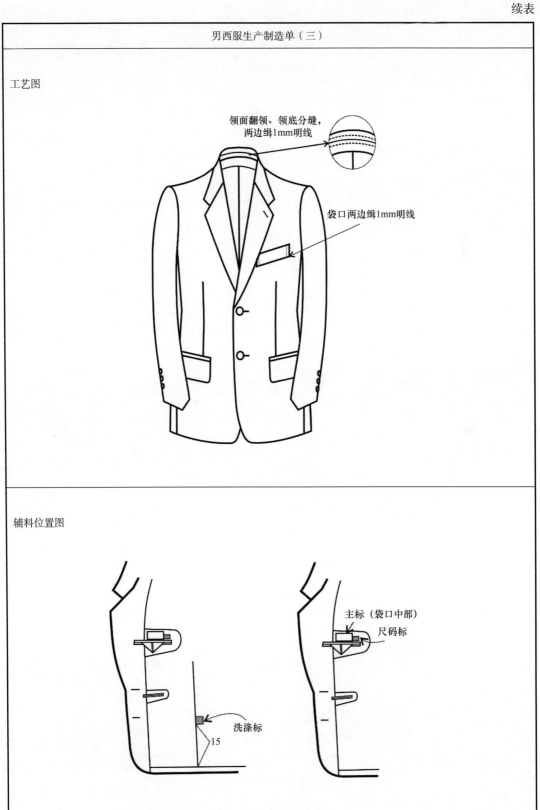

领面翻领、领底分缝，
两边缉1mm明线

袋口两边缉1mm明线

辅料位置图

主标（袋口中部）

尺码标

洗涤标

15

续表

男西服生产制造单（四）						
款号：XZ2012				款名：单排2粒扣平驳领男西服		
色彩	A色（面料）	B色（里料）		C色（线色）		D色（纽扣色）
第一套色						黑色SC001

面料名称	面料编号	颜色	幅宽	用量	备注	供方
面料：纯毛贡丝锦	待批复	—	144cm	165cm		厂供
里料：粘胶美丽绸	待批复	—	144cm	140cm		厂供
机织布黏合衬	待批复		90cm	150cm	前片及领底	厂供
无纺布黏合衬	待批复	—	90cm	50cm	贴边、下摆、袖头、领面、袋板、里袋开口补强及开线	厂供

物料名称	物料编号	规格	颜色	用量	备注	供方
四孔树脂扣	A101	2.2D	D色	2+1粒	门襟、备用	厂供
四孔树脂扣	A102	1.5D	D色	8+1粒	袖衩、里袋备用	厂供
垫肩	A102	1.0H	B色	1付	—	厂供
主标	SC11M005	—	黑色	1个	后中	客供
尺码标	SC11M016	分码	黑色	1个	—	客供
洗涤标	—	—	—	1个		厂供
面线	—	100D/3股	C色	—	7S丝光线	厂供
底线	—	603#	C色	—		厂供
主标线	—	150D/3股	C色	—	7S丝光线	厂供
主挂牌	—	—	配标底色	—		客供
价格牌	—	—		1个		客供
合格证	—	分码	—	1个		客供
吊粒	—	—		1个		厂供
拷贝纸	—	—		1张		厂供
胶夹	—	分码	分色	1个		厂供
胶袋	—	—		1个	备用	厂供
小胶袋	—	—	—	—	一箱2个	厂供
单坑纸板	—	—	—			厂供

九、样衣制作工艺流程框图

男西服样衣制作工艺流程如图7-71所示。

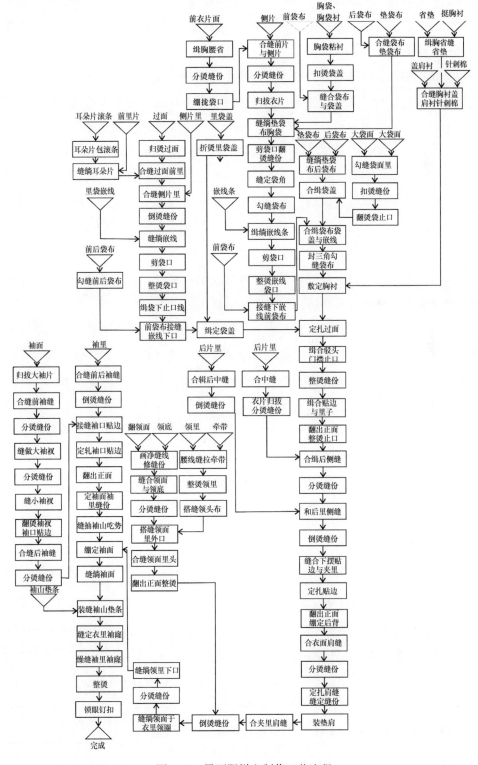

图7-71 男西服样衣制作工艺流程

本章小结

■本章学习了西服的基本知识，常见西服的结构设计，作为引导开发应用，以标准西服为例讲述了开发的程序和方法。

■由于历史、文化、政治和经济等方面的影响，西服已成为少数在世界范围认可和服用的服装之一，兼具传统性和流行性于一身，具有无限的生命力，市场占有率很大且还在稳定增长。西服传统性体现在其较程式化的廓型，领袖的基本结构和细部结构，还有其较考究的穿着用色，所选面料、里料以及较讲究的穿着、搭配和穿用时间、场合地点和事件目的等。西服并不是一成不变的，它不像女装那样具有颠覆性的时尚流行，而是在传统性统领下稳步地变化。如随着新材料的不断出现，制板手段的不断创新，缝制设备和加工技术不断进步。西服在用料、色彩、制板和工艺手段也在不断创新。如原来西服领是连领座的，而现在是分领座的，原领子、驳头的立体效果是通过严格的选料和手工工艺归拔手段实现的，而现在是通过制板、缝制和熨烫来实现，使面料的选择品种扩大了许多。给各种档次的混纺的、仿毛化纤面料提供了广阔的应用机会。总之西服的开发原则是在其程式化、功利性、庄重和简约的基础上稳中求变。这就要求我们要了解西装的历史、文化背景，研究现代市场，从中发现创新点。

■通过几款西服的结构设计学习可以体会到，西服的结构设计是较严谨的，既要考虑静态之美，还要兼顾动态之美，既要考虑衣身整体廓型，还顾及细部设计，顾及与领子、袖子的和谐组合，同时还要考虑所选材料的结构和加工性能。这就要求我们要了解人体构成和运动规律，会审视西服的款式特征，并能设计出合适的成品规格，掌握和运用结构设计原理。总结起来，西服的领子和袖子制图变化不大，主要是衣身的结构变化，而衣身变化的重点是对胸围的合理分配，先据肩宽定背宽，据后肩线定前肩线，据肩线定胸宽，据窿宽定窿深。定好领圈和袖窿，便可配制合适的领子和袖子。

■产品开发，首先要明白开发的程序，掌握每一程序必须具备的知识，通过大量实践，提高开发能力。

思考题

1. 男西服程式化的设计语言有哪些？
2. 男西服流行因素有哪些？这些因素如何变化？
3. 男西服与其他男装在开发方面有哪些异同点？
4. 在西服结构中，为什么前片冲肩量远大于后片？为什么要设肚省？
5. 为什么要对翻折领进行处理？如何处理？
6. 西服袖设偏袖的目的是什么？如何决定偏袖量的大小？

7．西服袖的袖山吃势的影响因素有哪些？如何决定和控制袖山吃势？

8．如何对西服样衣进行试样、观察、分析和修样？

9．西服开发应主要考虑哪些因素？

专业知识及专业技能——

男马甲结构设计与产品开发实例

课题名称：男马甲结构设计与产品开发实例

课题内容：1. 男马甲基础知识

2. 男马甲结构设计

3. 男马甲产品开发实例

课程时间：4课时

教学目的：通过教学，使学生了解马甲的分类及其款式设计的变化因素，掌握经典马甲的制图方法及其开发程序。

教学方式：理论讲授、图例示范

教学要求：1. 使学生了解关于马甲的基础知识。

2. 使学生掌握西服马甲的制图方法，熟悉变化原理并学会运用，能够独立绘制其余款式的结构图。

3. 使学生熟悉产品开发的流程及马甲类服装的表单填写。

课前准备：查阅相关资料并搜集马甲款式及流行信息。

第八章 男马甲结构设计与产品开发实例

第一节 男马甲基础知识

马甲是一种无领无袖，且较短的上衣，主要功能是使前后胸区域保温并便于双臂活动。马甲在男装的类别中属内衣配服，一般不单独使用，它可以与衬衫搭配直接外穿，也可以与外套搭配内穿。经典的马甲往往具有很强的程式化，兼备实用功能与礼仪功能。随着时代的发展，作为男装的一种经典类别，马甲设计也开始向时尚、休闲、功能等方向延伸。

一、分类

马甲一般按其制作材料命名，如皮马甲、毛线马甲等。它可做成单的、夹的，也可在马甲中填入絮料。按絮料材质分别称棉马甲、羊绒马甲、羽绒马甲等。随着科技进步和服装材料的发展，20世纪80年代起还出现医疗马甲、电热马甲等新品种。以下根据马甲的着装礼仪及功能将其分为四大类。

（一）普通马甲

1. 套装马甲

如图8-1所示，此类马甲为常见款式，通常与西服上衣及西裤组成三件套，单排五粒扣马甲是其标准搭配，制作时前身材质和颜色与西服、西裤相同，胸腰部做挖袋，侧开衩，后背用里料，后腰可装调节腰带。

2. 调和马甲

用于搭配休闲类西装穿着，整体结构同套装马甲相似，但设计更自由，可在衣身处加入分割。

（二）礼服马甲

根据礼服使用时间及场合不同，其搭配的马甲也不同，如图8-2所示为两款礼服马甲，与燕尾服搭配的马甲为白色，常用前片三粒扣，后背系带的款式；如与塔士多礼服搭配时，黑色为标

图8-1 套装马甲

图8-2　礼服马甲

准色，常用缎料制作的卡玛绉饰带代替马甲；搭配晨礼服使用时，银灰色为标准色，常采用双排六粒扣款式。礼服马甲的使用规则在男装TPO的研究中有更深入的探讨，遵循这些规则使得国际化交流更快更融洽。

（三）运动休闲马甲

此类马甲是随着服装工业化发展出现的，其穿着不受程式化约束，且款式设计多变，色彩搭配自由，材质选择也无限制，更适合大众的消费水平及多样化需求，总体造型比套装马甲宽松。

（四）功能马甲

随着人们生活水平的提高，对服装的要求不再局限于色彩款式等表面化的因素，服装的功能性也逐渐受到关注，各式的功能型面料层出不穷，而马甲由于其结构简单大方，活动方便且能够对身体躯干起到保护作用等特点成为了功能型服装款式的首选，典型的有救生马甲、防弹马甲、钓鱼马甲、摄影马甲、防辐射马甲及环卫部门常用的反光类标志马甲等。如图8-3所示为一款功能型钓鱼马甲。

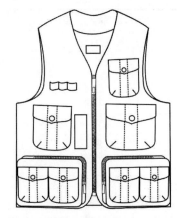

图8-3　钓鱼马甲

二、款式设计

马甲类服装结构较简单，设计时除了考虑面料及色彩因素外，造型与款式的变化可参考表8-1完成，表中列举了马甲造型与款式的构成要素及其对应的变化，旨在为马甲的设计提供理性参考，如图8-4所示为常见的几种马甲款式。

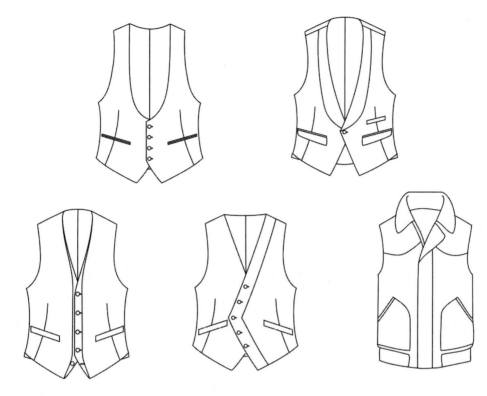

图8-4　常见马甲款式

表8-1　马甲造型与款式的构成要素

造型与款式的构成要素			要　素　的　设　计
贴体程度			贴身，较宽松，宽松
衣长			短（至腰围），中长（标准），长（至臀围），超长（臀以下）
肩宽			窄肩（<7cm），宽肩（7～14cm），冒肩（>14cm）
领口形状			V型，U型等
领型			平驳领，戗驳领，青果领，翻领等
后领			有领台，无领台
门襟	形状		直线，弧线，折线
	宽度		单排扣，双排扣
	样式		单层，双层
口袋	正装类	个数/位置	0～4/前身胸腰部
		样式	板袋、单开线、双开线、双开线带盖
	休闲类	个数/位置	不限
		样式	挖袋，贴袋，立体袋，拉链暗袋，组合袋等
腰部调节方式			无，调节扣，松紧
开口方式			纽扣，搭钩，拉链，粘扣等
开衩			无，侧开衩（常用），后中开衩
其他			分割，装饰等

第二节 男马甲结构设计

马甲广泛应用于套装、礼服及日常穿用的搭配中，单排五粒扣马甲为三件套西服的标准搭配，也是马甲的基本型，以此变化出的双排六粒扣马甲及燕尾服马甲都是礼服的惯用搭配，此外，很多户外休闲运动也看中了马甲的功能性。本节内容将对几种常用马甲的结构处理进行逐一介绍。

一、西服马甲

该款马甲是男装中较为经典的款式，通常与西服上衣，裤子组成西服三件套，一般要求在西服驳领内可看到2~3粒扣，前身面料同西服面料，后身面里均采用西服里料。

（一）款式说明

造型合体，前领口呈V型，单排五粒口，前下摆尖角，三开袋，前身收省，侧缝设摆衩，后身做背缝，收腰省，款式如图8-5所示。

图8-5 西服马甲款式

（二）制图规格

西服马甲制图规格见表8-2。

表8-2 西服马甲制图规格　　　单位：cm

号/型	背长	总体长（FL）
170/88A	42.5	145

（三）结构制图

西服马甲衣身结构在马甲原型（参见本书第三章图3-16）基础上调整，具体方法如图8-6所示。

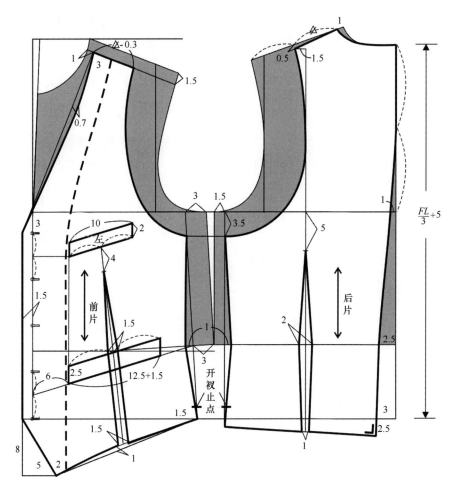

图8-6 西服马甲结构

（四）结构要点

1. 胸围松量

作为西服内层的配服，马甲在总体结构上应做缩量处理，胸围放松量缩至贴体的程度，按照纸样前紧后松的缩量原则，前侧缝收缩3cm，后侧缝缩1.5cm，后中缩1cm，半胸围松量从原型的8cm变至2.5cm，成品马甲的胸围放松量在4~6cm，满足贴体的要求。

2. 衣长

考虑到衣长与人体比例的关系，设定$\frac{FL}{3}+5$为后衣长，而非定寸取值，使结构设计更科学严谨。

3. 肩线

前后领窝横开领沿肩斜方向加大1cm，后肩线宽度取剩余肩线的$\frac{1}{2}$，同时新的肩点位置下降0.5cm以增加后肩斜度，前肩线向下平移1.5cm，长度较之后肩少0.3cm的缩缝量。

4. 袖窿

窿底较原型下降3~3.5cm，画顺袖窿线，后袖窿可设定1.5cm的冲肩量辅助线，前袖窿线需参照胸袋的位置画顺，胸袋距离袖窿线至少2cm，前后袖窿线在窿底处拼接圆顺。

5. 门襟

V型领口的深度与窿深基本一致，搭门宽度1~1.5cm，领深处为第一粒扣位，最后一粒扣位在后衣长水平延长线与前中的交点，其余扣位等分确定。

6. 口袋

口袋距离前中6cm，如图8-6所示，高低位置需通过扣位确定，袋口方向与底摆基本平行，需注意大袋处由于有省道通过，因此在制图时要在原本设定的袋宽值上加入1.5cm的省道量，才能准确定位袋口。

7. 下摆

下摆尖角处采用5：8的黄金比例，更具美观性，前侧缝距下摆1.5cm处开衩，后衣片下摆处保证垂直使后衣片更加平顺，侧缝处后片也略长于前片，这种结构设计不仅保证了马甲的视觉美感，同时也对腰部的活动起调节作用。

（五）试样与修正

马甲作为贴体的服装，一些细微的疵病会严重影响服装的美观性，因此马甲的补正不容忽视。

1. 后领疵病的补正

由于马甲的后片全部由柔软易变形的里料制成，因此后领颈侧及后中处易出现细小的褶纹。如图8-7所示，当后领颈侧处出现褶纹时，说明后领深过量引起颈侧长度浮余，应适当下降颈侧点的高度；当后中处出现水纹褶时，说明后中点过高引起后中线长度浮余量堆积在后中处，在结构上处理时应适当下降后中点的高度，同时为保证衣长，下摆处也应做出相应调整。

2. 前后衣身不均衡的补正

试穿时经常会发现有前后衣身有不均衡的时候，如前片松弛而后片紧拉，或前片起吊而后片堆积，都是由于不均衡引起的。当前片起吊而后片堆积时应增加前衣片长度及减少后衣身长度，如图8-8所示，在袖窿处打开，前衣身拉伸加长，同时后衣身重叠缩短；反

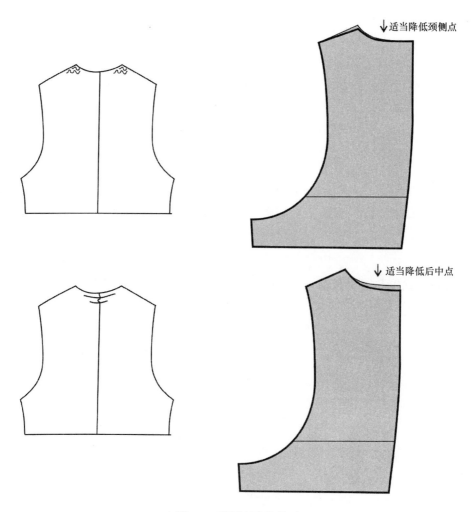

图8-7 后领疵病的补正

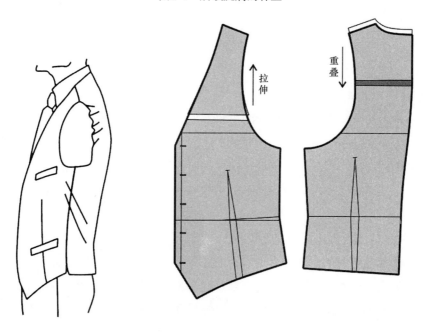

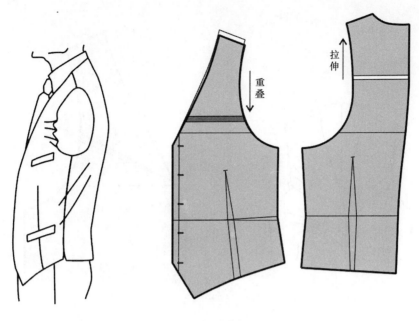

图8-8　前后身不均衡的补正

之，当前片松弛而后片紧拉，补正方法刚好相反，需缩短前片，加长后片。

3. 前身浮褶的补正

不同的人体型千差万别，屈身体与挺身体的人在穿着马甲时易出现前身浮褶的问题，如图8-9所示，屈身体型的人易出现领口浮褶，补正时以袖窿长度不变的旋转重叠法缩短领口长度，达到去除浮褶的目的，同时横开领也会伴随缩小，缩小撇胸量以适应体型需求；反之，挺身体型的人易出现前身袖窿浮褶，补正时以领深为圆心旋转重叠缩短袖窿长度，去除浮褶，同时横开领也会伴随加大，相当于增加撇胸量以适应体型需求。

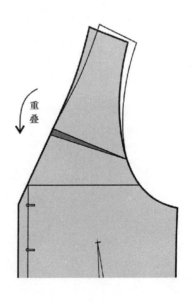

图8-9

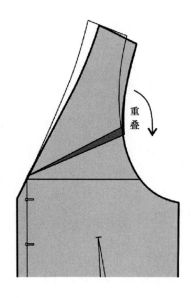

图8-9　前身浮褶的补正

二、双排扣马甲

（一）款式说明

　　如图8-10所示，该款马甲造型合体，双排六粒口，戗驳领，平下摆，两开袋，前后身收省，后身做背缝。

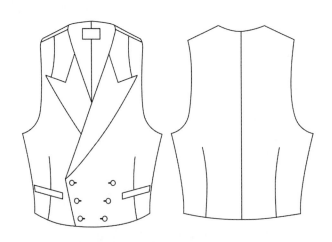

图8-10　双排扣马甲款式

（二）制图规格

　　规格尺寸参考西服马甲。

（三）结构制图

双排扣马甲衣片结构如图8-11所示。

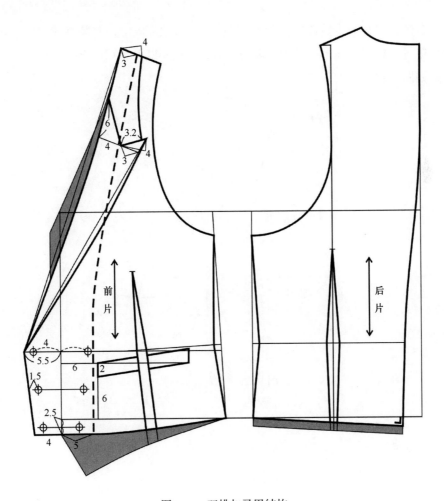

图8-11　双排扣马甲结构

（四）结构要点

以西服马甲为基本型，并在此基础上进行调整。

（1）前领深降至腰围线处，前衣长缩至衣长水平线下2.5cm，搭门宽度由5.5cm逐渐过渡至4cm。

（2）先确定外侧扣位，并与中心线对称确定内侧扣位。

（3）下摆变化后根据衣身比例及下摆倾斜度重新定袋位，省道位置及大小保持不变。

（4）取消开衩，后衣身缩短，但后中处仍需保持垂直。

三、礼服马甲

（一）款式说明

造型合体，短小精干，深V型领口，呈挂脖状与颈部固定，并装有前中处不重叠的青果翻领，单排三粒口，前下摆尖角，前身收省，侧缝不断开，后中破缝，呈窄带式置于腰部，款式如图8-12所示。

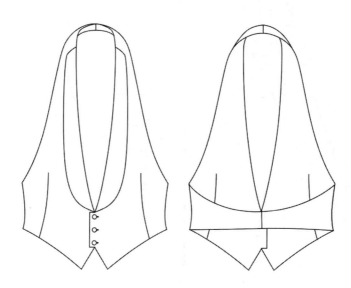

图8-12　礼服马甲款式

（二）制图规格

规格尺寸参考西服马甲。

（三）结构制图

礼服马甲衣身结构如图8-13所示。

（四）结构要点

（1）后中WL线向上2.5cm处作水平线与前中线相交，交点为第二粒扣位，上下3cm分别确定其他两粒扣位，由此确定领深点。

（2）横开领点沿肩线方向向内延伸1.5cm，并垂直向上量取绕颈所需长度，并横向截取宽度3cm。

（3）肩线处宽约3.5cm，侧缝线从腰围线向上量取10cm作为侧缝宽度，后片后中宽度为3cm，画顺弧线。

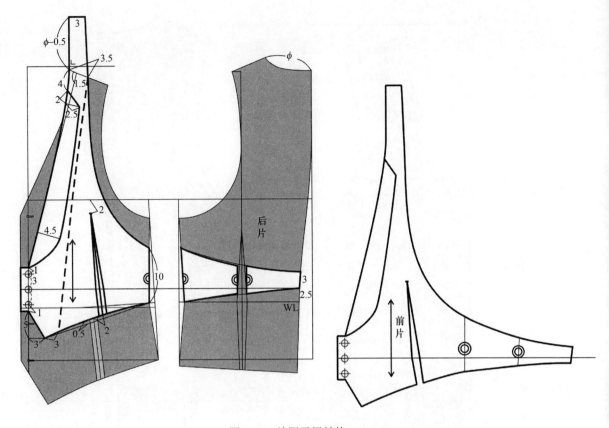

图8-13 礼服马甲结构

（4）拼接侧缝及后片省道，并对弧线作出修正，确保弧线由前至后过渡圆顺。

四、斯诺克马甲

（一）款式说明

造型合体，前领口呈V型，单排六粒口，前下摆尖角，左右腰部各一双开线挖袋，前身收省，侧缝设摆衩，后身明显长于前身，并做背缝，收腰省，款式如图8-14所示。

（二）制图规格

规格尺寸参考西服马甲。

（三）结构制图

斯诺克马甲衣身结构如图8-15所示。

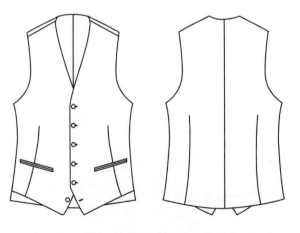

图8-14 斯诺克马甲款式

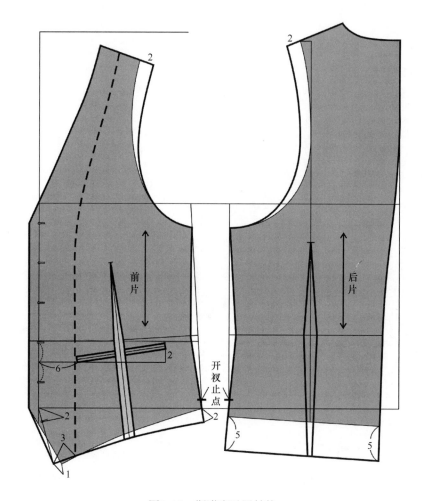

图8-15　斯诺克马甲结构

（四）结构要点

（1）肩线加宽2cm。

（2）调整前片下摆尖角造型，后片下摆平行加长5cm，前片侧缝处加长2cm，开衩位置不变。

（3）最后一粒扣位挪至原衣长水平线下2cm处，五等分确定其他四粒扣位。

五、钓鱼马甲

（一）款式说明

造型为宽松的H型，衣长及臀，前领口呈V型，前中上拉链，下摆水平，左右前片不对称分布数个大小不等的功能性口袋，后背肩胛处水平分割并加拉链暗袋，款式如图8-16所示。

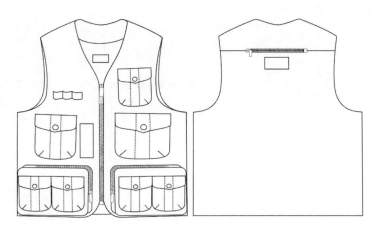

图8-16　钓鱼马甲款式

（二）制图规格

规格尺寸参考西服马甲。

（三）结构制图

钓鱼马甲衣身结构如图8-17所示。

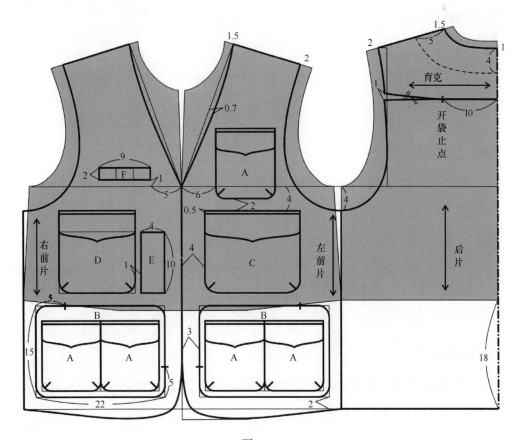

图8-17

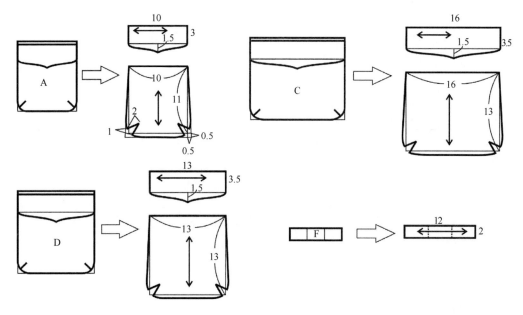

图8-17 钓鱼马甲结构

（四）结构要点

（1）钓鱼马甲需在夹克原型的基础上绘制完成。

（2）领深至胸围线，横开领加大1.5cm，肩点回退2cm，窿深下降4cm，后片肩省处水平分割，腰线下加长18cm，前片下摆修圆角，后中处连裁。

（3）对称拷贝左前片，并分别定位口袋大小及位置。

第三节　男马甲产品开发实例

本章前两节分别介绍了马甲的基础知识和几种常见马甲的结构制图方法。本节选择西服马甲作为案例，分析成品尺寸和纸样设计尺寸、面辅料选用、生产用样板的设计形式和内容、样板表的制订、排料技术及生产制造单的制订等产品开发的各个环节，使学生了解马甲产品开发的过程及要求，从而更好地为马甲产品开发服务。

一、规格设计

表8-3提供了西服马甲各部位加放容量的参考值。实际操作时可根据面料性能适当调整。

表8-3 成品规格与纸样规格　　　　　　　　　　　　　　　　单位：cm

序号	号型\部位	公差	成品规格（170/88A）	加入容量值	纸样规格	测量方法
1	后中长	±1	55	1	56	后中测量
2	肩宽	±1	29	0.2	29.2	水平测量
3	胸围	+1.5/−1	92	1	93	袖隆底点测量
4	腰围	+1.5/−1	80	1	81	水平测量
5	底边围	+1.5/−1	86	1.2	87.2	水平测量

二、面辅料的选用

面料：TX-004纯羊毛精纺面料，幅宽144cm，用量70cm。

里料：醋纤绸，幅宽144cm，用量70cm。

衬料：洗水机织布黏合衬，幅宽90cm，用量70cm。

　　　　洗水无纺布黏合衬，幅宽90cm，用量70cm。

四孔牛角扣，6粒（其中备用扣一粒）。

三、样衣制作用样板

样衣生产用样板包括：面料裁剪样板、里料裁剪样板、衬料裁剪样板、生产用模具。确认无误的净样板经过放缝，得到裁剪用样板。

（一）面料样板放缝

面料样板放缝如图8-18所示。过面与前身连接处为防止止口外吐，故放缝0.8cm，前片下摆不接过面处放缝3cm，图中未特别标明的部位放缝量均为1cm，样板编号代码为C。

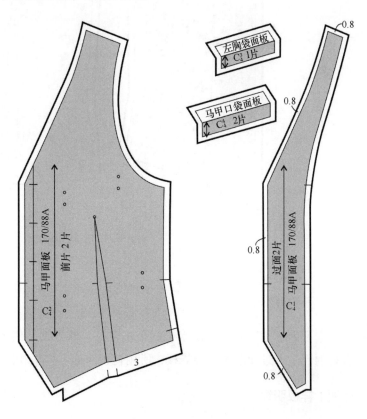

图8-18 面料样板放缝

（二）里料样板放缝

里料样板放缝如图8-19所示。前片里料下摆处缩短1cm，图中未标明的部位放缝量均为1cm，样板编号代码为D。

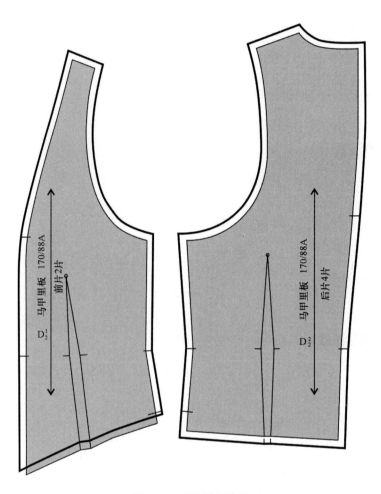

图8-19　里料样板放缝

（三）衬料样板

本款前衣片需要黏合洗水机织布黏合衬，样板编号代码为E；需要黏合洗水无纺布黏合衬的部位有过面以及口袋袋板，所用衬板与面料样板相同，样板编号代码为F。

（四）样板明细

样板完成后，应制作样板明细表，见表8-4，并对照表格检查样板是否有遗漏，以确保生产的正常进行。

表8-4　西服马甲样板明细

项目	序号	名称	裁片数	标记位
面料样板 （C）	1	前片	2	纱向、扣位、袋位、省位、腰线位、开衩位
	2	过面	2	纱向、腰线位、胸围线位
	3	胸袋袋板	1	纱向
	4	口袋袋板	2	纱向
里料样板 （D）	1	前片里板	2	纱向、省位、腰线位、胸围线位、开衩位
	2	后片里板	4	纱向、省位、腰线位、胸围线位、开衩位
机织衬样板 （E）	1	前片衬板	2	同面料样板
机织衬样板 （F）	1	过面衬板	2	
	2	胸袋衬板	1	
	3	口袋衬板	2	

四、排料

（一）西服马甲面料排料

西服马甲面料排料如图8-20所示。

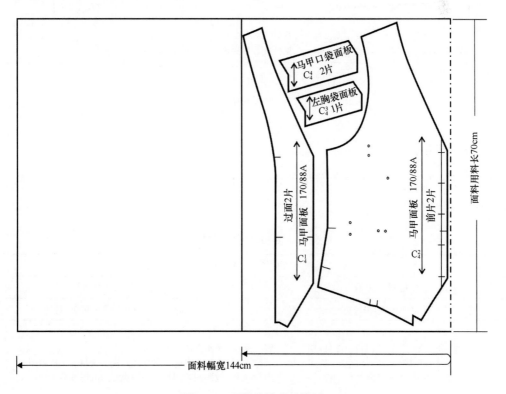

图8-20　西服马甲面料排料

（二）西服马甲里料排料

西服马甲里料排料如图8-21所示。

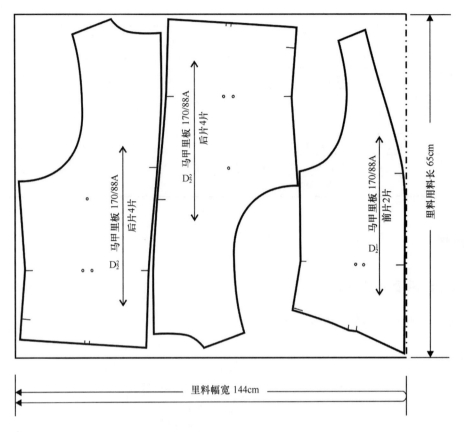

图8-21　西服马甲里料排料

五、生产制造单

在产品开发完成后，制作大货生产的生产制造单，下发成衣供应商。本款马甲的生产制造单见表8-5。

表8-5　西服马甲生产制造单

西服马甲生产制造单（一）	
供应商：××	款名：男式西服马甲
款号：MJ2012	面料：TX-004 纯羊毛精纺面料
备注：1. 产前板：M码每色2件 　　　2. 船头板：M码每色1件 　　　3. 留底板：M码每色2件	4. 洗水方法：干洗 5. 大货生产前务必将产前板、物料卡、排料图、放码网状图到我公司批复后方可开裁大货

续表

<table>
<tr><td colspan="11" align="center">规格尺寸表（单位：cm）</td></tr>
<tr><td rowspan="2">序号</td><td rowspan="2">部位　号型</td><td rowspan="2">公差</td><td>XS</td><td>S</td><td>M</td><td>L</td><td>XL</td><td>XXL</td><td rowspan="2">测量方法</td></tr>
<tr><td>160/80A</td><td>165/84A</td><td>170/88A</td><td>175/92A</td><td>180/96A</td><td>185/100A</td></tr>
<tr><td>1</td><td>后中长</td><td>±1</td><td>52</td><td>53.5</td><td>55</td><td>56.5</td><td>58</td><td>59.5</td><td>后中测量</td></tr>
<tr><td>2</td><td>肩宽</td><td>±1</td><td>27</td><td>28</td><td>29</td><td>30</td><td>31</td><td>32</td><td>水平测量</td></tr>
<tr><td>3</td><td>胸围</td><td>+1.5/−1</td><td>84</td><td>88</td><td>92</td><td>96</td><td>100</td><td>104</td><td>袖窿底点量</td></tr>
<tr><td>4</td><td>腰围</td><td>+1.5/−1</td><td>72</td><td>76</td><td>80</td><td>84</td><td>88</td><td>92</td><td>水平测量</td></tr>
<tr><td>5</td><td>底边围</td><td>+1.5/−1</td><td>78</td><td>82</td><td>86</td><td>90</td><td>94</td><td>98</td><td>水平测量</td></tr>
</table>

西服马甲生产制造单（二）

款号：MJ2012	款名：男式西服马甲

生产工艺要求
1. 裁剪：避边中色差排唛架，所有的部位不接受色差。大货排料方法由我公司排料师指导
2. 统一针距：面线 11 针 /3cm
3. 粘衬部位：前衣片粘机织布黏合衬，挂面及各袋袋板粘无纺布黏合衬
4. 纽扣：150 D /3 股丝光线钉纽扣，每孔 8 股线，平行钉
5. 线：缉主标配标底色线，其余缉线为 B 色

1. 包装要求
烫法
☑平烫　　□中骨烫　　□挂装烫法　　□扁烫　　□企领烫
描述：不可有烫黄、发硬、变色、激光、渗胶、折痕、起皱、潮湿（冷却后包装）等现象

2. 包装方法	3. 装箱方法
Ⅰ.☑折装　　□挂装 Ⅱ.☑每件入一胶袋（按规格分包装胶袋的颜色） 　　□其他 描述：每件成品，线头剪净全件扣好纽扣，上下对折，纽扣在外，大小适合胶袋尺寸，内衬拷贝纸，包装好后成品要折叠整齐、正确、干净。吊牌不可串码，顺序不可挂错（如图所示） 注意：价格牌在上，合格证在中，主挂牌在下，备扣袋在主挂牌下	Ⅰ.单色单码__件入一外箱 □双坑　　☑三坑　　□其他 Ⅱ.尾数单色杂码装箱 描述： 箱尺寸：__cm（长）×__cm（宽）×__cm（高） 　　　　箱的底层各放一块单坑纸板 　　　　除箱底面四边须用胶纸封箱外，再用封箱胶纸在箱底面贴十字 　　　　须用尼龙带打十字

图示：此图示仅供参考，包装方法照样衣

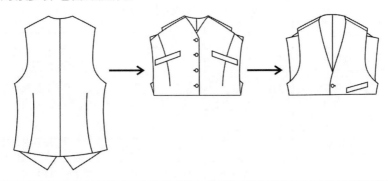

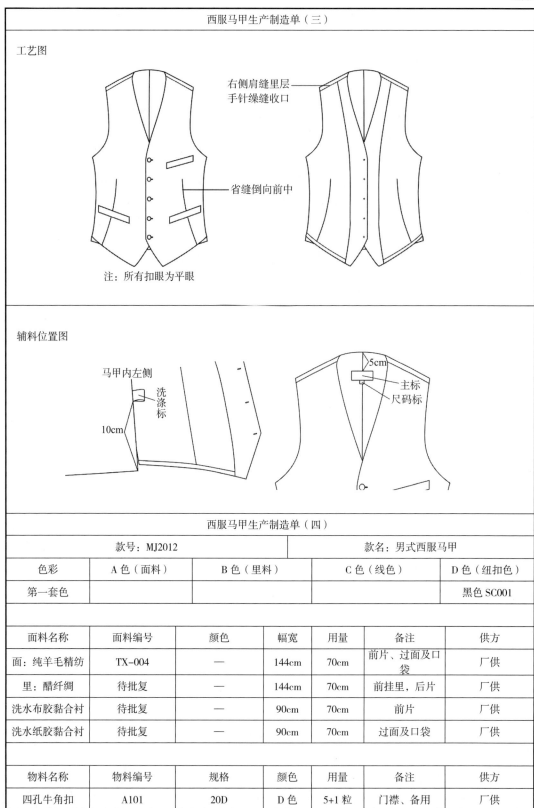

西服马甲生产制造单（三）

工艺图

右侧肩缝里层手针缲缝收口

省缝倒向前中

注：所有扣眼为平眼

辅料位置图

马甲内左侧

洗涤标

10cm

5cm

主标

尺码标

西服马甲生产制造单（四）

款号：MJ2012		款名：男式西服马甲	
色彩	A 色（面料）	B 色（里料）	C 色（线色）	D 色（纽扣色）
第一套色				黑色 SC001

面料名称	面料编号	颜色	幅宽	用量	备注	供方
面：纯羊毛精纺	TX-004	—	144cm	70cm	前片、过面及口袋	厂供
里：醋纤绸	待批复	—	144cm	70cm	前挂里，后片	厂供
洗水布胶黏合衬	待批复	—	90cm	70cm	前片	厂供
洗水纸胶黏合衬	待批复	—	90cm	70cm	过面及口袋	厂供

物料名称	物料编号	规格	颜色	用量	备注	供方
四孔牛角扣	A101	20D	D 色	5+1 粒	门襟、备用	厂供

续表

物料名称	物料编号	规格	颜色	用量	备注	供方
主标	SC11M005	—	黑色	1个	后中	客供
尺码标	SC11M016	分码	黑色	1个	—	客供
洗涤标	—	—	—	1个	—	厂供
面线、平眼线	—	100D/3 股	C 色	—	7S 丝光线	厂供
底线	—	603#	C 色	—	—	厂供
拷边线	—	403#	C 色	—	—	厂供
钉纽线	—	150D/3 股	C 色	—	7S 丝光线	厂供
主标线	—	—	配标底色	—	—	厂供
主挂牌	—	—	—	1个	—	客供
价格牌	—	分码	—	1个	—	客供
合格证	—	—	—	1个	—	客供
拷贝纸	—	—	—	1张	—	厂供
胶袋	—	分码	分色	1个	—	厂供
小胶袋	—	—	—	1个	备用	厂供
单坑纸板	—	—	—	—	一箱2个	厂供
三坑面国产 A 级纸纸箱	—	—	—	—	—	厂供

六、样衣制作工艺流程框图

西服马甲样衣制作工艺流程如图8-22所示。

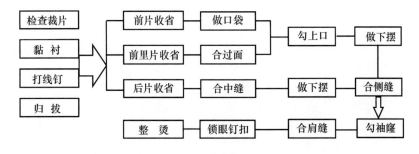

图8-22 西服马甲样衣制作工艺流程

本章小结

■马甲作为男装的经典配服，分为普通马甲、礼服马甲、运动休闲马甲及功能马甲四种。

■马甲设计时要考虑外观及功能，同时还要考虑与整体服装的搭配及程式礼仪。

■作为西服内层的配服，马甲在总体结构上应做缩量处理，横向缩小胸围放松量，纵向降低肩线高度，同时为搭配衬衫着，需加大横开领，缩短肩线长，挖深袖窿。

■制图时尽量采用与身长及胸围的比例关系，减少定寸值，为后期放码提供科学严谨的数据基础。

思考题

1. 设计马甲时需要考虑哪些方面的因素？

2. 简述马甲的几种类型并举例说明。

3. 设计一款式时尚休闲风格的贴身马甲并进行产品开发。

男外套结构设计与产品开发实例

课题名称：男外套结构设计与产品开发实例

课题内容： 1. 男外套基础知识

2. 男外套结构设计

3. 男外套产品开发实例

课题时间：12课时

教学目的：通过教学，使学生了解外套的分类及其款式设计的构成因素，掌握常见外套的结构设计及开发程序。

教学方式：理论讲授、图例示范

教学要求： 1. 使学生了解外套的相关基础知识。

2. 使学生掌握收腰型大衣的制图方法，进一步熟悉较贴体式两片袖结构。

3. 使学生掌握直身型外套的制图方法，理解插肩袖的结构原理，学会分析外观弊病形成的原因，并掌握补正的方法。

4. 使学生掌握松身型外套的结构设计方法，理解帽子结构设计基本原理。

5. 使学生了解风衣的实用性设计，掌握风衣的制图方法。

6. 使学生熟悉产品开发的流程及外套类服装的表单填写。

7. 使学生掌握翻领纸样的处理方法，熟悉面料、里料、衬料的放缝及排料方法。

课前准备：查阅相关资料并搜集外套款式及流行信息。

第九章　男外套结构设计与产品开发实例

通常所说的外套是指春、秋、冬三季外出时穿用的服装，可以穿在西服、夹克、毛衣的外层，更强调抗风保暖的实用功能，包括大衣、短外套、风衣等。

第一节　男外套基础知识

外套也是男装的主要品类之一，与西服套装相比更富有变化，与夹克相比则变化较少。材料的选择根据着装需求而定，防风的外套多选用质地紧密、厚度适中的毛织物或混纺织物；用于防寒的外套，多选用质地厚实的羊毛或混纺毛呢织物。面料的色调以中性为主，驼色为标准色。

一、分类

外套的分类标准明确，不同的外套适用于不同的场合。

（一）按照长度分类

外套的长度根据季节和用途有所不同，一般以过膝线的长度为基本长度，膝线以上的为短外套，适合春秋季穿用；基本长度以下的为长外套，如冬季大衣和风雨衣。

（二）按照造型分类

1. 收腰造型

如图9-1所示，收腰造型的外套属于庄重风格，礼仪性较强，款式比较固定，如柴斯特（chesterfield）外套。

2. 直身造型

如图9-2所示，直身造型的外套造型简洁，配合驳领、圆装合体袖的款式时，略显庄重；配合翻领、插肩袖时略显随意，如巴尔玛（balmacaan）外套。

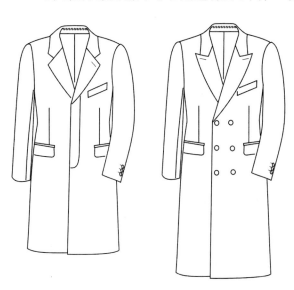

图9-1　收腰型外套

图9-2　直身型外套

3. 松身造型

如图9-3所示，松身造型的外套造型比较夸张，款式变化较多，如达夫尔（duffel）外套、风衣等。

（三）按照袖型分类

1. 圆装袖

圆装袖是指袖与衣身的分界线位于人体臂根四周，这种袖型能够做到贴体，所以多用于收腰型外套，与衣身的贴体造型一致。

图9-3　松身型外套

2. 插肩袖

插肩袖是指袖与衣身的分界线位于人体躯干部分，从结构上讲，是将肩部（或者更大）的衣身与袖山拼接，形成袖片插入肩部的外观效果。这种袖型具有良好的活动性，防寒性和防水性，适用于直身型和松身型外套。

二、款式设计

外套的设计与西服套装相比更富于变化，部件的设计可参考表9-1，部件的选择与组合应该服从整体造型与款式的风格，如图9-1～图9-3所示。

表9-1　外套造型与款式的构成要素

造型与款式的构成要素		要素的设计
造型		收腰，直身，松身
衣长		短款（膝线以上），中长款（过膝），长款（小腿）
领型		驳领，翻领，立翻领
门襟	工艺特征	明门襟，暗门襟
	搭门宽度	单排扣，双排扣
口袋	贴袋	口袋形状（尖角，圆角，切角），袋盖形状（方角，圆角，尖角），成型状态（平贴，立体）
	挖袋	袋口（单嵌线，双嵌线，加袋盖），走向（横向，纵向，斜向）
带襻	位置	肩部，袖口
	形状	尖角，圆角，方角

续表

造型与款式的构成要素		要素的设计
开衩		下摆（后中，两侧），袖口
袖型	绱袖位置	圆装袖，插肩袖，混装袖
	分 割	大小袖分割，袖中线分割

第二节 男外套结构设计

服装的造型与款式决定其平面结构，本节以不同造型与款式的外套为例，介绍外套的结构设计。

一、收腰型大衣

这款收腰型大衣采用了柴斯特外套的多种元素，造型严谨，颇显庄重，适合比较正式的活动穿着。面料多选用毛呢类粗纺织物，质地厚实，保暖性好，颜色以深色居多。

（一）款式说明

如图9-4所示，该款大衣造型较贴体，长过小腿，全挂里。戗驳领，双排六粒扣，左胸手巾袋，左右各一带盖挖袋，收腰省，后中分割，下摆开衩；圆装袖，袖中线分割，袖口有装饰襻，钉扣一粒；各部位止口缉明线。

（二）制图规格

收腰型大衣制图规格见表9-2。

（三）结构制图

1. 衣身与领的结构

该款大衣衣身结构采用原型法确定，所用原型为外套原型（见本书第三章第三节），具体制图方法如图9-5所示。

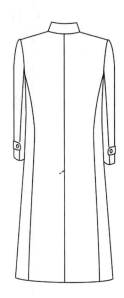

图9-4 收腰型大衣款式

表9-2 收腰型大衣制图规格   单位：cm

号/型	胸围（B）	后衣长（L）	袖长（SL）	底领（a）	翻领（b）
170/88A	88+28	112	55.5+5.5	3.5	4.5

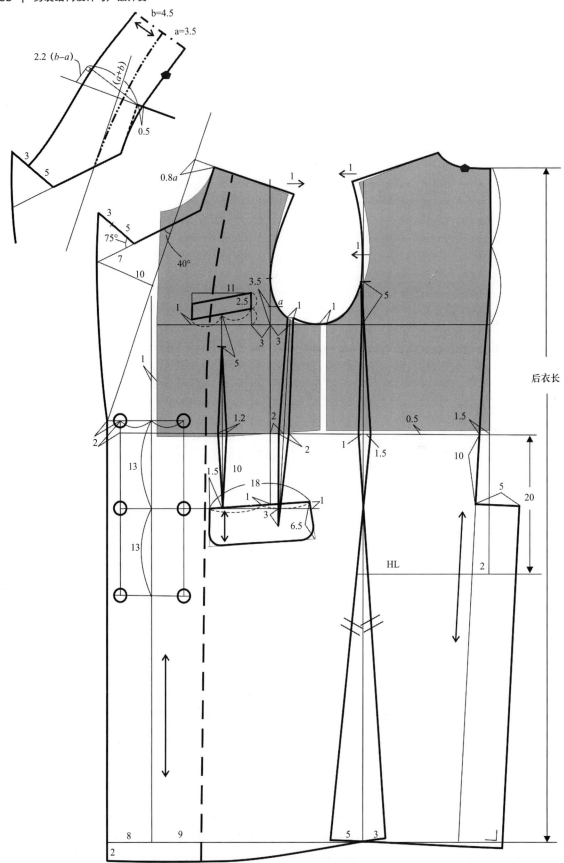

图9-5 衣身与领的结构

2. 袖片结构

这款大衣采用较贴体的两片袖，结构如图9-6所示。

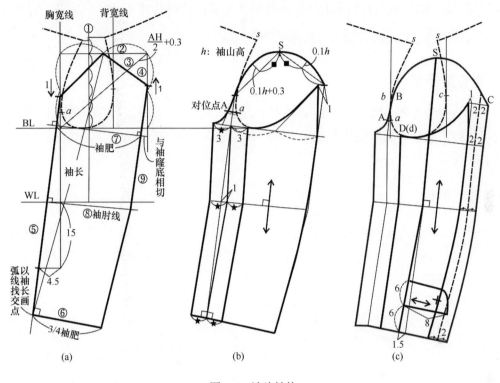

图9-6 袖片结构

（四）结构要点

（1）胸围：大衣的半胸围松量为14cm，其中满足较贴体造型需要的8cm，门襟厚度容量、肋省各1cm，后中收进约1cm，内穿衣物厚度与大衣成品厚度的容量约3cm。

（2）后衣长：大衣的后衣长需要根据款式图比例确定，对于经典款式，后衣长也可以根据身高（号）颈椎点高（FL）或背长计算，公式为后衣长$=\frac{3}{5}\times$号$+$（10~14）cm、后衣长$=\frac{3}{4}FL+$（12~16）cm，或后衣长$=2.5\times$背长$+$（6~10）cm。

（3）腰节线：较贴体的收腰型大衣，背长需要纵向松量，在大衣原型的基础上，腰节线整体下落0.5cm。

（4）大袋：大袋的人性化设计使着装者的双手方便出入，需要从袋口大、袋位、袋口方向等方面综合考虑。袋口大的基本要求为：袋口大≥手掌宽+手掌厚度+松量=11+3+1=15cm，袋口大还应该与大衣整体的宽度及长度比例协调，所以本款设为18cm；袋口位于腰节线下10cm（低于西服大袋的位置），与腰节线平行（翘势1cm），袋口中心点距离胸宽线1.5cm。

（5）下摆：前中下摆下落2cm，其中1cm为腰节线下落量，1cm为款式需要量。

（6）领：领结构需要在衣片基础上确定，领侧区开角比例=（$a+b$）：2.2（$b-a$），制作时，领片需要进行分领座处理。

（7）袖：袖片采用较贴体的两片袖结构，需要在袖窿基础上确定袖结构。袖山高取平均袖窿深的 $\frac{5}{6}$，特别强调袖山与袖窿对位点的确定。

二、直身型外套

这款直身型外套与巴尔玛外套相似，造型风格简洁、大方、潇洒，颇显男士风度，适合公务、商务着装。面料多选用厚度居中的华达呢类毛织物或混纺织物，颜色多为驼色、咖啡色、深蓝色等。

（一）款式说明

如图9-7所示，该款外套造型较宽松，长至膝上，全挂里。方角翻领，暗门襟四粒扣，左右各一贴板式斜口挖袋，后中分割，下摆开衩；插肩袖，袖口有装饰襻，钉扣一粒；门襟、翻领、后中、袋板、袖襻止口缉明线。

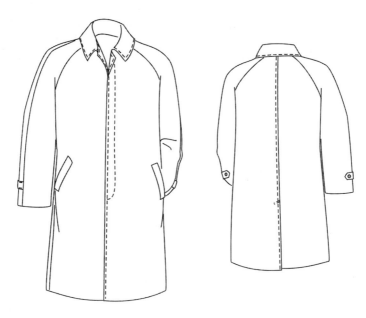

图9-7 直身型外套款式

（二）制图规格

直身型外套制图规格见表9-3。

表9-3 直身型外套制图规格 单位：cm

号/型	胸围（B）	后衣长（L）	袖长（SL）	袖口（CW）	底领（a）	翻领（b）
170/88A	88+26	90	55.5+5.5	34	4.5	6.5

（三）结构制图

该款外套衣身结构采用原型法确定，所用原型见本书第三章第三节（参考图3-17），具体制图方法如图9-8和图9-9所示。

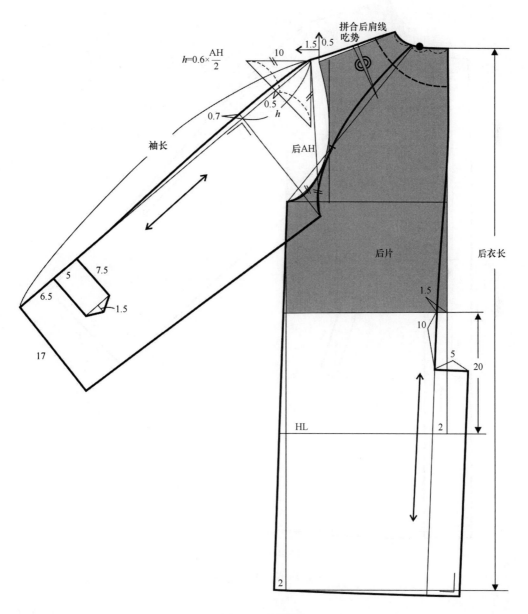

图9-8 后身结构

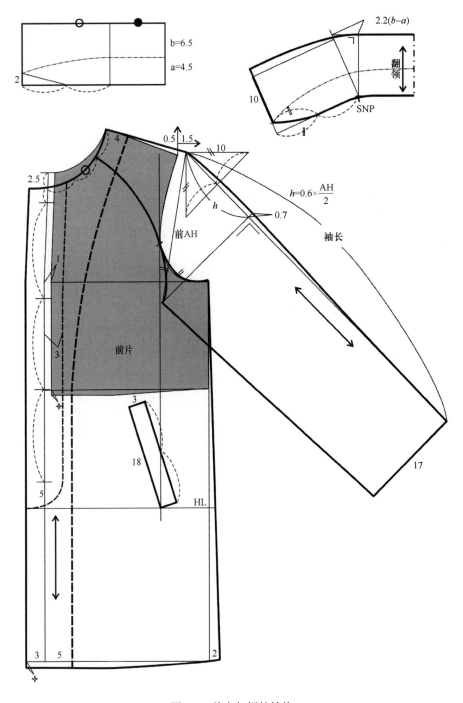

图9-9　前身与领的结构

（四）结构要点

（1）胸围：这款外套虽然造型较宽松，但由于用料较薄，成品厚度比收腰型大衣薄，而且不收腰，所以胸围松量中的成品厚度所需容量较少，造型松量也较少，综合考虑，确定半胸围松量为13cm，其中门襟厚度容量1cm，后中收进约1cm。

（2）后衣长：短外套的后衣长需要根据款式图比例确定，对于经典款式，后衣长也可以根据身高（号）或颈椎点高（FL）计算，公式为后衣长=$\frac{3}{5}$×号–（10~14）cm、后衣长=$\frac{3}{4}FL$–（8~12）cm，或后衣长=2×背长+（2~6）cm。

（3）大袋：口袋的人性化设计，需要从大小、位置、方向等方面综合考虑，要求方便着装者双手的出入。该款外套斜袋口大18 cm，下口位于臀围线，袋口中点与外套原型的前宽线相交，袋口斜度为19°（9∶3=15∶5）。

（4）下摆：下摆与腰节线平行，前中下落1 cm。

（5）领：翻领前中需要一定的起翘量，一方面，着装状态下领前区造型越贴体，需要的起翘量越大；另一方面，领窝前区的弧度越大，需要的起翘量越大。一般取值为1.5~3cm，常用值为2cm。

领侧开角与领宽相关，开角比例=（$a+b$）∶2.2（$b-a$），制作时，领片需要进行分领座处理。

（6）袖：这款外套采用较贴体的插肩袖型，袖山高$h=0.6×\frac{AH}{2}$。插肩袖的结构实质为圆装袖与袖窿在上半区拼接，连为一体后形成袖借肩的分割，如图9–10所示。

①插肩袖原理：当圆装袖以一定角度（α）与袖窿拼接时，袖山高点与肩点分离，且高于肩点；能完全拼接的区域位于袖窿的较高区域，而且拼接范围是有限的；袖窿中区与袖山分离，形成一定间隙；窿底与袖山底部相互交叉重叠。插肩袖需要袖片与衣身连为一体，首先考虑重合区域（AB区间），因为拼接后二者的面积均未变化；其次考虑分离区域（A至SP及BC区间），连片后总面积扩大，允许操作，只是成衣的对应部位会产生相应的多余量（放松的褶）；最后考虑重叠区域（C点以下），连片后面积会缺失一倍，所以不允许操作。那么，理论上讲，可以实现肩袖连片的区域为C点以上，当肩袖连片后，除重叠区域外，衣片和袖片的其他部位都可以设计分割线。

②插肩袖应用：实际应用中，为方便制图，首先以肩点为基点，上提并外扩一定距离，确定袖山高点；然后以该点为原点建立直角坐标，明确袖中线夹角；进而沿袖中线取到袖山高，并对应袖窿长度确定袖肥；接着在C点以上选定肩袖分离点D，第一方面，D点一定要高于C点，此时重叠区域放大，对于成衣来说，进一步增加了腋下松量，所以插肩袖运动机能较好。第二方面，D点最好位于前胸（后背）宽线之内，不然会使原本已经属于放大的区域产生二次放大，前胸宽处产生过多的余量。第三方面，D点定位要考虑窿底弧线与袖山底弧线都圆顺而且等长。

前后片的肩斜不同，袖窿形状差异，前后袖山形状也明显有别，所以插肩袖的袖中线夹角不同，前夹角略大于后夹角5°左右。外套原型中，后肩线包括0.5~1cm吃势，制作纸样时，需要将吃势以肩省形式拼合。

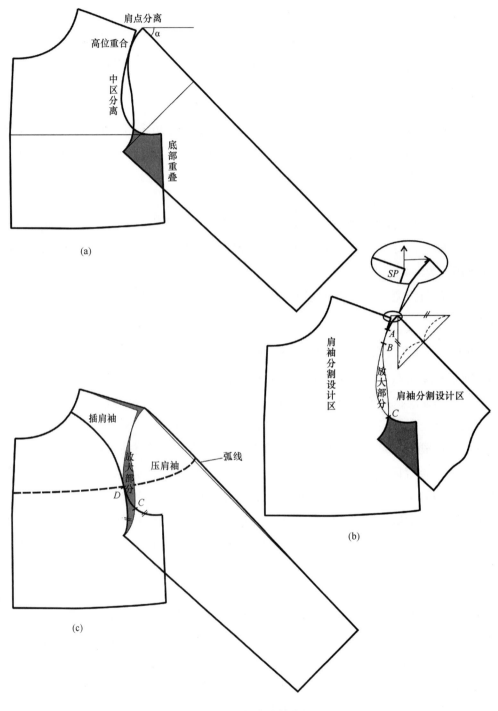

图9-10　插肩袖结构

（五）试样与修正

结构设计时，需要进行布样确认，反复试样修正后才能得出最理想的结构。试样中，常出现的问题有两种，一是服装所给面积大于人体需要面积，此时外观上会形成放松的褶，褶的走向与多余量的方向垂直，如横向的余量会以纵向松褶的形式呈现；另一种情况是服装所给面积小于人体需要面积，此时外观上会形成受力的褶，褶的走向呈放射状，集中指向最不能满足人体需要的区域，比如围度不足的上衣，系上纽扣时，在系合点两侧会出现放射状褶纹。

针对这款插肩袖外套，给出以下几种弊病的补正方法。

1. 后背松褶的补正

如图9-11所示，当后背出现横向波纹状松褶时，需要在衣片相应部位，沿褶的走向剪切，并作折叠处理。

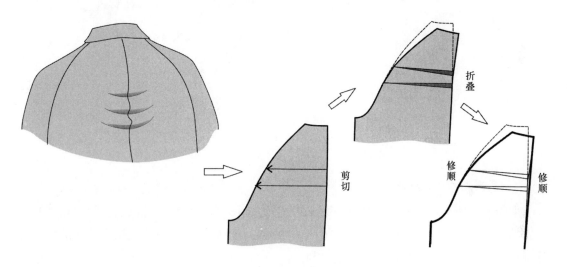

图9-11　后背松褶的补正

2. 肩头松褶的补正

如图9-12所示，当肩头出现横向波纹状松褶时，需要在袖片相应部位，沿褶的走向剪切，并作折叠处理。

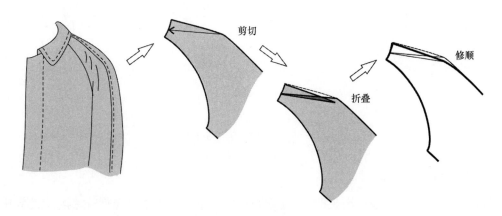

图9-12　肩头松褶的补正

3. 肩头受力褶的补正

如图9-13所示，当肩头出现放射状受力褶时，需要在衣片相应部位，沿与褶垂直的方向剪切，并作打开处理。

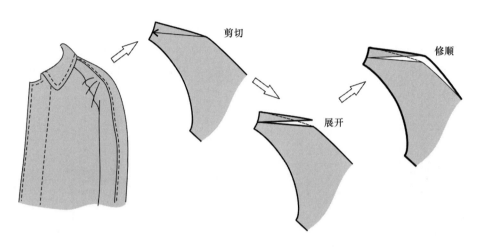

图9-13　肩头受力褶的补正

4. 颈侧受力褶的补正

如图9-14所示，当颈侧出现放射状受力褶时，需要在衣片相应部位，沿与褶垂直的方向剪切，并作打开处理。此时，插肩袖内的领窝加长，如果不希望改变插肩袖在前领窝的分割比例，可以与衣片拼合后，重新分割。

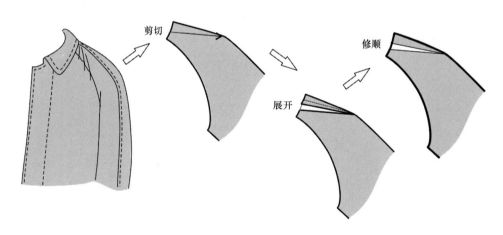

图9-14　颈侧受力褶的补正

5. 前中揽盖的补正

如图9-15所示，着装后出现前中下摆起吊，且门襟与底襟在下摆处重叠过多的弊病，称为揽盖，主要原因是前中线上部纵向长度不足。没有出现纵向放射状受力褶，是因为门、底襟不是一个整体，向上受力后，分别可以向对方区域延伸，所以出现重叠量过大的弊病。此时需要在衣片相应部位，沿水平方向剪切，并作打开处理。

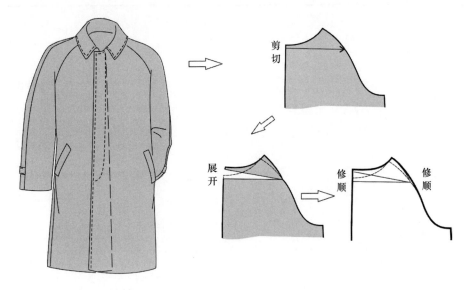

图9-15　前中搅盖的补正

三、松身型外套

这款松身型外套与达夫尔外套相似，造型风格简洁、粗犷、随意，适合日常休闲着装。面料多选用厚实的粗纺毛呢类织物，颜色多为驼色、咖啡色等。

（一）款式说明

如图9-16所示，该款外套造型宽松，长至膝上，全挂里。圆顶连体帽，前中下口有可拆卸的挡片；前中门襟较宽，四粒橄榄扣，皮带扣襻；前后肩部整体育克，左右各一带盖方角大贴袋；背宽线处分割，下摆开衩；较宽松的圆装袖，袖口有尖角状装饰襻，钉扣一粒；各部位止口缉明线。

（二）制图规格

松身型外套制图规格见表9-4。

图9-16　松身型外套款式

表9-4　松身型外套制图规格　　　　　　　　　　　　　　　单位：cm

号 / 型	胸围（ *B* ）	后衣长（ *L* ）	袖长（ *SL* ）
170/88A	88+30	90	55.5+6.5

（三）结构制图

该款外套衣身结构采用原型法确定，所用原型见本书第三章第三节（参考图3-17），具体制图方法如图9-17 ~ 图9-20所示。

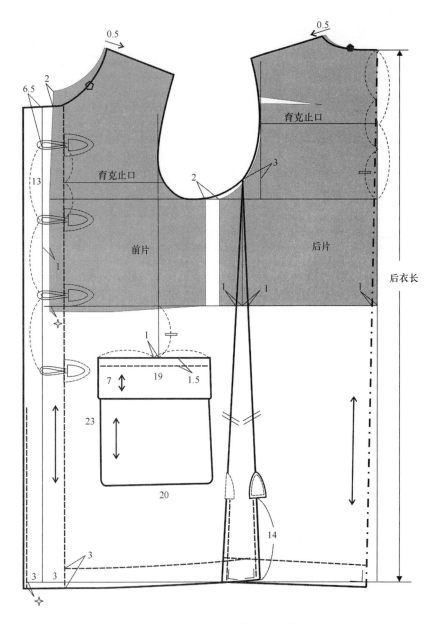

图9-17　松身型外套衣身结构

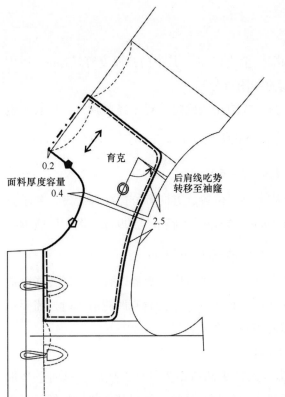

图9-18 松身型外套育克结构

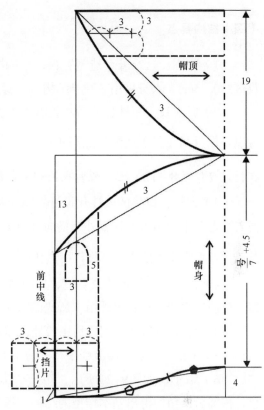

图9-19 松身型外套帽子结构

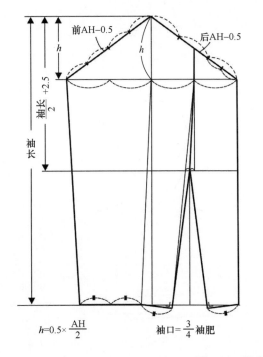

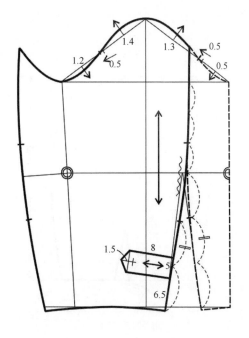

图9-20 松身型外套袖片结构

（四）结构要点

（1）胸围：这款外套造型宽松，半胸围松量为15cm，其中门襟厚度容量1cm，后中收进约0.5cm。衣身采用三开身结构，在背宽线附近分割。

（2）后衣长：短外套的后衣长需要根据款式图比例确定，对于经典款式，后衣长也可以根据身高（号）或颈椎点高（FL）计算，公式为后衣长 $=\frac{3}{5}\times$ 号 $-$（$10\sim14$）cm、后衣长 $=\frac{3}{4}FL-$（$8\sim12$）cm，或后衣长 $=2\times$ 背长 $+$（$2\sim6$）cm。

（3）大袋：口袋的人性化设计，需要从大小、位置、方向等方面综合考虑，要求方便着装者双手的出入。该款外套横向袋口大19cm，袋口低于腰节线约9cm（图中取胸围线与后颈点垂直距离的 $\frac{1}{3}$），袋口中点比外套原型的前宽线偏前1cm。

（4）育克：前后连体式育克，肩线拼接前，需要将后肩线吃势以省道形式转移至袖窿，使前后肩线等长；另外由于所选面料比较厚，覆盖在外层的育克跨越肩头时，需要留出一定的面料厚度容量，同样后中线处也需要相同的厚度容量。

（5）下摆：下摆与腰节线平行，前中下落1cm。

（6）帽子：如图9-21所示，帽子结构以人体头部造型为基础，横向、纵向适当加放，修圆后顶角便得出基本帽型的结构。帽子下口与领窝连接，所以其形状与翻领的下口相似；当领窝基本合体时，其长度小于头围，需要在颈侧区域设省道；当领窝放大，与头围差值较小时，可以不设省道。

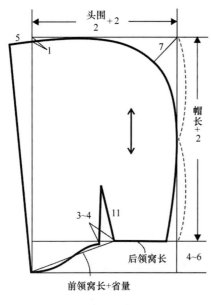

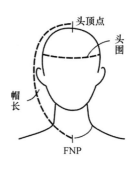

(a) 帽的基本结构

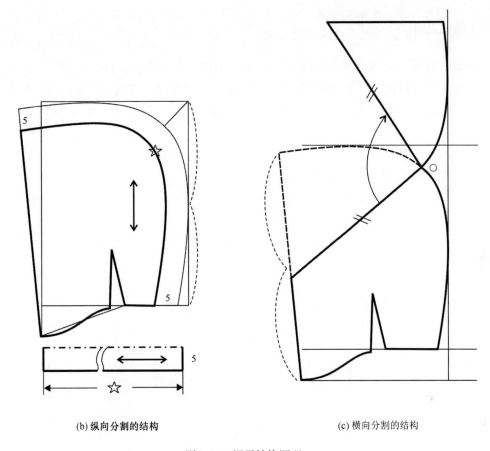

(b) 纵向分割的结构　　　　　　　　　　(c) 横向分割的结构

图9-21　帽子结构原理

　　为了使帽子更适合于头部，可以对基本帽型进行分割，通过调整分割线形状，帽型会更圆润。常用的分割线大致有纵向、横向两种，本款外套的帽型采用横向分割。分割线在后中的位置以头的高度（7头身的比例）为基础，加入4.5cm松量，前中的位置选择头侧面与头顶相交位置的下方，大约为基本帽型结构中前中线的中点，并且在该处加入扣襻，用来调节帽口的长度，增强保暖性。

　　（7）袖：本款外套采用较宽松袖型，袖山高$h=0.5 \times \dfrac{AH}{2}$，两片袖的基本结构，将大袖与小袖的前袖缝拼接，形成连片袖，保留后袖缝，袖襻夹入其中。

四、风衣外套

　　这款风衣造型风格粗犷、潇洒，款式重在功能设计：宽阔的立翻领可以完全直立，封闭后颈部；右肩的挡风片可以覆盖系扣之后的左门襟，封闭前颈部；后背的披肩可以防止雨水直接淋湿后身；袖口的带襻可以四周收紧，封闭腕部……多种部件的设置满足防风要求，适合外出着装。面料多选用中等厚度而且密实的斜纹棉布，颜色多为驼色、米色、卡其色等。

（一）款式说明

如图9-22所示，该款风衣造型宽松，长至小腿，全挂里。分体式立翻领，双排扣门襟，驳头暗藏四粒扣，门襟可见6粒扣；插肩袖，另加肩襻，右肩有防风挡片，长腰带，左右各一贴板式斜插挖袋；后背有披肩，衣身后中分割，下摆开衩；袖口环绕带襻；各部位止口缉明线。

图9-22　风衣外套款式

（二）制图规格

风衣外套制图规格见表9-5。

表9-5　风衣外套制图规格

单位：cm

号／型	胸围（B）	后衣长（L）	袖长（SL）	底领（a）	翻领（b）
170/88A	88+29	112	55.5+7.5	4	6

（三）结构制图

该款外套衣身结构采用原型法确定，所用原型见本书第三章第三节（参考图3-17），具体制图方法如图9-23～图9-25所示。

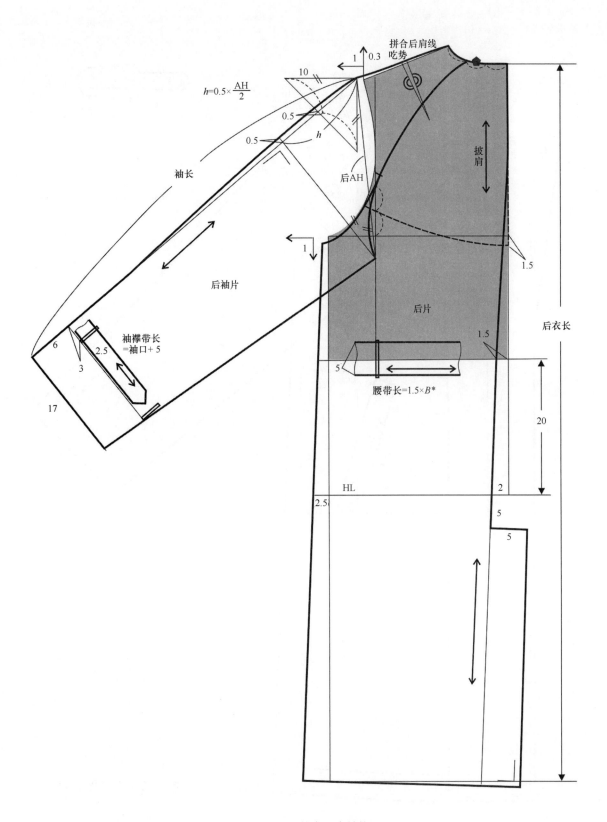

图9-23　风衣外套后身结构

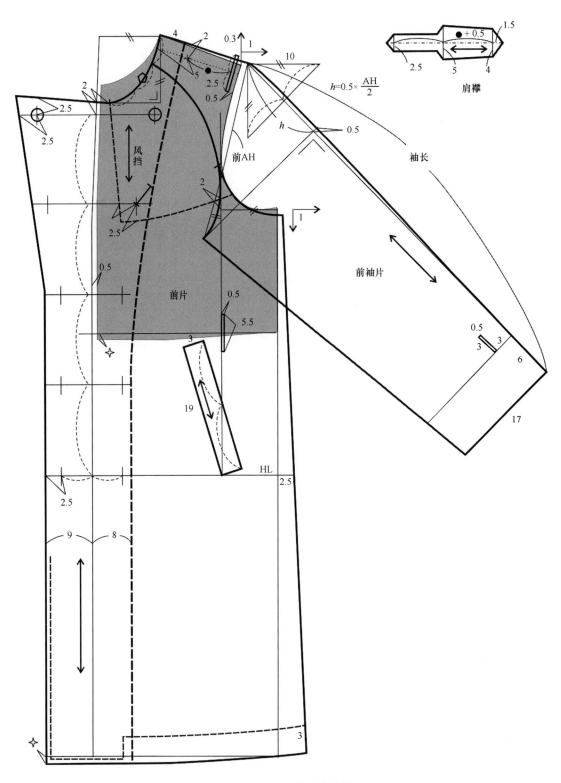

图9-24 风衣外套前身结构

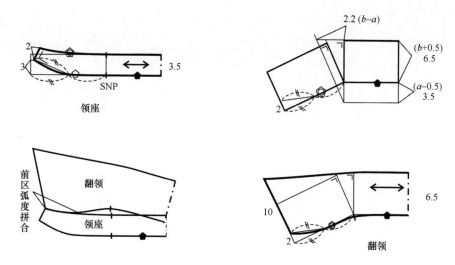

图9-25　风衣外套领片结构

（四）结构要点

（1）胸围：风衣造型宽松，半胸围松量为14.5cm，其中门襟厚度容量0.5cm，后中收进约1cm。

（2）后衣长：风衣的后衣长需要根据款式图比例确定，也可以根据身高（号）、颈椎点高（*FL*）或背长计算，公式为后衣长=$\frac{3}{5}$×号+（10~14）cm、后衣长=$\frac{3}{4}$*FL*+（12~16）cm，或后衣长=2.5×背长+（6~10）cm。

（3）大袋：口袋的人性化设计，需要从大小、位置、方向等方面综合考虑，要求方便着装者双手的出入。该款外套斜袋口大19 cm，下口位于臀围线，袋口中点与外套原型的前宽线相交，袋口斜度为18°。

（4）下摆：下摆与腰节线平行，前中下落1 cm。

（5）领：风衣采用分离式立翻领，领座与翻领在翻折线下0.5cm处分离；领座前中起翘量较大，取值为3cm，主要是领窝下降使得领窝前区的弧度加大；翻领结构需要整体考虑，以总领宽对应确定领侧打开角，开角比例=（*a*+*b*）：2.2（*b*-*a*），保持领侧开角大小不变，根据翻领实际宽度及领座上口线长度确定翻领结构；风衣立翻领需要全部上翻直立，为了保证直立状态的稳定性，要求翻领下口与领座上口在前区完全拼合。

（6）袖：风衣采用较宽松的插肩袖型，袖山高*h*=0.5×$\frac{AH}{2}$，袖长加长，便于收紧袖口。插肩袖原理及应用见直身型外套的结构要点。

第三节　男外套产品开发实例

本节以直身型外套为例，介绍外套产品开发的主要内容。包括成品尺寸和纸样设计尺寸的确定、面辅料的选用、纸样的调整、生产用样板的放缝、排料方案及生产制造单的制订等环节。

一、规格设计

表9-6提供了直身型外套各部位加放容量的参考值。实际操作时可根据面料特性及工艺特征适当调整。

表9-6　成品规格与纸样规格及加放容量　　　　　　　单位：cm

序号	项目 / 部位	公差	成品规格 (170/88A)	加入容量值	纸样规格	测量方法
1	后中长	±1.5	90	1.5	91.5	后中测量
2	胸围	±2.0	114	2	116	袖窿底点下2.5cm处测量
3	胸围	±2.0	113	2	115	袖窿底点测量
4	腰节线	±0.5	44	0.5	44.5	后中向下测量
5	腰围	±2.0	112	2	114	水平测量
6	底边围	±2.0	118	2	120	水平测量
7	袖长	±1.5	86	1.5	87.5	领窝后中点经过肩顶点量至袖口
8	袖肥	±1.0	45	1.5	46.5	袖窿点下2.5cm处测量
9	袖口围	±1.0	34	1.5	35.5	水平测量
10	领围	±0.6	48	1	49	沿领口缝线部位测量
11	翻领高/领座高		6.5/4.5			后中测量

二、面辅料的选用

面料：TX-004纯羊毛精纺面料，幅宽144cm，用料长约200cm。

里料：醋纤绸，幅宽144cm，用料长约180cm。

衬料：机织布黏合衬，幅宽90cm，用料长约100cm。

　　　无纺布黏合衬，幅宽90cm，用料长约170cm。

其他：树脂纽扣7粒（门襟用扣4粒，袖襻用扣2粒，备用1粒），圆头软垫肩1副，主标、尺码标、洗涤标各一个。

三、样衣制作用样板

样衣生产用样板包括：面料裁剪样板、里料裁剪样板、衬料裁剪样板及生产用模具。制作裁剪用样板之前，需要对净样板的纸样进行必要的调整，确认纸样无误后加放缝份与贴边，得到毛样板。

（一）纸样处理

翻领纸样需要经过分片处理，具体方法如图9-26所示。

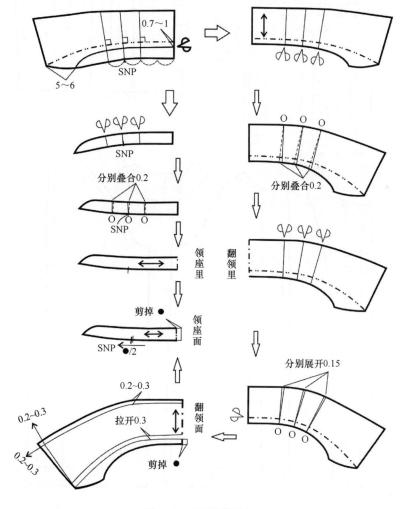

图9-26 翻领纸样处理

（二）面料样板放缝

面料样板放缝如图9-27所示。图中未特别标明的部位放缝量均为1.5cm，样板编号代码为C。

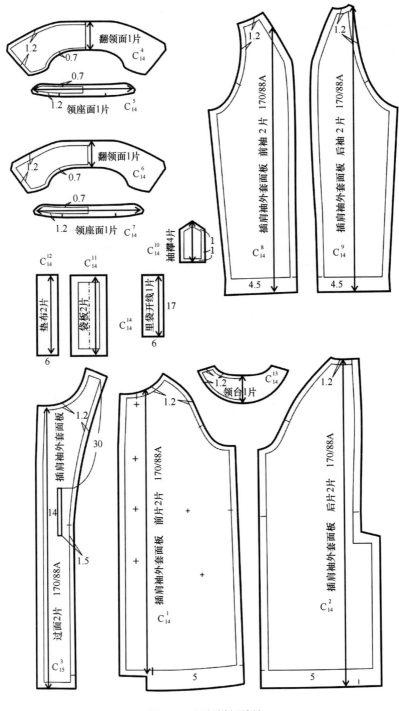

图9-27　面料样板放缝

（三）里料样板放缝

里料样板放缝如图9-28所示。图中未标明的部位放缝量均为1.5cm，样板编号代码为D。

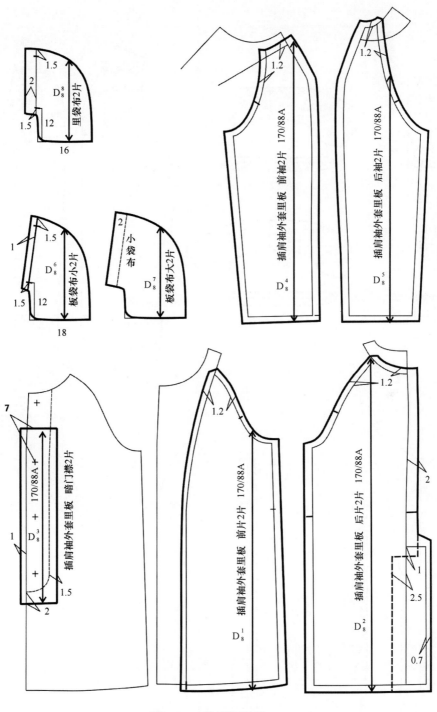

图9-28　里料样板放缝

（四）衬料样板

衬料样板如图9-29所示。机织布黏合衬样板编号代码为E，无纺布黏合衬样板编号代码为F。

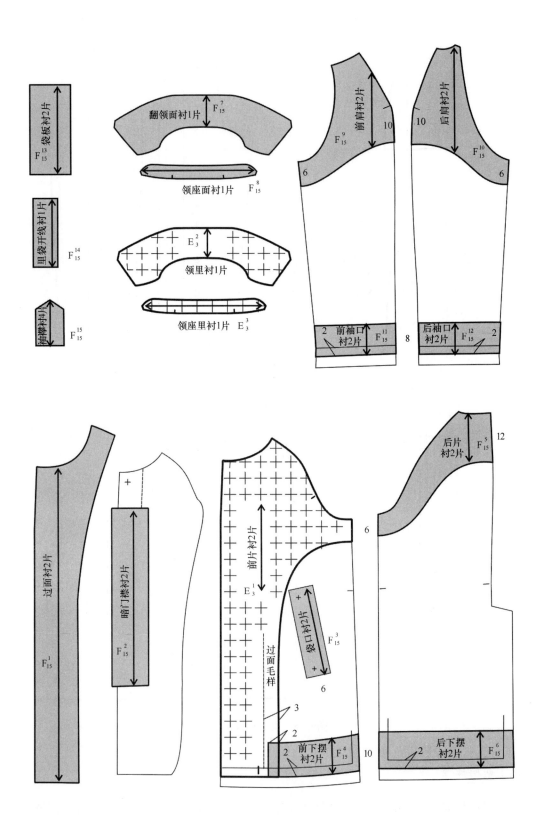

图9-29 衬料样板

（五）样板明细

样板制作完成后，应填写样板明细表（表9-7），并对照表格检查样板是否有遗漏，以确保生产的正常进行。

表9-7 直身型外套样板明细

项目	序号	名称	裁片数	标记内容
面料样板（C）	1	前衣片	2	纱向、扣位、袋位、腰线、下摆净线、缩领点、缩袖对位点
	2	后衣片	2	纱向、腰线、下摆净线、开衩止口线、缩袖对位点
	3	过面	2	纱向、里袋位、腰线、与里料缝合止点
	4	翻领领面	1	纱向、领后中点
	5	领座面	1	纱向、领后中点、颈侧点
	6	翻领领里	1	纱向、领后中点
	7	领座里	1	纱向、领后中点、颈侧点
	8	前袖片	2	纱向、袖口净线、缩袖对位点
	9	后袖片	2	纱向、袖口净线、缩袖对位点
	10	袖襻	4	纱向
	11	袋板	2	纱向
	12	垫袋布	2	纱向
	13	领台	1	纱向、领窝后中点
	14	里袋开线	1	纱向
里料样板（D）	1	前衣片	2	纱向、腰围线、缩袖对位点
	2	后衣片	2	纱向、腰围线、缩袖对位点
	3	暗门襟贴边	2	纱向
	4	前袖片	2	纱向、缩袖对位点
	5	后袖片	2	纱向、缩袖对位点
	6	板袋小袋布	2	纱向
	7	板袋大袋布	2	纱向
	8	里袋袋布	2	纱向
机织布黏合衬样板（E）	1	前衣片衬	2	纱向
	2	翻领里衬	1	
	3	领座里衬	1	

项目	序号	名称	裁片数	标记内容
无纺布黏合衬样板（F）	1	过面衬	2	纱向
	2	暗门襟衬	2	
	3	袋位加强衬	2	
	4	前下摆衬	2	
	5	后领窝衬	2	
	6	后下摆衬	2	
	7	翻领面衬	1	
	8	领座面衬	1	
	9	前肩衬	2	
	10	前袖口衬	2	
	11	后肩衬	2	
	12	后袖口衬	2	
	13	袋板衬	2	
	14	里袋开线衬	1	
	15	袖襻衬	4	

四、排料

排料时，要求样板齐全，数量准确，严格按照纱向要求，尽可能提高材料利用率。

（一）直身型外套面料排料

直身型外套面料排料如图9–30所示。

（二）直身型外套里料排料

直身型外套里料排料如图9–31所示。

（三）直身型外套黏合衬排料

机织布黏合衬排料如图9–32所示。
无纺布黏合衬排料如图9–33所示。

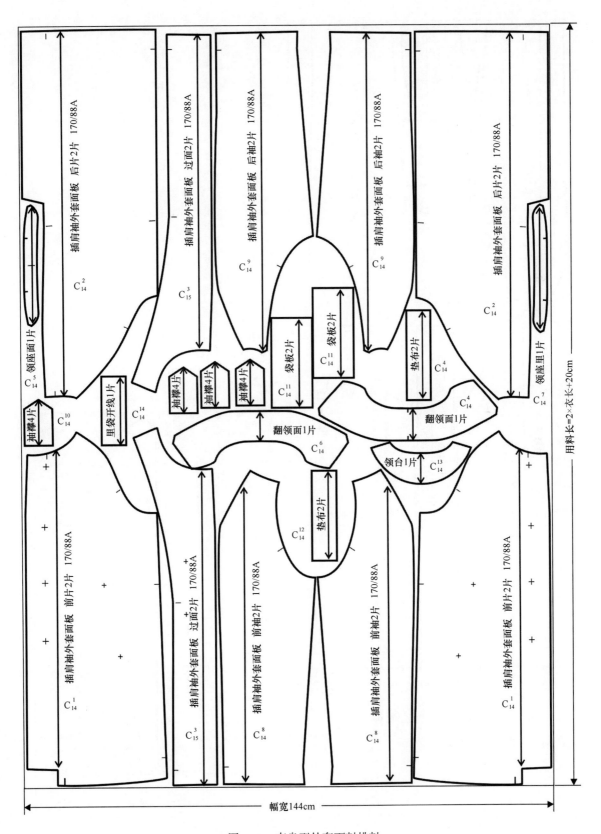

图9-30　直身型外套面料排料

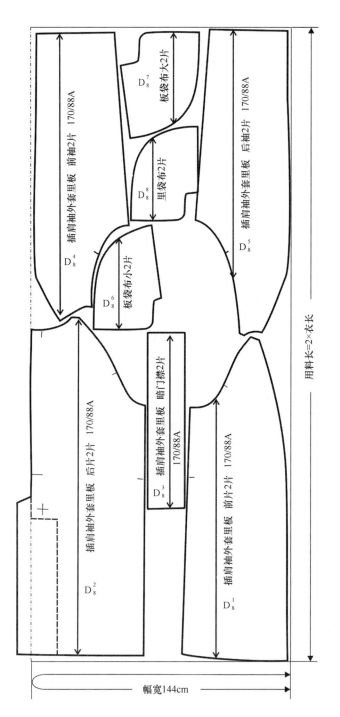

图9-31 直身型外套里料排料

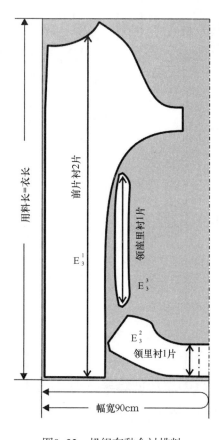

图9-32 机织布黏合衬排料

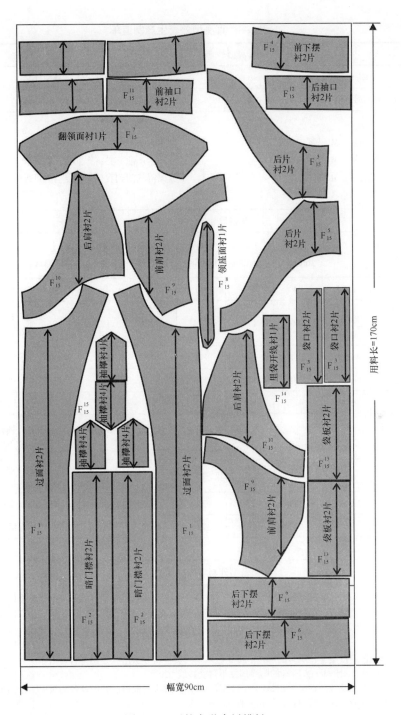

图9-33　无纺布黏合衬排料

五、生产制造单

在产品开发完成后，制作大货生产的生产制造单，下发成衣供应商。本款外套的生产制造单见表9-8。

表9-8 直身型外套生产制造单

直身型外套生产制造单（一）

供应商：××	款名：男式直身型外套
款号：WT2012	面料：TX-004 纯羊毛精纺面料

备注：1. 产前板：M 码每色 2 件　　　4. 洗水方法：干洗
　　　2. 船头板：M 码每色 1 件　　　5. 大货生产前务必将产前板、物料卡、排料图、
　　　3. 留底板：M 码每色 2 件　　　　　 放码网状图到我公司批复后方可开裁大货

规格尺寸表（单位：cm）

序号	部位	公差	XS 160/80A	S 165/84A	M 170/88A	L 175/92A	XL 180/96A	XXL 185/100A	测量方法
1	后中长	±1.5	84	87	90	93	96	99	后中测量
2	胸围	±2.0	106	110	114	118	122	126	袖窿底点下 2.5cm 处测量
3	腰围	±2.0	104	108	112	116	120	124	水平测量
4	底边围	±2.0	110	114	118	122	124	126	水平测量
5	腰节线	±0.5	42	43	44	45	46	47	后中向下测量
6	袖长	±1.5	82	84	86	88	90	92	领窝后中点经过肩顶点量至袖口
7	袖肥	±1.0	43	44	45	46	47	48	袖窿点下 2.5cm 处测量
8	袖口围	±1.0	32	33	34	35	36	37	水平测量
9	领围	±0.6	44	46.5	48	49.5	51	52.5	沿领口缝线部位测量
10	领高	±0.2	6.5/4.5						后中测量

直身型外套生产制造单（二）

款号：WT2012	款名：男式直身型外套

生产工艺要求
1. 裁剪：避边中色差排唛架，所有的部位不接受色差。大货排料方法由我公司排料师指导
2. 统一针距：面线 11 针 /3cm，所有的明线部位不接受接线
3. 粘衬部位：前衣片及领底粘机织布黏合衬，过面、下摆、肩头、袖口、领面及各袋袋板粘无纺布黏合衬
4. 纽扣：250 D /3 股丝光线钉纽扣，每孔 8 股线，平行钉
5. 线：缉主标配标底色线，其余缉线为 B 色

1. 包装要求
烫法
☑平烫　　□中骨烫　　□挂装烫法　　□扁烫　　□企领烫
描述：不可有烫黄、发硬、变色、激光、渗胶、折痕、起皱、潮湿（冷却后包装）等现象

续表

2.包装方法

Ⅰ.☑折装　　　□挂装

Ⅱ.☑每件入一胶袋（按规格分包装胶袋的颜色）

　　□其他

描述：每件成品，线头剪净全件扣好纽扣，上下对折，
　　　纽扣在外，大小适合胶袋尺寸，内衬拷贝纸，
　　　包装好后成品要折叠整齐、正确、干净。吊牌
　　　不可串码，顺序不可挂错（如图所示）

注意：价格牌在上，合格证在中，主挂牌在下，备扣
　　　袋在主挂牌下

3.装箱方法

Ⅰ.单色单码__件入一外箱

　□双坑　　☑三坑　　□其他

Ⅱ.尾数单色杂码装箱

描述：

箱尺寸：__cm（长）×__cm（宽）×__cm（高）

　　　箱的底层各放一块单坑纸板

　　　除箱底面四边须用胶纸封箱外，再用封箱胶
　　　纸在箱底面贴十字

　　　须用尼龙带打十字

图示：此图示仅供参考，包装方法照样衣

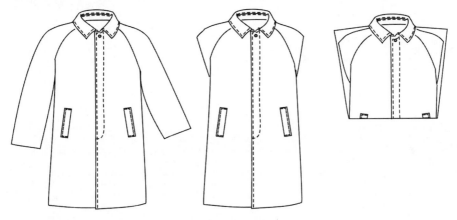

直身型外套生产制造单（三）

工艺图

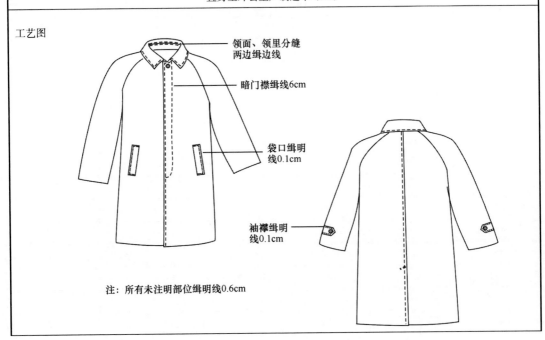

领面、领里分缝
两边缉边线

暗门襟缉线6cm

袋口缉明
线0.1cm

袖襻缉明
线0.1cm

注：所有未注明部位缉明线0.6cm

续表

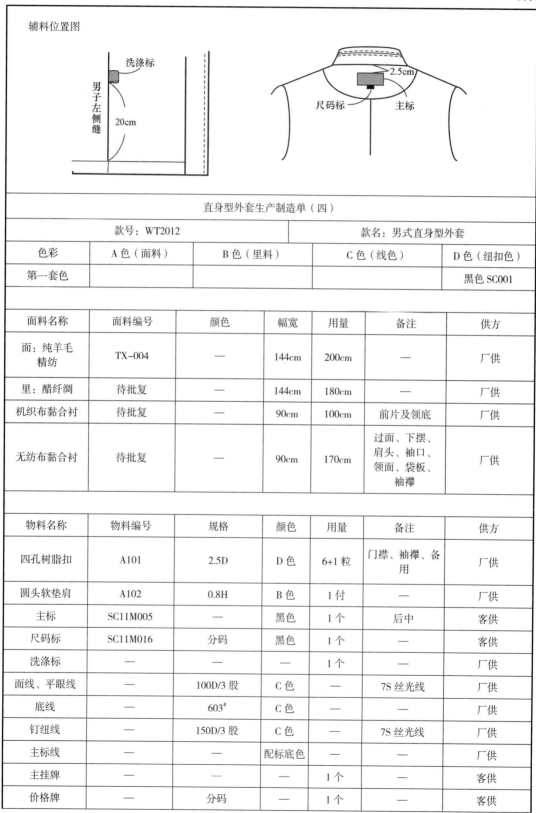

辅料位置图

洗涤标

男子左侧缝

20cm

2.5cm

尺码标   主标

<table>
<tr><td colspan="5" align="center">直身型外套生产制造单（四）</td></tr>
<tr><td colspan="2" align="center">款号：WT2012</td><td colspan="3" align="center">款名：男式直身型外套</td></tr>
<tr><td>色彩</td><td>A 色（面料）</td><td>B 色（里料）</td><td>C 色（线色）</td><td>D 色（纽扣色）</td></tr>
<tr><td>第一套色</td><td></td><td></td><td></td><td>黑色 SC001</td></tr>
</table>

<table>
<tr><td>面料名称</td><td>面料编号</td><td>颜色</td><td>幅宽</td><td>用量</td><td>备注</td><td>供方</td></tr>
<tr><td>面：纯羊毛精纺</td><td>TX–004</td><td>—</td><td>144cm</td><td>200cm</td><td>—</td><td>厂供</td></tr>
<tr><td>里：醋纤绸</td><td>待批复</td><td>—</td><td>144cm</td><td>180cm</td><td>—</td><td>厂供</td></tr>
<tr><td>机织布黏合衬</td><td>待批复</td><td>—</td><td>90cm</td><td>100cm</td><td>前片及领底</td><td>厂供</td></tr>
<tr><td>无纺布黏合衬</td><td>待批复</td><td>—</td><td>90cm</td><td>170cm</td><td>过面、下摆、肩头、袖口、领面、袋板、袖襻</td><td>厂供</td></tr>
</table>

<table>
<tr><td>物料名称</td><td>物料编号</td><td>规格</td><td>颜色</td><td>用量</td><td>备注</td><td>供方</td></tr>
<tr><td>四孔树脂扣</td><td>A101</td><td>2.5D</td><td>D 色</td><td>6+1 粒</td><td>门襟、袖襻、备用</td><td>厂供</td></tr>
<tr><td>圆头软垫肩</td><td>A102</td><td>0.8H</td><td>B 色</td><td>1 付</td><td>—</td><td>厂供</td></tr>
<tr><td>主标</td><td>SC11M005</td><td>—</td><td>黑色</td><td>1 个</td><td>后中</td><td>客供</td></tr>
<tr><td>尺码标</td><td>SC11M016</td><td>分码</td><td>黑色</td><td>1 个</td><td>—</td><td>客供</td></tr>
<tr><td>洗涤标</td><td>—</td><td>—</td><td>—</td><td>1 个</td><td>—</td><td>厂供</td></tr>
<tr><td>面线、平眼线</td><td>—</td><td>100D/3 股</td><td>C 色</td><td>—</td><td>7S 丝光线</td><td>厂供</td></tr>
<tr><td>底线</td><td>—</td><td>603#</td><td>C 色</td><td>—</td><td>—</td><td>厂供</td></tr>
<tr><td>钉纽线</td><td>—</td><td>150D/3 股</td><td>C 色</td><td>—</td><td>7S 丝光线</td><td>厂供</td></tr>
<tr><td>主标线</td><td>—</td><td>—</td><td>配标底色</td><td>—</td><td>—</td><td>厂供</td></tr>
<tr><td>主挂牌</td><td>—</td><td>—</td><td>—</td><td>1 个</td><td>—</td><td>客供</td></tr>
<tr><td>价格牌</td><td>—</td><td>分码</td><td>—</td><td>1 个</td><td>—</td><td>客供</td></tr>
</table>

续表

物料名称	物料编号	规格	颜色	用量	备注	供方
合格证	—	—	—	1个	—	客供
拷贝纸	—	—	—	1张	—	厂供
胶袋	—	分码	分色	1个	—	厂供
小胶袋	—	—	—	1个	备用	厂供
单坑纸板	—	—	—	—	一箱2个	厂供
三坑面国产A级纸纸箱	—	—	—	—	—	厂供

六、样衣制作工艺流程框图

直身型外套样衣制作工艺流程如图9-34所示。

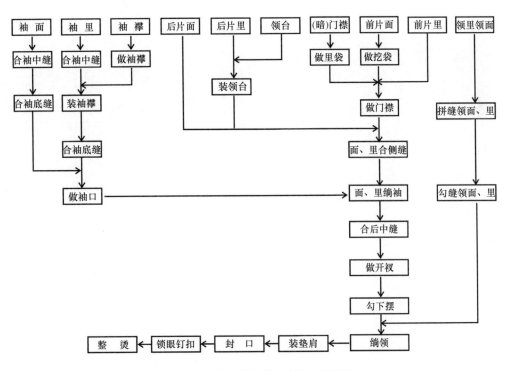

图9-34　直身型外套样衣制作工艺流程

本章小结

■外套按照造型可以分为收腰型、直身型、松身型三类。

收腰型大衣的衣身结构在外套原型基础上进行调整；难点为较贴体的两片袖结构（有肘

省），注意翻驳领结构及口袋的设计。

■直身型外套造型较宽松，重点及难点为插肩袖结构，注意翻领结构及口袋的设计。

■松身型外套采用三开身结构，难点为帽子结构，注意育克的设计。

■风衣强调实用性，注意各部位的设计意义。

思考题

1. 简述外套款式的主要构成要素。

2. 说明翻驳领结构的制图过程。

3. 插肩袖与衣身分离点的位置有何要求？

4. 总结常见插肩袖外观弊病的形成原因及补正方法。

5. 举例说明面料对结构设计的影响。

6. 决定帽子基本结构的因素有哪些？

7. 设计一款适合青年穿着的外套并进行结构设计。

中式男装结构设计与产品开发实例

课题名称：中式男装结构设计与产品开发实例

课题内容：1. 中式男装基础知识

2. 中式男装结构设计

3. 中式男装产品开发实例

课题时间：8课时

教学目的：通过教学，使学生了解中式男装的分类及其款式设计的构成因素，掌握常见中式男装的结构设计及开发程序。

教学方式：理论讲授、图例示范

教学要求：1. 使学生了解中式男装的相关基础知识。

2. 使学生掌握不同风格中式男装的制图方法，理解其结构原理并学会运用。

3. 使学生掌握立领、两片袖的结构制图方法。

4. 使学生掌握袖窿与袖山的配伍关系。

5. 使学生熟悉产品开发的流程及中式男装类服装的表单填写。

6. 使学生掌握中山装纸样的处理方法，熟悉面料、里料、衬料的放缝及排料方法。

课前准备：查阅相关资料并搜集中式男装款式及流行信息。

第十章　中式男装结构设计与产品开发实例

第一节　中式男装基础知识

如今越来越多的男士选择穿着中式服装，而且大多是有身份、有品位的成功男士，也包括很多外国男士。在西装成为男人着装首选的时代，中式男装比西装更添一份儒雅，而且别有韵味。经过改良的中式男装不再一味表现为传统刻板，而且穿上更能显示男人的沉稳和高贵气质。

一、中式男装的种类

中式服装是不同民族、不同历史时期发展下的一个代表中华民族特色的服装，如图10-1所示。中式男装主要有以下几种。

图10-1　中式男装

（一）中山装

1. 中山装的形成与发展

中山装为中式男装的一种，是以中国民主革命先行者孙中山命名的男用套装。上身左、右各有两个带盖子和扣子的口袋，下身是西式长裤，因孙中山提倡而得名。孙中山综合了西式服装与中式服装的特点，设计出一种立翻领、有袋盖的四贴袋服装，定名为中山装。此后几十年，中山装大为流行，成为中国男子钟爱的标准中式服装。

由于毛泽东经常在公开场合穿中山装，故西方称中山装为"毛装"。在20世纪六七十年代，亿万中国男士大多穿中山装。那时，中山装上衣兜里插支钢笔，代表有文化。

20世纪80年代以后，西装和时装开始流行，中山装逐渐淡出。

2. 中山装的设计初衷

中山装由于孙中山的提倡，也由于它的简便、实用，自辛亥革命起便和西服一起开始流行。1912年民国政府通令将中山装定为礼服，修改中山装造型，设计为立翻领、对襟、前襟五粒扣、四个贴袋、袖口三粒扣、后片不破缝的造型，并赋予其新的含义，将这些形制根据《易经》的周代礼仪等内容寓以意义。

其一，前身四个口袋表示国之四维（礼、义、廉、耻），袋盖为倒笔架，寓意为以文治国。

其二，门襟五粒纽扣，代表区别于西方的三权分立的五权分立（行政、立法、司法、考试、监察）。

其三，袖口三粒纽扣，表示三民主义（民族、民权、民生）。

其四，后背不破缝，表示国家和平统一之大义。

其五，衣领定为翻领封闭式，显示严谨治国的理念。

3. 色彩与面料

中山装的色彩很丰富，除常见的蓝色、灰色外，还有驼色、黑色、白色、灰绿色、米黄色等。一般来说，南方地区偏爱浅色，而北方地区则偏爱深色。在不同场合穿用，对其颜色的选择也不一样，作礼服用的中山装色彩要庄重、沉着，而作便服用时色彩可以鲜明活泼些。对于面料的选用也有些不同，作为礼服用的中山装面料宜选用纯毛华达呢、驼丝锦、麦尔登、海军呢等。这些面料的特点是质地厚实、手感丰满、呢面平滑、光泽柔和，与中山装的款式风格相得益彰，使服装更显得沉稳庄重，而作为便服用的面料，可选择相对较灵活，可用棉布、卡其、华达呢、化纤织物以及混纺毛织物。

（二）学生装

19世纪末20世纪初，中国掀起了创办学堂的浪潮，学生人数逐渐多了起来，各地开始发展新思潮。自从留学生从国外传进西方的制服以后，西式服装便开始在学生中流行起来。到了20年代末30年代初，学生的服装已经形成了一定的规模，我们把那时学生穿着的服装称为"学生装"。学生装又被称为青年装，因学生穿着而得名。学生装类似中山装，有立领，胸前有一暗袋，是由日本制服发展而来。

近代不少的知识分子、进步人士以及青年学生都穿着学生装，把这种服装作为先进思想的一种象征。现在，学生装已经不作为日常生活中穿着的服装，它经常作为学生的校服和民乐演奏者、表演者、相声演员、主持人等文艺人员的演出服，给人一种干练、庄重的感觉。

随着时尚的流行变迁，近年来人们在传统学生装的基础上，推出了改良的学生装，使其既保持原有的特色，又加入了现代的设计元素。

（三）唐装

外国人把海外华人的聚集地叫唐人街，把中式服装叫"唐装"。唐装不是指唐代的服装，唐代男士的服装为宽袍大袖；而唐装为对襟或偏襟，立领、盘花扣，是满装的一种延续和改良。它既吸取了清代传统服装富有文化韵味的款式和面料，同时又吸取了西式服装立体剪裁的优势，使源自清代的马褂又重新登上了时尚舞台。

"唐装"进行了很多改良。比如现在的中式服装很少用连袖，因为连袖就等于服装没有肩部，因此不能用垫肩，肩部不够美观；现今的唐装面料已不再局限于织锦缎面料，真皮唐装已开始在白领阶层慢慢流行开来。

中式的唐装被赋予了一些西式特征，使唐装得以走出礼仪服装、节日服装的小空间，在日常生活以及工作中都能穿着，拓宽了唐装的穿着场合。一些事业有成、生活条件比较优越的港澳台人士、归国人士以及外籍人士是这类唐装的主要消费者。

（四）长袍

长袍是清代民间穿着较为普遍的一种服饰。长袍有单袍、夹袍、棉袍之分。单袍又俗称大褂，民间流行的长袍与皇室的长袍有很大的区别，民间长袍的样式是右大襟式，左、右两开裾；而皇室的长袍则是四开裾。长袍在其流行的过程中也有较大的演变。清朝初期的长袍又肥又大，长至脚面，而且无领子、无开裾，穿时需要另外加上领衣，俗称"一裹圆"。这种服装为清代官吏经常穿着。清代晚期，长袍则变得又短又瘦，并且加上了立领。长袍大襟所遮住的部分为"掩襟"，有长掩襟，也有半掩襟。

旧时无论商人、官僚、文人，还是平民百姓，只要是对着装略有讲究的人，长袍是其必备的服饰之一。它既是礼服，也是日常不可或缺的服饰品种。到了20世纪50年代中期，长袍才逐渐消失。现代的曲艺界人士经常穿着单长袍表演节目，给人一种历史的厚重感。

（五）马褂

马褂是一种穿于袍服外的短衣，衣长至脐，袖仅遮肘，宽松肥大的服装。马褂主要是为了便于骑马，所以称为马褂，清人初入关时，只限于八旗士兵穿着。直到康熙雍正年间，才开始在社会上流行，并发展成单、夹、纱、皮、棉等服装，称为男士便衣，士庶皆能穿着。马褂之后更逐渐演变为一种礼仪性的服装，不论身份，都以马褂套在长袍之外，显得文雅大方。

马褂的样式有琵琶襟、大襟、对襟三种，如图10-2所示。琵琶襟马褂，因其右衽短缺，又叫缺襟马褂，穿上它可以行动自如，常用作出行装。大襟马褂，则将衣襟开在右边，四周用异色作为缘边，一般为常服使用。对襟马褂，其服色在各个时期有多种变化，开始为天青色，后在乾隆年间流行玫瑰紫，后又崇尚深绛色，到了嘉庆年间流行泥金及浅灰色。大袖对襟马褂可以代替外褂作为礼服使用，颜色多用天青色，官员在会见客人时，常穿着这样的服装。因为其身长袖窄，所以也叫作"长袖马褂"。

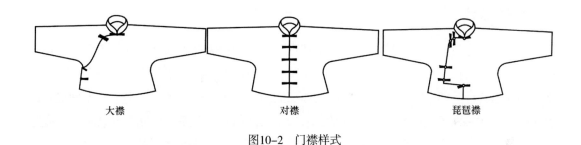

<table>
<tr><td>大襟</td><td>对襟</td><td>琵琶襟</td></tr>
</table>

图10-2　门襟样式

马褂中有一种颜色不能使用就是黄色。黄马褂是皇帝特赐的服装。穿着这样赐服的人，主要有三类：随皇帝"巡幸"的侍卫；行围教射时，中靶或获猎多者；战事中或治事有功勋的人。只有这种御赐的马褂才能随时穿着。

长袍马褂为清代满族男子常用的服饰之一，与之相搭配的是布靴和瓜皮帽。

二、中式男装的设计特点

（一）款式设计

在整体设计上，中式服装的剪裁没有太多的变化，只是定制的时候会更注重贴合自己的身形。最能表现自我风格的，其实是"细节"。譬如可以采用贴布绣手法置于衣身开叉处做装饰；用锁链缝夹棉方式绣于棉袄，呈现立体感；以缝珠绣于领带上，呈现层次丰富的图面；撷取一些中国传统元素图案的外型曲线作为领口、裁剪线、袋口压线，运用中国风的几何曲线呈现趣味，如图10-3所示。

现代的中式服装，大胆运用新颖的设计，从细节入手发挥创意，运用了现代的元素。譬如：袖口上袖钉可以选择水晶甚至钻石；或者在口袋的滚边做一些变化，利用刺绣等工艺手法，都是很个性化的设计。

图案   盘扣

图10-3　中国传统元素

（二）结构设计

　　宽大、飘逸就是中国传统服装的基本特点。中国的服装是平面裁剪的，不强调人体的特征，而是用式样、色彩和装饰来区别男女装，不像西方那样用服装来"塑造"人体，强化人的性别特征。西方裁剪方式主要从人体三维出发，来构造一种立体型人体空间关系的形式。东方文化尤其是汉文化，一直是追求人与自然的和谐关系。反映到服装上，就是追求飘逸和舒适的风格，特别是男装，款式都是比较宽大，线条也比较平直。

　　随着中式服装的发展，在继承本民族特色的基础上，中、西结构设计方法相结合来设计中式服装，使得中式服装更加合体。

三、面料选择

　　如果要表现复古的动感与手工感，斜织人造丝、漆皮、毛麻混纺厚呢料、粗纺外观毛织物、中式缇花布、纯丝铺棉、毛，是不错的面料选择；如果想要体现雍容厚实感，可以选择开司米混纺西装料、缎织棉衫料、纯丝铺棉、复古强捻厚毛料、双面毛呢料、双色交织丝毛料、双面跳色硬挺丝、纯棉薄纱等面料。

第二节　中式男装结构设计

一、中山装

（一）款式说明

　　如图10-4所示，中山装整体造型较宽松，立翻领，弯身两片袖，较贴体型袖山，袖口处开衩并有三粒扣；衣身前面有四个口袋，收腰省，门襟有五粒扣；后衣身无分割。

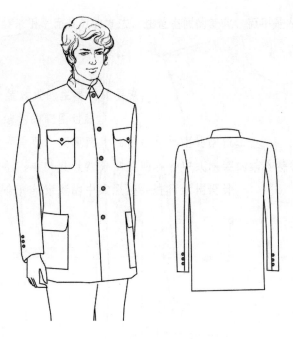

图10-4　中山装款式

这是一款改良的中山装，与最起始出现的中山装相比，衣身放松量变小，后背不破缝但下摆略收，整体衣身比较符合人体的特征。

（二）制图规格

中山装制图规格见表10-1。

表10-1　中山装制图规格　　　　　　　　　　　　　　　单位：cm

号/型	胸围	后衣长（L）	袖长（SL）	领座高	翻领宽	袖口（CW）
170/88A	88+24	74	60	3.5	4.5	15

（三）结构制图

中山装结构制图如图10-5所示。

（四）结构要点

（1）放松量：胸围放松量为原型基础上加6cm，属于较宽松的类型，整体效果宽而不肥，比较舒适。

（2）衣身：衣身采用三分比例，左右两片前衣片，后中不分割，但经过收腰处理，与传统的中山装的直身式后身相比，造型相对合体。前片收腰省，腋下收省，后背略收。

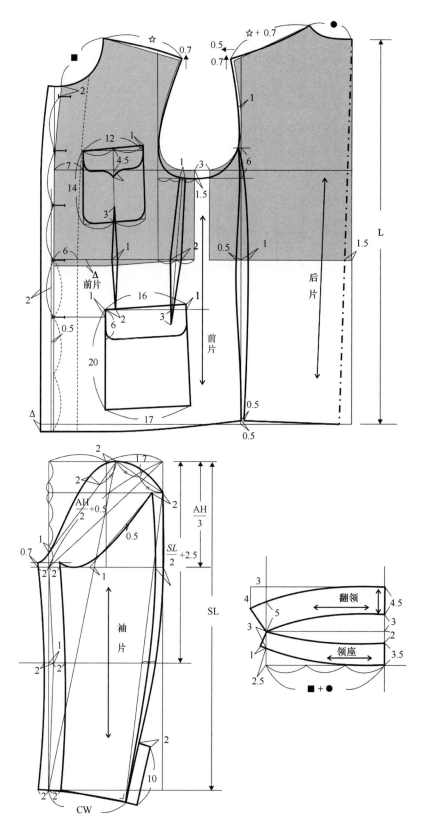

图10-5　中山装结构

（3）口袋：胸前四个口袋，两个大袋、两个小袋。大袋位于腰围线以下6～8cm的位置，靠近前中心线的一侧袋边缘平行于前中心线，下边缘平行于底摆线；胸袋位于胸围线上，靠近前中心线的一侧袋口端点对准第二粒纽扣，距前中心线7cm。

（4）下摆：下摆小于成品胸围，服装整体呈Y型。

（5）领：领座起翘量为2.5cm，翻领下弯量为3cm，翻领与领座的起翘度、凹势较大，可以增加领子的立体感。

（6）袖山高：袖山高的确定方法很多，可以采用$\frac{AH}{2} \times 0.7$，或者采用前、后袖窿平均深度的$\frac{4}{5}$（即前肩点与后肩点高度差的中点至胸围线的垂线长 $\times \frac{4}{5}$），或者直接使用$\frac{AH}{3}$计算。哪种方法所形成的袖山高与立体状态下的袖窿高相接近，哪种方法就更加合理，要考虑造型与功能的要求。

（7）袖肥：确定袖山高之后，以$\frac{AH}{2}+$（0.5～1）cm的斜线长确定袖肥，（0.5～1）cm为吃势调整量，根据所选面料的厚度与质地调整。

二、学生装

（一）款式说明

学生装与中山装的款式类似，门襟处有5粒扣，门襟止口可以缉明线装饰，胸前有一暗袋，衣片下有两个双嵌线大袋并装袋盖，袖子为弯身两片袖。与中山装不同的是领子造型为立领，如图10-6所示。

图10-6　学生装款式

（二）制图规格

学生装制图规格见表10-2。

表10-2 学生装制图规格 单位：cm

号／型	胸围	后衣长（L）	袖长（SL）	立领高	袖口（CW）
170/88A	88+20	74	60	4	15

（三）结构制图

学生装结构制图如图10-7所示。

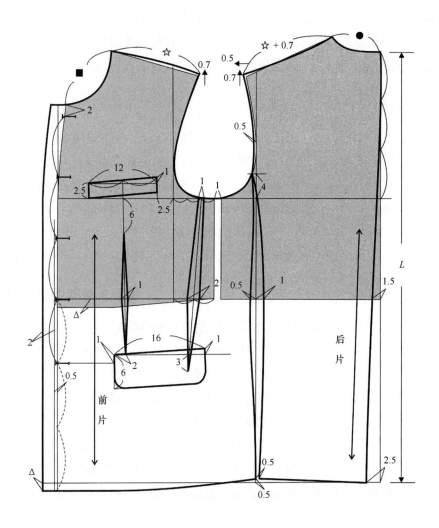

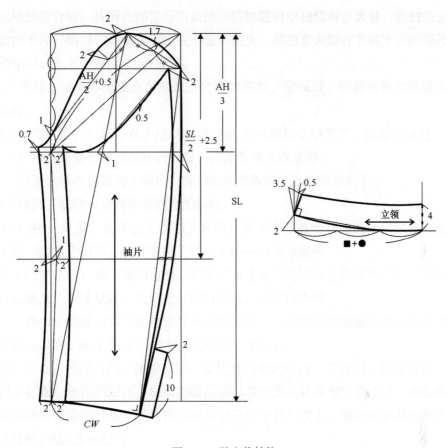

图10-7　学生装结构

（四）结构要点

（1）胸围放松量为原型基础上加20cm，肋省、侧缝及后中线收进后，胸围与男装原型基本一致，属于较贴体的类型，适合青年人穿着。

（2）衣身腰部收省，省的位置由胸袋位置而定，省的方向竖直向下，大袋位由下省尖确定。门襟下端、侧开衩均可参照西服的样式进行设计，门襟下端可设计为圆下摆，可以在侧面增加开衩设计等。

（3）领型为立领。

（4）前胸暗袋是仿照西服的样式设计，宽2.5cm，口袋靠近侧缝的一侧端点距离胸宽线2.5cm。

三、唐装

（一）款式说明

这是一款新式的唐装，其款式特点为：前门对襟，装中国盘扣；立领，两片袖，后中断开，腰部略收，整体比较宽松，如图10-8所示。

图10-8　唐装款式

（二）制图规格

唐装制图规格见表10-3。

表10-3　唐装制图规格

单位：cm

号／型	胸围（B）	后衣长（L）	袖长（SL）	立领高	袖口（CW）
170/88A	88+22	74	60	4	15

（三）结构制图

唐装结构制图如图10-9所示。

（四）结构要点

（1）放松量：胸围放松量为原型基础上加4cm，属于较宽松服装类型，比较舒适。新式的唐装相比以前的唐装要合体，整体给人干练、简洁的感觉。放松量加在了后片，前小后大，增加后片的运动量。

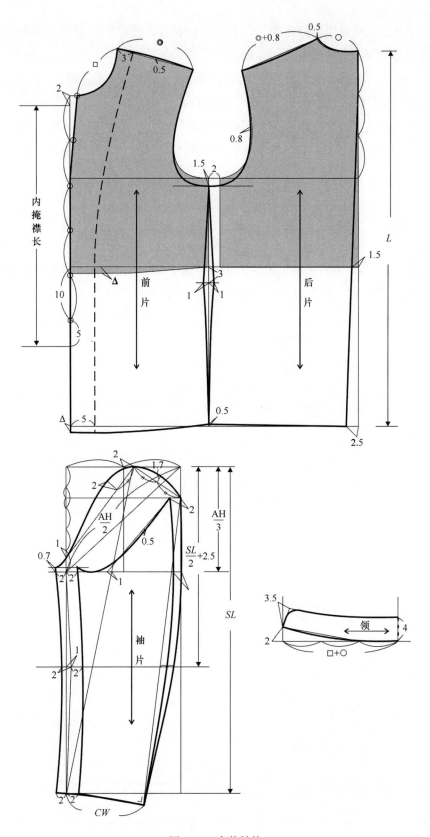

图10-9　唐装结构

（2）衣身：衣身采用四分比例，左右两片前衣片，后衣片被分割成两部分。也可以后背不分割，参考中山装后中的设计。

（3）门襟：门襟为对襟，为了美观，内装掩襟，门襟钉中式盘扣。

（4）领：领起翘量为2cm，为一般的中式立领。后领宽4cm，前领宽3.5cm。

（5）袖：袖采用与中山装等类似的两片袖制图方法，增加其合体性；也可以使用宽松一片袖的制图形式。唐装的结构总体来说比较简单，袖子由衣身的造型特征决定。

四、长袍

（一）款式说明

长袍一般为大襟，用中式盘扣固定；立领；袖子为与衣身相连的连袖，袖口比较宽；衣长较长，至脚踝；前、后衣身相连，如图10-10所示。

图10-10　长袍款式

（二）制图规格

长袍制图规格见表10-4。

表10-4　长袍制图规格　　　　　　　　　　　　　　　　　单位：cm

号/型	胸围（B）	后衣长（L）	出手	立领高	袖口（CW）
170/88A	88+32	120	85	4	20

注　出手为人体后颈点到手虎口的水平距离。

（三）结构制图

长袍前后衣身结构制图如图10-11和图10-12所示。

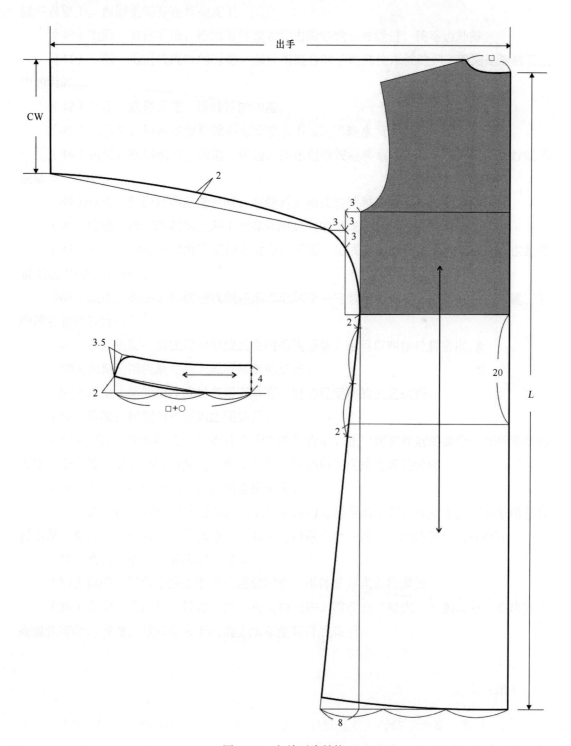

图10-11　长袍后身结构

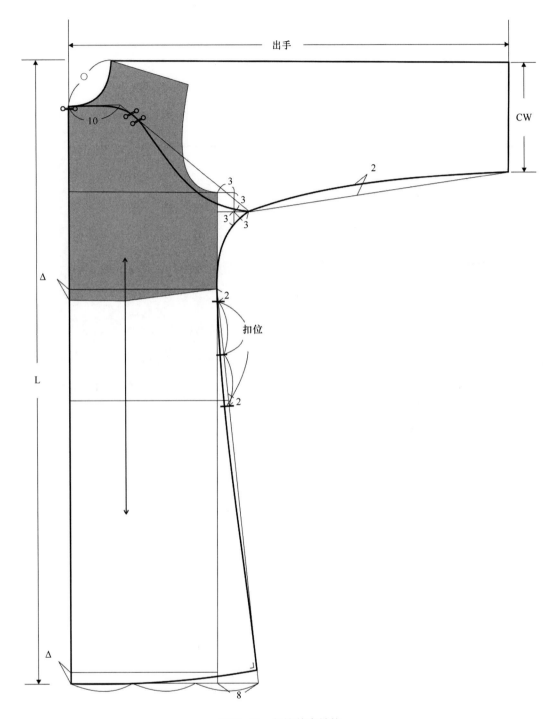

图10-12　长袍前身结构

（四）结构要点

（1）长袍为宽松型服装，放松量比较大，为32cm。在原型基础上，每片增加3cm的放松量。因为比较宽松，所以前后片可平均分配。

（2）衣袖为连袖，传统的长袍多为平面比例裁剪方法，前后衣身为一体，所以衣袖的肩斜为0°，为水平线。

（3）后中可根据布幅的大小连裁，或分割。

（4）下摆打开一定的量，为了行走方便及美观。

五、马褂

（一）款式说明

马褂一般穿着在长袍外面，比较宽大。圆领，长袖，袖口比较宽大，对襟，五粒中式盘扣，衣长比较短，长仅至脐，主要为了行动方便，如图10-13所示。

图10-13　马褂款式

（二）制图规格

马褂制图规格见表10-5。

表10-5 马褂制图规格 单位：cm

号/型	胸围（B）	后衣长（L）	出手	立领高	袖口（CW）
170/88A	88+32	58	65	4	24

（三）结构制图

马褂结构制图如图10-14所示。

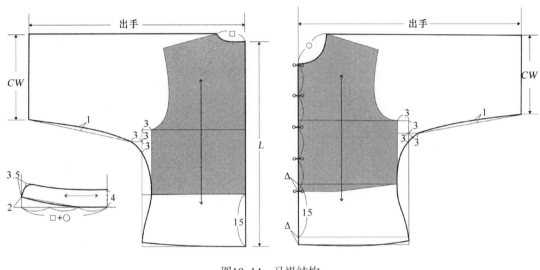

图10-14 马褂结构

（四）结构要点

马褂的结构制图方法与长袍基本相同。不同之处在于：衣长比较短，在腰围线与臀围线之间；本款门襟为对襟，也可以为大襟样式。

第三节 中式男装产品开发实例

本节以中山装为例，介绍中式服装产品开发的主要内容。包括成品尺寸和纸样设计尺寸的确定、面辅料的选用、纸样的调整、生产用样板的放缝、排料方案及生产制造单的制订等环节。

一、规格设计

经过打样、试穿、调整、修改后，确定成品规格和容量。表10-6所示为中山装成品规格与各部位加放容量的参考值，实际操作时可根据面料性能适当调整。

表10-6　成品规格与纸样规格　　　　　　　　　　　单位：cm

序号	号型 部位	公差	成品规格 (170/88A)	加放容量值	纸样规格	测量方法
1	后中长	± 1	74	1	75	沿后中心线测量
2	肩宽	± 0.5	46	0.2	46.2	水平测量
3	前胸宽	± 0.5	40	0.5	40.5	在肩点以下 13cm
4	后背宽	± 0.5	43	0.5	43.5	在后颈点以下 10cm
5	胸围	+1.5/–1	112	1.5	113.5	在袖窿底点以下 2.5cm
6	胸围	+1.5/–1	112	1.5	113.5	在袖窿底点
7	腰节线	± 0.5	43	0.5	43.5	从后颈点向下测量
8	腰围	± 1.2	100	1.5	101.5	水平测量
9	底边围	+1.5/–1	106	1.5	107.5	水平测量
10	袖窿弧长	± 0.5	51	0.5	51.4	弧线测量
11	袖长	± 1	60	1	61	从肩端点起测量
12	袖肥	± 0.6	40	0.7	42.7	在袖窿底线以下 2.5cm
13	袖口围	± 0.5	30	0.5	30.5	水平测量
14	领围	± 0.5	41	0.5	41.5	沿领口缝线部位测量
15	翻领高 / 领座高	4.5/3.5				沿后中心线测量
16	袖衩	10				—
17	过面宽	8				—

二、面辅料的选用

面料：TX–004纯羊毛精纺面料，幅宽144cm，用量165cm。

里料：醋纤绸，幅宽144cm，用量150cm。

衬料：机织布黏合衬，幅宽90cm，用量80cm。

　　　　无纺布黏合衬，幅宽90cm，用量50cm。

纽扣：22D四孔树脂扣6粒（门襟5粒、备用1粒），15D四孔树脂扣9粒（小袋2粒、袖扣6粒、备用1粒）。

挂钩：1副。

三、样衣制作用样板

样衣制作用样板包括：面料裁剪样板、里料裁剪样板、衬料裁剪样板。确认纸样无误后加放缝份与过面，得到各样板的毛样板。

（一）面料样板放缝

面料样板放缝如图10-15所示。图中未特别标明的部位放缝量均为1cm，样板编号代码为C。

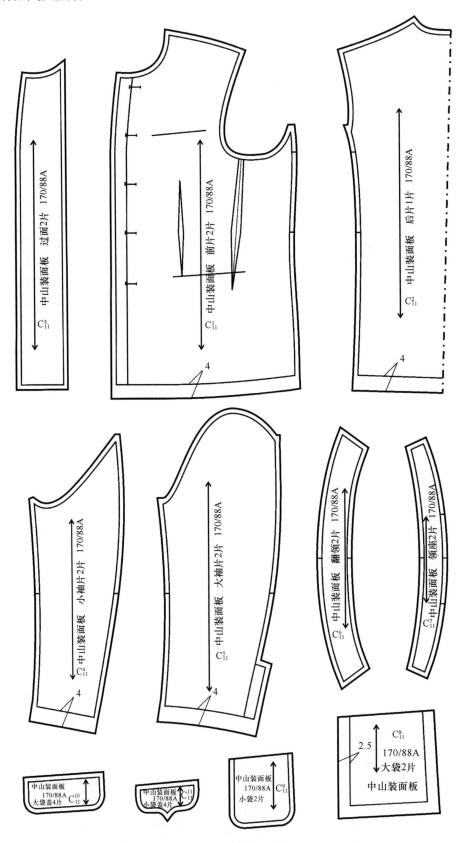

图10-15 中山装面料样板放缝

（二）里料样板放缝

里料样板放缝如图10-16所示。图中未特别标明的部位放缝量均为1.5cm，样板编号代码为D。

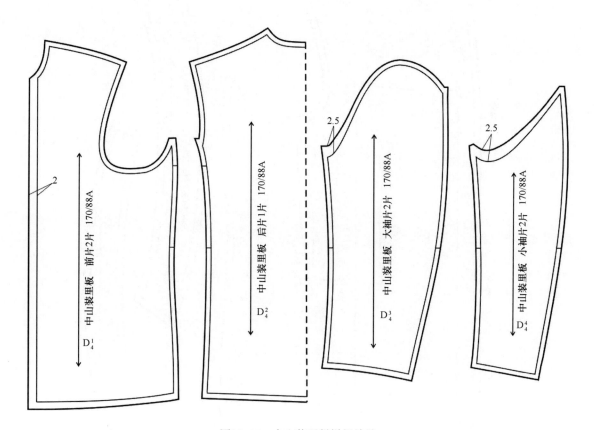

图10-16　中山装里料样板放缝

（三）衬料样板

1. 机织布黏合衬样板如图10-17所示。
2. 无纺布黏合衬样板如图10-18所示。

（四）样板明细

中山装的全套样板明细见表10-7。

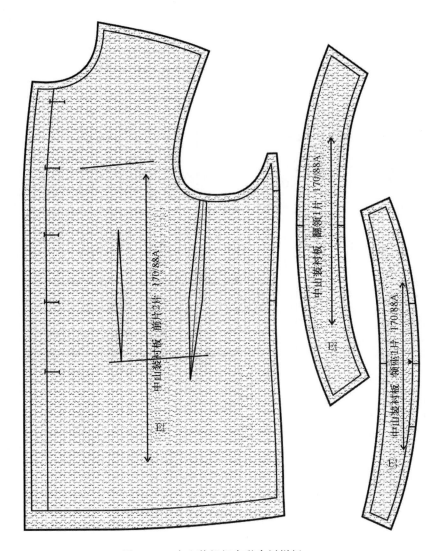

图10-17　中山装机织布黏合衬样板

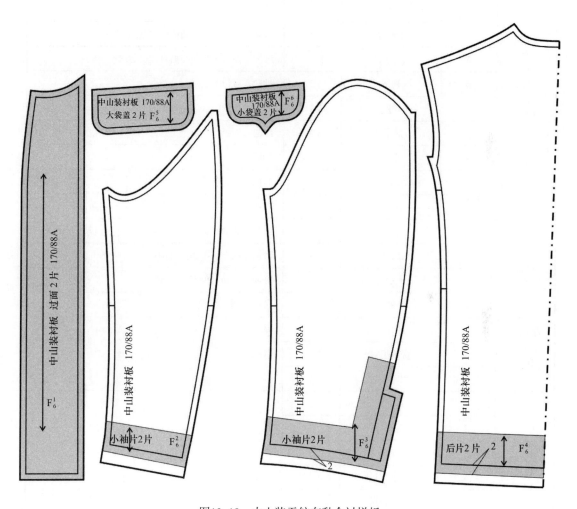

图10-18　中山装无纺布黏合衬样板

表10-7 中山装样板明细

项目	序号	名称	裁片数	标记内容
面料样板（C）	1	前片	2	纱向、扣位、袋位、腰线、下摆净线
	2	后片	2	纱向、腰线、下摆净线
	3	过面	2	纱向
	4	小袖片	2	纱向、袖口净线、缩袖对位点
	5	大袖片	2	纱向、袖口净线、缩袖对位点
	6	翻领	2	纱向、后领中点
	7	领座	2	纱向、后领中点、侧颈点
	8	大袋	2	纱向
	9	小袋	2	纱向
	10	大袋盖	2	纱向
	11	小袋盖	2	纱向
里料样板（D）	1	前片	2	纱向、腰围线、缩袖对位点
	2	后片	2	纱向、腰围线、缩袖对位点
	3	大袖片	2	纱向、缩袖对位点
	4	小袖片	2	纱向、缩袖对位点
机织布黏合衬样板（E）	1	前片衬	2	纱向
	2	翻领里衬	1	
	3	领座里衬	1	
无纺布黏合衬样板（F）	1	过面衬	2	纱向
	2	小袖口衬	2	
	3	大袖口衬	2	
	4	后下摆衬	2	
	5	大袋盖衬	2	
	6	小袋盖衬	2	

四、排料

当服装的样板齐全，数量准确之后，就可以进行排料。排料时要严格按照纱向要求，尽可能提高材料利用率。

（一）中山装面料排料

中山装面料排料如图10-19所示。

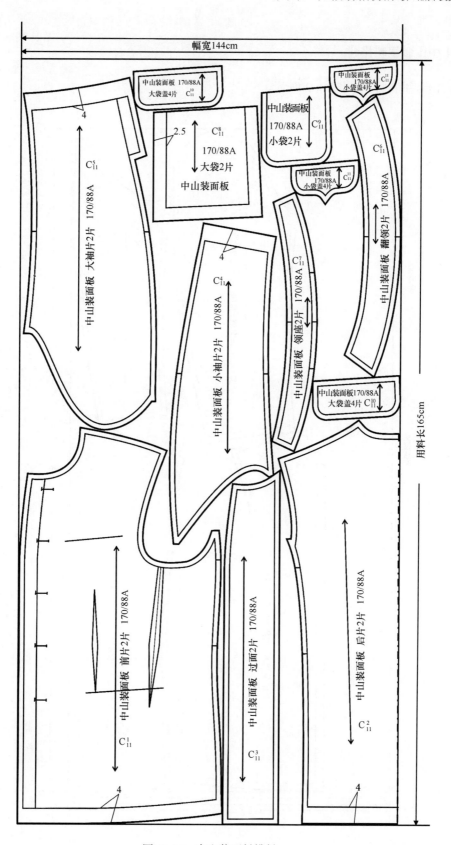

图10-19　中山装面料排料

（二）中山装里料排料

中山装里料排料如图10-20所示。

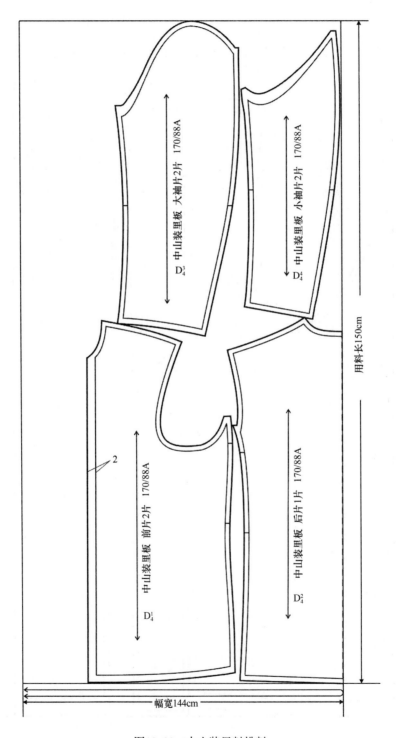

图10-20　中山装里料排料

五、生产制造单

在产品开发完成后，制作大货生产的生产制造单下发给成衣供应商。本款外套的生产制造单见表10-8。

表10-8 中山装生产制造单

中山装生产制造单（一）	
供应商：××	款名：中山装
款号：ZSZ2012	面料：TX-004 纯羊毛精纺面料

备注：1. 产前板：M 码每色 2 件   4. 洗水方法：干洗
       2. 船头板：M 码每色 1 件   5. 大货生产前务必将产前板、物料卡、排料图、
       3. 留底板：M 码每色 2 件   放码网状图到我公司批复后方可开裁大货

规格尺寸表（单位：cm）

序号	号型 部位	公差	XS 160/80A	S 165/84A	M 170/88A	L 175/92A	XL 180/96A	XXL 185/100A	测量方法或位置
1	后中长	±1	70	72	74	76	78	80	沿后中线测量
2	肩宽	±1	43.6	44.8	46	47.2	48.4	49.6	水平测量
3	胸围	+1.5/−1	100	104	108	112	116	1204	袖窿底点量
4	腰围	+1.5/−1	92	96	100	104	108	112	水平测量
5	底边围	+1.5/−1	98	102	106	102	106	110	水平测量
6	袖窿弧长	±0.5	47	49	51	53	55	57	弧线测量
7	袖长	±1	57	58.5	60	61.5	63	64.5	肩顶点起测量
8	袖肥	±0.6	36.8	38.4	40	41.6	43.2	44.8	袖窿底线下 2.5cm 测量
9	袖口围	±0.5	27.6	28.8	30	31.2	32.4	33.6	水平测量
10	领围	±0.5	39	40	41	42	43	44	装领线测量
11	领宽		4.5/3.5						后中测量
12	袖衩		10						—
13	过面宽		8						—

中山装生产制造单（二）	
款号：ZSZ2012	款名：中山装

生产工艺要求
1. 裁剪：避边中色差排唛架，所有的部位不接受色差。大货排料方法由我公司排料师指导
2. 统一针距：面线 11 针 /3cm，所有的明线部位不接受接线
3. 粘衬部位：前衣片、领面粘机织布黏合衬，门襟贴边、袖口、下摆及袋盖粘无纺布黏合衬
4. 纽扣：150D/3 股丝光线钉纽扣，每孔 8 股线，平行钉
5. 线：缉主标配标底色线，其余缉线为 B 色

1. 包装要求

烫法

☑平烫   □中骨烫   □挂装烫法   □扁烫   □企领烫

描述：不可有烫黄、发硬、变色、激光、渗胶、折痕、起皱、潮湿（冷却后包装）等现象

---

2. 包装方法

Ⅰ.□折装   □挂装

Ⅱ.□每件入一胶袋（按规格分包装胶袋的颜色）

　　☑其他

描述：每件成品，线头剪净全件扣好纽扣，上下对折，纽扣在外，大小适合胶袋尺寸，包装好后成品要整齐、正确、干净。吊牌不可串码，顺序不可挂错（如图所示）

注意：价格牌在上，合格证在中，主挂牌在下，备扣袋在主挂牌下

3. 装箱方法

Ⅰ.□单色单码__件入一外箱

□双坑   ☑三坑   □其他

Ⅱ.尾数单色杂码装箱

描述：

箱尺寸：__cm（长）×__cm（宽）×__cm（高）

箱的底层各放一块单坑纸板

除箱底面四边须用胶纸封箱外，再用封箱胶纸在箱底面贴十字

须用尼龙带打十字

图示：此图示仅供参考，包装方法照样衣

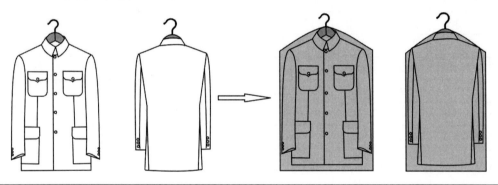

中山装生产制造单（三）

工艺图

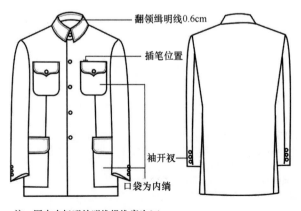

翻领缉明线0.6cm

插笔位置

袖开衩

口袋为内缝

注：图中未标明的明线缉线宽为0.1cm

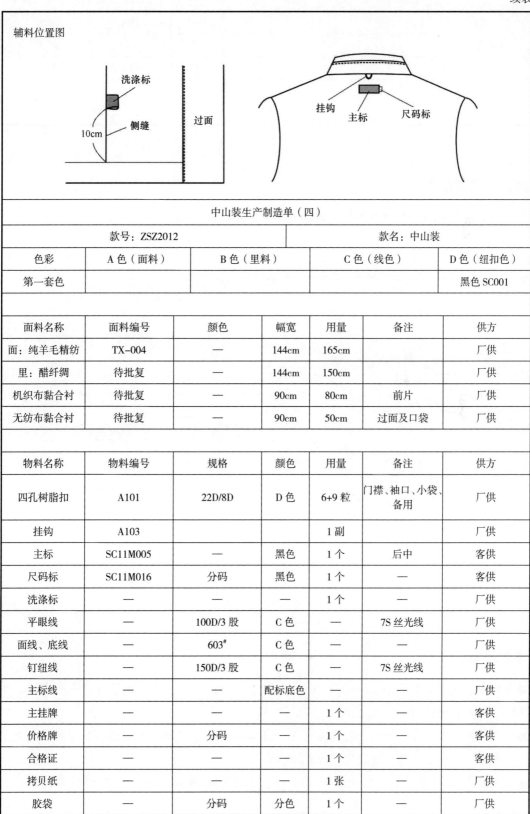

辅料位置图

中山装生产制造单（四）

款号：ZSZ2012		款名：中山装	
色彩	A色（面料）	B色（里料）	C色（线色）	D色（纽扣色）
第一套色				黑色 SC001

面料名称	面料编号	颜色	幅宽	用量	备注	供方
面：纯羊毛精纺	TX–004	—	144cm	165cm		厂供
里：醋纤绸	待批复	—	144cm	150cm		厂供
机织布黏合衬	待批复	—	90cm	80cm	前片	厂供
无纺布黏合衬	待批复	—	90cm	50cm	过面及口袋	厂供

物料名称	物料编号	规格	颜色	用量	备注	供方
四孔树脂扣	A101	22D/8D	D色	6+9粒	门襟、袖口、小袋、备用	厂供
挂钩	A103			1副		厂供
主标	SC11M005	—	黑色	1个	后中	客供
尺码标	SC11M016	分码	黑色	1个	—	客供
洗涤标	—	—	—	1个		厂供
平眼线	—	100D/3股	C色	—	7S丝光线	厂供
面线、底线	—	603#	C色	—		厂供
钉纽线	—	150D/3股	C色	—	7S丝光线	厂供
主标线	—	—	配标底色	—	—	厂供
主挂牌	—	—	—	1个		客供
价格牌	—	分码	—	1个		客供
合格证	—	—	—	1个		客供
拷贝纸	—	—	—	1张		厂供
胶袋	—	分码	分色	1个		厂供

续表

物料名称	物料编号	规格	颜色	用量	备注	供方
小胶袋	—	—	—	1个	备用	厂供
单坑纸板	—	—	—		一箱2个	厂供
三坑面国产A级纸纸箱	—	—	—	—	—	厂供

六、工艺流程框图

该款中山装的样衣制作工艺流程如图10-21所示。

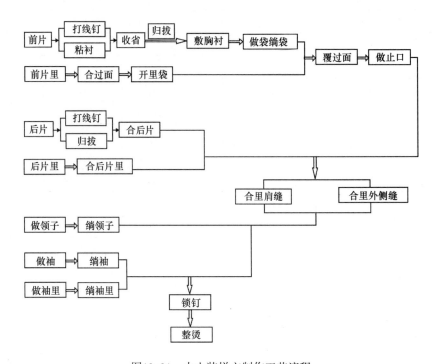

图10-21　中山装样衣制作工艺流程

本章小结

■中式服装是男装的品类之一，造型一般都比较宽松。一般中式服装指的是中山装、唐装、长袍、短褂等。

■中山装作为中式服装的代表性男装，适合不同年龄男士穿着；整体造型较宽松。衣身结构在中山装原型基础上进行调整；重点为衣身结构的设计。

■唐装造型较贴体，款式时尚，富有个性；衣片结构直接在中山装原型的基础上进行调整。

■长袍等传统中式服装采用平面裁剪的方法，注重空间的变化，而不是人体曲线的塑造。

思考题

1．简述中式服装款式的主要构成要素。

2．说明中山装结构的制图过程。

3．如何对应款式需要，实现两片袖袖山与袖窿的配伍。

4．本章出现的衬衫有哪几款？分别说明各种中式服装的结构特征、结构要点。

5．设计一款适合青年穿着的中式服装并进行结构设计。

参考文献

[1] 龙晋，静子. 服装设计裁剪大全 [M]. 北京：中国纺织出版社，1994.

[2] 龙晋. 服装缝制大全[M]. 北京：中国青年出版社，1995.

[3] 白琴芳. 最新男装构成技术[M]. 上海：上海科学技术出版社，1998.

[4] 吴经熊，吴永. 服装结构与工艺[M]. 哈尔滨：黑龙江教育出版社，1998.

[5] 苏石民，包昌法，李青. 服装结构设计[M]. 北京：中国纺织出版社，1999.

[6] 刘琏君. 男装裁剪与缝制技术[M]. 北京：中国纺织出版社，2003.

[7] 三吉满智子. 服装造型学——理论篇[M]. 郑嵘，张浩，韩洁羽，译. 北京：中国纺织出版社，2006.

[8] 张文斌. 服装结构设计[M]. 北京：中国纺织出版社，2006.

[9] 刘瑞璞. 服装纸样设计原理与应用——男装编[M]. 北京：中国纺织出版社，2008.

[10] 刘小红. 服装市场营销[M]. 北京：中国纺织出版社，2008.

[11] 戴鸿. 服装号型标准及其应用[M]. 北京：中国纺织出版社，2009.

[12] 李兴刚. 男装结构设计与缝制工艺[M]. 上海：东华大学出版社，2010.

[13] 朱秀丽. 女装结构设计与产品开发[M]. 北京：中国纺织出版社，2011.

[14] 万宗瑜. 男装结构设计[M]. 上海：东华大学出版社，2011.

[15] 蒋锡根. 服装结构设计——母型裁剪法[M]. 上海：上海科学技术出版社，1994.

附录

常用术语

一、基本术语

（1）衣服：衣服与衣裳概念相同，即附于人体上体和下体衣着的总称。

（2）服装：人体着装的总称与组合状态。

（3）成衣：指成品衣服。

（4）服饰：广义是指服装，与服装概念相同；狭义是指服装装饰，包括服装上的一切装饰品与装饰元素。

（5）时装：是指流行的服装。

（6）基本型：简称基型，是指不受流行所左右、没有款式特征的造型。

（7）造型：是指物体所占空间的外形轮廓。

（8）款式：是指服装各部件的外观特征及组合特征。

（9）服装品种：是指服装的基本类属及其穿着对象、性别、年龄、季节等前提条件。

（10）服装结构：是指服装构成的组合形式。包括服装各部件和各层材料的几何形状以及相互结合的关系，即各部位外部轮廓线之间的组合关系、部位内部的结构线以及各层服装材料之间的组合关系，服装结构由服装造型和功能所决定。

（11）结构制图：亦称裁剪制图，是对服装结构通过分析计算，在纸张或布料上绘制出服装结构线的过程。

（12）结构平面构成：亦称平面裁剪，是指分析设计图所表现的服装造型结构的组成数量、形态吻合关系等，通过结构制图和某些直观的实验办法，将整体结构分解成基本部件的设计过程。它是最常用的结构构成方法。

（13）结构立体构成：亦称立体裁剪，是将布料覆合在人体或人体模型上剪切，直接将整体结构分解成基本部件的设计过程。常用以款式复杂或悬垂性强的面料结构。

（14）基本线：又称基础线，是指服装制图中控制长度和围度尺寸所使用的横线与纵线。上衣常用的横向基础线有衣长线、落肩线、胸围线、袖窿深线等线条；纵向基础线有止口线、叠门线、撇门线等。下装常用横向基础线有腰围线、臀围线、横裆线、中裆线、脚口线等；纵向基础线有侧缝直线、前裆直线、后裆直线、后裆斜线等。

（15）轮廓线：是指服装部件或成型服装的外部造型线条，简称"廓线"。如领部轮廓线、袖部轮廓线、底边线、烫迹线等。

（16）结构线：是指能引起服装造型变化的服装部件外部和内部缝合线的总称。它是表现内部构成形式与组合方法的线条，它与轮廓线具有互换的特性。如衣片外形在制图中称为轮廓线，但成衣后，此线条就称为结构线了。

（17）辅助线：是指绘制轮廓线过程中必要的辅助线条，如基本线。

（18）示意图：是为表达某部件的结构组成、加工时的缝合形态、缝迹类型以及成型的外部和内部形态的一种解释图，在设计、加工部门之间起沟通和衔接作用。有展示图和分解图两种。展示图表示服装某部位的展开示意图，通常指外部形态的示意图，作为缝纫加工时使用的部件示意图。分解图表示服装某部位的各部件内部结构关系的示意图。

（19）剖示图：是表示某部件结构特点、组合方式所采用的分解剖析图。

（20）设计图：设计部门为表达款式造型及各部位加工要求而绘制的造型（款式）图，一般是不涂颜色的单线墨稿画。要求各部位成比例，造型表达准确，工艺特征具体。

（21）款式设计图：是指为表达款式结构和加工要求而绘制的款型图。它属于单线墨稿画，要求清晰表现各部位结构比例。

（22）效果图：亦称时装画，是设计者为表达服装设计构思以及体现最终穿着效果的一种绘图形式，是在体现设计者构思意境下，用夸张手法，表现动态中一瞬间的穿着效果的绘画形式。它往往只追求绘画的最终表现形式，对服装结构及细部则采取省略忽视的手法。一般要着重体现款式的色彩、线条以及造型风格，主要作为设计思想的艺术表现和展示宣传用。

（23）服装效果图：是指服装穿着在人体上时，表达款式造型和穿着效果的款型图。它有配色和不配色两种，要求各部位比例正确，形态优美，动静结合。

（24）纸样：是指在软质的纸张上绘制的服装结构图，并按规定画出各种技术符号（满足缝制工艺要求）的结构图载体。

（25）布样：在布料（一般为白色棉布）上绘制服装结构图，并按规定画出各种技术符号（满足缝制工艺要求）的结构图载体。

（26）板样：功能与纸样、布样相同，为硬质卡纸的结构图载体。

二、常用部位部件术语

（1）衣身：覆合于人体躯干部位的服装部件，是服装的主要部件。

（2）衣领：围于人体颈部，起保护和装饰作用的部件。包括衣领和衣领相关的衣身部分，狭义单指衣领。衣领安装于衣身领窝上，其部位包括翻领：衣领自翻折线至领外口的部分；领座：衣领自翻折线至领下口的部分；领上口：衣领外翻的连折线；领里口：领上口至领下口之间的部位；领下口：衣领与领窝的缝合处；领外口：衣领的外沿部位；领串口：领面与过面的缝合线；领豁口：领嘴与领尖的最大距离。

（3）衣袖：覆合于人体手臂的服装部件。一般指衣袖，有时也包括与衣袖相连的部分衣身。衣袖缝合于衣身袖窿处，其包括：袖山，衣袖上部与衣身袖窿缝合的凸起部位；

袖缝，衣袖的缝合缝，按所在部位分前袖缝、后袖缝与中袖缝等；大袖，衣袖的大片；小袖，衣袖的小片；袖口，衣袖下口边沿部位；袖头，即袖克夫缝在衣袖下口的部件，起束紧和装饰作用，取名于英语cuff的译音。

（4）肩部：指人体肩端点至侧颈点之间的部位，是观察、检验衣领与肩缝配合是否合理的部位。

（5）肩宽：指自左肩端点通过BNP(后颈点)至右肩端点的宽度，亦称横肩宽。

（6）过肩：指被分割的衣片的肩部，也称为育克或复势。

（7）胸部：指衣身前胸丰满处。胸部造型是服装检验的重要内容。

（8）领窝：前后衣身与领身缝合的部位。

（9）门襟、里襟：是指在上衣和下装中，为了穿脱方便设置的开口部分。处于表层（锁眼）的一边称为门襟，处于内层（钉扣）的一边称为里襟。

（10）门襟止口：指门襟的边沿。其形式有连止口与加贴边两种形式，一般加贴边的门襟止口较坚挺，牢度也好。止口上可以缉明线，也可以不缉。

（11）叠门：是指门襟与里襟相互重叠的部位。不同款式的服装其叠门量不同，一般是服装衣料越厚重，所用的纽扣越大，则叠门尺寸越大。

（12）过面：过面指门、里襟反面一层比叠门宽的贴边，又称门、里襟贴边。

（13）扣眼：纽扣的眼孔，根据扣眼前端形状分圆头锁眼和方头锁眼。扣眼排列形状一般有纵向排列与横向排列，纵向排列时扣眼正处于叠门线上，横向排列时扣眼要在止口线一侧并超叠门线0.3cm左右。

（14）眼档：是指扣眼间的距离。眼档的制订一般是先确定好首尾两端扣眼位置，然后平均分配中间扣眼的位置，根据款式需要也可间距不等。

（15）驳头：指门襟、里襟上部，向外翻折的部位。

（16）驳口：是驳头与衣领翻折线的总称，是衡量驳领制作质量的重要部位。

（17）驳角：指驳头上端外角的形状。

（18）领缺嘴：亦称领缺角，指前翻领与驳头相交处所呈现的夹角。

（19）串口：翻领与驳头的接合处。

（20）侧缝（摆缝）：前、后衣身的侧面分割线。

（21）背缝：为贴合人体或造型需要，在后衣身中间位置上设置的分割线。

（22）臀部：对应于人体臀部最丰满处的部位。

（23）上裆：腰头上口至裤腿分叉处的部位，是关系裤子舒适与造型的重要部位。

（24）横裆：上裆的最下部，是裤子造型的重要部位。

（25）中裆：脚口与臀部间距的$\frac{1}{2}$处，是裤筒造型的重要部位。

（26）下裆：横裆至脚口间的部位。

（27）省：是为适合人体与造型的需要，将一部分衣料从反面缝合（去掉），使衣片呈现曲面状态或消除衣片的浮余部分。

（28）裥：为适合体型及造型的需要，将部分衣料折叠熨烫而成。按折叠的方式不同分为：左右相对折叠，两边呈活口状态的称为阴裥；左右相对折叠，中间呈活口状态的称为明裥；向同方向折叠的称为顺裥。

（29）褶：为符合体型与造型需要，将部分衣料缝缩而形成的自然褶皱。

（30）分割线：为适合体型及造型的需要，将衣身、袖身、裙身、裤身等部位进行分割形成的线。一般按方向和形状命名，如刀背缝；也有历史形成的专用名称，如公主线。

（31）腰省：省开口位于腰部的省，常画成锥形或钉子形，使服装收腰，呈现人体曲线美。

（32）肚省：画在前衣身腹部的省，使衣片制作出适合人体腹部的饱满状态，常用于凸肚体型的服装制作。一般与大袋口巧妙配合使省道处于隐蔽状态。

（33）衩：为服装的穿脱行走方便及造型需要而设置的开口形式。位于不同的部位，有不同名称，如位于背缝下部称背衩，位于袖口部位称袖衩等。

（34）塔克：将衣料在表面折叠并缉细缝，起装饰作用，取名于英语tuck的译音。

（35）襻：起扣紧、牵吊功能和装饰作用的部件，由布料或缝线制成。

（36）腰头：与腰身、裙身缝合的部件，起束腰护腰的作用。

三、制图术语

（1）撇胸：撇胸是上衣门襟上端呈向内弧形倾斜状的合体形式，亦称劈门。

（2）劈势：劈势是下装门襟、侧缝处呈现向内弧形倾斜状的合体形式。

（3）起翘：起翘是底边、腰口、袖口等呈横向上倾斜的合体形式。

（4）登闩：登闩指夹克底边的横向宽镶边，呈门闩状，故俗称为登闩。

（5）丬袋：丬袋指呈丬形袋口的挖袋，如马甲口袋、大衣斜口袋、西装手巾袋，其袋口装饰件称袋丬。

（6）出手：指中式服装中，自后领中心至袖口的长度。

（7）漂势：漂势指三开身结构的西装、中山装等的后侧缝上端向外倾斜的放大量。它具有增加袖子活动量等作用。

（8）困势：困势指后裤片后缝或侧缝的倾斜状。

（9）丝缕：丝缕指布纹的经、纬线方向。经线方向称为直丝缕，纬线方向称为横丝缕，与经纬线相交的称为斜丝缕。

（10）放缝：指在制图的净线四周加出缝制所必需的缝份或贴边。

（11）推档：是指对一种款式不同规格的缩放、分档技术。

四、工艺术语

（1）缝合：又称合、缉，都指用缝纫机缝合两层以上的裁片，俗称缉缝、缉线。为了使用方便，一般将"缝合"、"合"称为暗缝，即在产品正面无线迹；"缉"称为明缝，即在产品正面有整齐的线迹。

（2）缝份：俗称缝头，指两层裁片缝合后被缝住的余份。

（3）缝口：两层裁片缝合后正面所呈现的痕迹。

（4）绱：亦称装，一般指部件安装到主件上的缝合过程。如绱（装）领、绱袖、绱腰头。安装辅件也称为绱或装，如绱拉链、绱松紧带等。

（5）分烫：亦称分缝，指缝合后，将缝份分向两边烫倒，压实。

（6）吃势：亦称层势，"吃"指缝合时使衣片缩短，吃势指缩短的程度。吃势分为两种：一是两衣片原来长度一致，缝合时因操作不当，造成一片长、一片短（即短片有了吃势），这是应避免的缝纫弊病；二是将两片长短略有差异的衣片，有意地将长衣片某个部位缩缝一定尺寸，从而达到预期的造型效果。如圆装袖的袖山有吃势可使袖山顶丰满圆润。部件面的角端有吃势可使部件面的止口外吐，从正面看不到里料，还可使面部形成自然的窝势，不反翘，如袋盖两端圆角、领面领角等处。层势指两层相互重叠的衣片，形成曲面时外层需要归缩的量。因归缩量较小，无明显起皱和褶裥，故又称缉势。

（7）里外匀：亦称里外容，指由于部件或部位的外层松、里层紧而形成的窝服形态。其缝制加工的过程称为里外匀工艺，如勾缝袋盖、驳头、领子等，都需要采用里外匀工艺。

（8）还（huan）：亦称烫训，指在缝制过程中将衣片拉长变形。缉缝时变形称拉还；熨烫时变形称烫还。

（9）链形：亦称裂形、扭形，指同一个缝纫部位需要两次缝合，由于没有注意调整，缝合布料时下层走得快，下层走得慢，两道缝线发生错位而出现斜波浪形。如缉夹克止口的双明线和用骑缝法绱腰头时，都容易出现这种弊病。

（10）打剪口：亦称打眼刀、剪切口，"打"即剪的意思。如在绱袖、绱领工艺中，为了使袖、领与衣片吻合准确，而在规定的裁片边缘部位剪0.3cm深的小三角缺口作为定位标记，即称为打剪口。

（11）修剪止口：指将缝合后的止口缝份剪窄，有修双边和修单边两种方法。其中修单边亦可称为修阶梯状，即两缝份宽窄不一致，一般宽的为0.7cm，窄的为0.4cm，质地疏松的面料可增加0.2cm左右。

（12）回势：指被拔开部位的边缘处呈现出荷叶边形状，亦称还势。

（13）归：归是归拢之意，指将长度缩短的工艺，一般有归缝和归烫两种方法。裁片被归烫的部位，靠近边缘处出现弧形缉，被称为余势。

（14）拔：拔是拔长、拔开之意，指使平面拉长或拉宽。如后背肩胛处的拔长，裤子的拔裆，臀部的拔宽等，都可以采用拔烫的方法。

（15）推：推是归或拔的继续，指将裁片归的余势、拔的回势推向人体相对应凸起或凹进的位置。

（16）推门：将平面前衣片收省，再经过熨斗热塑变形或定型，即用"归、拔、推"

的方法，使衣片更符合人的体型。

（17）外弹：一般指有意将面料丝绺偏出，以防回缩。如前身中腰处的丝缕向止口方向偏出，使门襟止口部位的丝绺正直。

（18）起壳：指面料与衬料不贴合，即里外层不相融。

（19）封结：指在口袋或各种开衩、开口处用回针的方法进行加固，有平缝机封结、手工封结及专用机封结等。

（20）极光：熨烫时裁片或成衣下面的垫布太硬或无垫布盖烫而产生的亮光。

（21）烫煞：亦称烫实，指被熨烫的部位非常平薄，或将折缝烫定型。

（22）烫散：指向周围推开熨烫平服。

（23）止口反吐：止口是指门襟、领、袋盖等部件边缘。止口边缘缉一道线称单止口，缉两道线称为双止口。止口反吐指将两层裁片缝合并翻出后，里层止口超出面层止口。

（24）起吊：指使衣缝皱缩、上提，或成衣面、里不符，里子偏短引起的衣面上吊、不平服。

（25）搅盖：指服装不平衡，门襟与里襟下端相互交叉呈重叠状。

（26）豁开：豁开指服装不平衡，门襟与里襟下端相互呈八字敞开状。

（27）胖势：亦称凸势。指服装该突出的部位凸出，使之圆顺、饱满。如上衣的胸部、裤子的臀部等，都需要有适当的胖势。

（28）胁势：也称吸势、凹势，指服装该凹进的部位吸收。如西服上衣腰围处、裤子后裆以下的大腿根部位等，都需要有适当的胁势。

（29）戤势：又称恺势，是指前胸、后背的松量，是人体手臂处于下垂静止状态时，上衣前后袖窿两侧隆起的部分。这是为了适应人体手臂前后、上下和左右活动的需要而留出的宽松量。

（30）翘势：主要指小肩宽外端略向上翘。

（31）圆势：根据造型要求做成圆形的部件、部位，如圆角领、圆角贴袋、圆角门襟等。

（32）坐势：亦称坐缝，是指登闩与大身及袖头与袖子连接后呈现出的松量。在服装制作中，面与里缝处也存在着坐势。在两层裁片缝合并翻出后，衣缝没有翻足，还有一部分卷缩在里面。

（33）弯势：主要指袖肘部位略向前弯曲的形态。

（34）窝势：多指部件或部位由于采用里外匀工艺，呈正面略凸、反面凹进的形态。与之相反的形态称反翘，是缝制工艺中的弊病。

（35）划：指用铅笔或划粉在裁片上划线作对位标记。

（36）圆顺：指衣片轮廓线、缝合线迹流畅自然，无折角。

（37）圆登：一般指圆装袖的袖山圆顺，后袖缝有戤势。

（38）方登：一般指后背的戤势，表示戤势足，活动方便、美观大方。

（39）耳朵皮：指西服上衣或大衣的过面上带有像耳朵状的面料，可有圆弧形和方角行两类。方耳朵皮须与衣里拼缝后再与过面拼缝；圆弧耳朵皮则是与过面连裁，滚边后搭缝在衣里上。西服里袋开在耳朵皮上。

（40）毛露：或称毛出，指因漏针或衣片边沿纱线未被缝进，使毛边外露。

（41）毛漏：毛露或漏针的通称，漏针指缝合时某些部位未被缝到。毛漏是缝制工艺中的大忌。

（42）针印：或称针花，指缝针的印迹。

（43）水印花：指盖水布熨烫不匀或喷水不匀，出现水渍。

（44）包缝：亦称锁边、拷边、码边，指用包缝线迹将裁片毛边包光，使织物纱线不脱散。

（45）针迹：指缝针刺穿缝料时，在缝料上形成的针眼。

（46）线迹：指在缝制物上两个相邻针眼之间的缝线迹。

（47）双轨：指缝合时由于接线未对齐，只需一道线迹的部位成为双道线迹，也是缝制工艺中的一种弊病。

（48）缝型：指一系列线迹或线迹形态缝纫于一定数量的缝料上的形式。如机缝工艺中的各种机缝针法。

（49）缝迹密度：指在规定单位长度内的线迹数，也可以叫作针脚密度。

（50）塑型：指将裁片加工成所需要的形态。

（51）定型：指使裁片或成衣形态具有一定的稳定性的工艺过程。

（52）缺嘴：指领角和驳角之间的开口。

（53）掩皮：亦称眼皮。指衣片里子边缘缝合后，止口能被掀起的部分。如带夹里的衣服下摆、袖口等处都应留掩皮，但在衣服缝接部位出现掩皮则是弊病。

（54）捋挺：一般指用手指轻轻地推平整。

（55）敷衬：敷指将牵条绷缝或粘贴于裁片边缘部位的工艺。在新工艺中多采用黏合衬牵条。敷衬指在前衣片上敷胸襟，使衣片与衬面贴合一致，并保持衣片丝绺顺直。

（56）磨烫：指用力多次往返熨烫。

（57）烘烫，指熨斗悬空不直接接触织物，用传温方式进行熨烫。

（58）起烫：指消除"极光"的一种熨烫技法。需在有"极光"处盖水布，用热熨斗高温快速轻轻熨烫，趁水分未干时揭去水布使其自然晾干。